包裹型纳米零价铁的制备与应用

成岳 著

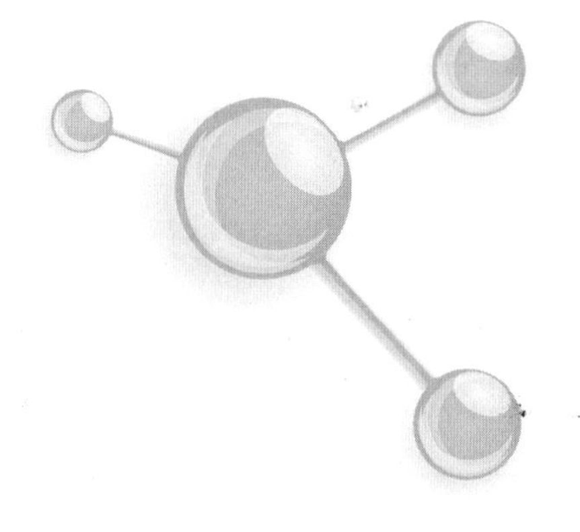

BAOGUOXING NAMI LINGJIATIE
DE ZHIBEI YU YINGYONG

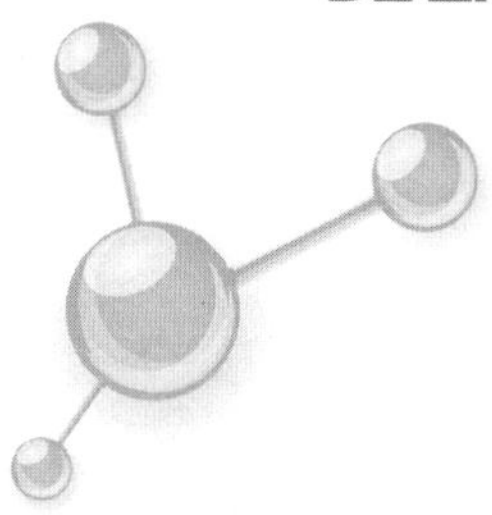

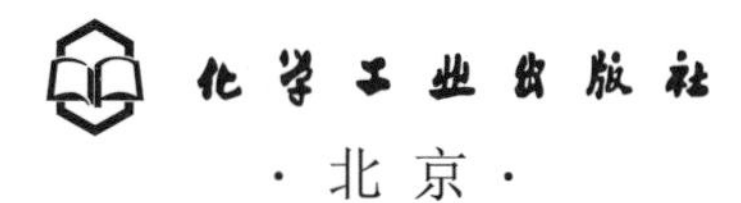

·北京·

纳米零价铁为处理水中重金属和含氯有机物污染提供了新途径。

《包裹型纳米零价铁的制备与应用》主要介绍了水中重金属和含氯有机污染物的现状，纳米零价铁的性能及应用状况；流变相反应在制备纳米材料中的应用；包裹型纳米零价铁的制备与表征；重点介绍了包裹型纳米铁在处理水中重金属和含氯有机物以及复合污染物中的还原反应的机理、影响因素等；多孔陶粒负载纳米零价铁处理含磷废水等内容。

本书可供从事环境科学与工程、材料工程、化学和化工等专业的高校师生使用，也可供从事环境污染治理和材料研究等相关领域的科研人员和技术人员参考。

图书在版编目（CIP）数据

包裹型纳米零价铁的制备与应用/成岳著. —北京：化学工业出版社，2018.1

ISBN 978-7-122-30493-3

Ⅰ.①包… Ⅱ.①成… Ⅲ.①铁-纳米材料-研究 Ⅳ.①TB383

中国版本图书馆CIP数据核字（2017）第208433号

责任编辑：卢萌萌　刘兴春　　　文字编辑：汲永臻
责任校对：王素芹　　　装帧设计：王晓宇

出版发行：化学工业出版社（北京市东城区青年湖南街13号　邮政编码100011）
印　　装：高教社（天津）印务有限公司
787mm×1092mm　1/16　印张14　字数332千字　2018年5月北京第1版第1次印刷

购书咨询：010-64518888（传真：010-64519686）　售后服务：010-64518899
网　　址：http://www.cip.com.cn
凡购买本书，如有缺损质量问题，本社销售中心负责调换。

定　　价：85.00元

FOREWORD

前言

随着世界经济的全球化，环境污染也日益呈现出国际化的趋势，全球性的环境污染和能源短缺引起了世界各个国家的广泛关注。种类繁多、有毒且难降解的污染物严重威胁着人类的身体健康与生存环境。其中，水资源污染、短缺给经济的可持续发展带来了严重的影响，而重金属废水又是最大的污染源之一。重金属毒性强、不可生物降解而且可在水体或动植物中富集，目前已经严重威胁着环境。重金属废水存在于各个行业中，如金属加工、电镀、塑料以及颜料的制备等生产过程中，未经处理的重金属废水排放给环境和人类生活带来严重的威胁。因此，有毒重金属废水的修复治理迫在眉睫。

水体的有机物污染在我国也很严重，有些水域环境的污染甚至已经威胁到人们身体健康及工农业生产。含氯有机物在水体中常见的二十多种有机污染物中占了将近一半，其中三氯乙烯（trichloroethylene，TCE）是最常见的有机污染物。由于疏水性和难降解的特点，TCE 能在生物圈中不断地富集，成为水系和土壤中常见的污染物。

自从 Ginham 和 O'Hannesinl 提出金属铁屑可以用于地下水的原位修复以来，用纳米零价铁（nanoscale zero-valent iron-NZVI）金属促进还原污染物已经成为一个非常活跃的研究课题。可渗透反应墙（PRB）地下水原位修复技术的出现，更是促进了 NZVI 还原技术的快速发展。纳米零价铁颗粒因其粒径小，颗粒具有较大的比表面积和表面能，具有优越的吸附性能和还原活性，已成为地下水原位修复中非常有效的反应介质材料，在环境污染修复中得到广泛的应用。目前，纳米铁粒子制备的方法比较多，有蒸发凝聚法、热等离子法、高能球磨法、固相还原法、液相还原法等。其中，液相还原法应用较多，其工艺相对简单，但该方法在制备过程中需要惰性气体进行保护，大大增加了制备的难度和成本。因此，找出一种简单高效的制备方法显得十分必要。

针对以上问题，本研究首次采用流变相反应法，以大分子有机物琼脂、羧甲基纤维素（CMC）和水溶性淀粉，环境友好型矿物高岭土（kaolin）、膨润土（bentonite）、沸石（zeolite）、分子筛及紫叶小檗树叶提取液合成了包裹型纳米零价铁，采用多孔陶粒负载纳米零价铁制备出更具应用前景的复合材料，并通过 X 射线粉末衍射仪（XRD）、扫描电子显微镜（SEM）、透射电子显微镜（TEM）、傅里叶红外光谱仪（FTIR）等对所制得的样品形貌、结构和组成进行表征；考察了其对重金属 Cr(Ⅵ)、Ni(Ⅱ)、Cu(Ⅱ)、As(Ⅱ)、Cd(Ⅱ)、Zn(Ⅱ)、Pb(Ⅱ)的还原去除性能；以及采用多孔陶粒负载纳米零价铁处理含磷废水，探讨了其反应所符合的动力学模型和反应机理；考察了其对三氯乙烯（trichloroethylene，TCE）、三氯甲烷（trichloromethane，TCM）、四氯化碳（carbon tetrachloride，CTC）及混合废水 Pb(Ⅱ)-TCM 和 Ni(Ⅱ)-TCE 的还原去除能力，以及对磷的物理吸附、配位体交换反应及化学沉淀反应等进行了较深入的研究。

本书得以顺利出版，得到了国家自然科学基金委员会和化学工业出版社的大力支持，同时得到了景德镇陶瓷大学在经费方面的支持。本书大部分研究成果是由景德镇陶瓷大学研究生苏晓渊、郭磊、焦创、樊文井、范小丰、余淑珍、潘顺龙等完成。谌怡雯、余宏伟、吴新运、吕美玲、张素华、武浪、郭文婷、孙晓燕、宁清和欧阳智等在文字校对和图表整理方面做了大量工作，在此表示衷心感谢。本书引用了部分书刊的资料、文献，在此向所引用参考文献的作者致以谢意！

成　岳

2017 年 10 月

CONTENTS

目 录

3 包裹型纳米零价铁的制备与表征

4 包裹型纳米零价铁去除水中重金属离子的研究

5　包裹型纳米零价铁降解水中含氯有机物的研究

6 包裹型纳米零价铁去除水中重金属-含氯有机物

7 包裹型纳米铁处理染料废水

8 多孔陶粒负载纳米零价铁处理含磷废水

0

概述

我们都知道，在全球经济发展的浪潮中，资源与环境是人类遇到的两大难题，节约资源、保护环境的要求越来越高。

0.1 水体污染严重性

随着世界经济的全球化，环境污染也日益呈现出国际化的趋势，全球性的环境污染和能源短缺引起了世界各个国家的广泛关注。种类繁多、有毒且难降解的污染物严重威胁着人类的身体健康与生存环境。其中，水资源污染、短缺给经济的可持续发展带来了严重的影响，而重金属废水又是最大的污染源之一。重金属具有毒性强，不可生物降解而且可在水体或动植物中富集的特点，因此目前已经严重威胁着人类的生存环境。重金属废水存在于各个行业中，如金属加工、电镀、塑料以及颜料的制备等各个过程中，这些都给环境和人类生活带来严重的威胁。因此，有毒重金属废水的修复治理迫在眉睫。

目前，水体的有机物污染在我国也很严重，有些水域的污染情况已经严重地威胁到当地人民的身体健康和工农业生产。在水处理中存在一些化学性稳定、不易分解转化的难降解有机物，也称持久性有机污染物（POPs）。此类有机物对环境有潜在毒性，成分复杂多样且难被微生物代谢降解或降解效果难以达到要求，而且大部分污染物对微生物有一定的毒性作用和抑制作用。氯代有机物在水体中常见的 20 多种有机污染物中占将近一半，其中含氯有机物（如三氯乙烯）是水体污染中最常见的有机污染物。由于难降解和疏水性的特点，生物圈中的氯代有机物会不断富集，近年来氯代有机物已成为了土壤和水系较常见的污染物。

当前水资源匮乏，水体富营养化问题越来越严重，水体富营养化的关键因素是磷，水体富营养化在影响水体生态环境的同时也影响着我们的生活，如今尽管使用了比较多的方法限制含磷污水的污染，然而磷仍然是环境中一类棘手的污染物。

0.2 纳米零价铁处理技术的应用

零价铁（zero valent iron，ZVI）电负性较大 $E^{\ominus}(Fe^{2+}/Fe)=-0.44V$，广泛应用于水体、土壤中多种污染物的去除。纳米零价铁（nanoscale zerovalent iron，NZVI）技术是

ZVI 技术的改进和发展，在环境治理和有毒废物处理中 NZVI 是最为被广泛研究的工程纳米材料。

关于 ZVI 除污始于 20 世纪 80 年代，采用 ZVI 去除水中的四氯乙烷；90 年代后期 Gillham 等用 ZVI 去除水中的三氯乙烯。自此，ZVI 修复水中各种污染物的研究就相继出现，并有了相当好的研究成果。随着纳米技术的发展，同时为了克服 ZVI 反应活性低的缺点，NZVI 技术引起了人们的广泛关注，逐渐成为研究领域的热点。在过去的几十年，关于 NZVI 技术做了大量的实验室研究，如氯代有机物、溴代有机物、有机染料、农药、重金属及无机离子等。

纳米零价铁技术作为高新技术，越来越受到人们的关注。NZVI 的研究也将从单纯的理论研究向实际应用中转变。面对环境问题日益恶化，在对 NZVI 的强化改性过程中，避免改性过程造成的二次污染将是对其研究的一个挑战。而采用绿色无污染的方法对 NZVI 进行改性，增强 NZVI 的可重复利用性则是解决此问题的一个方向。从近几年的研究看，可降解分散剂、绿色合成方法和合成材料的可重复性越来越受到重视。在未来一段时间内，负载型 NZVI 改性因其高效、可重复利用性将得到更广的发展。现如今，现代科技的发展越来越趋于学科交叉性发展，将 NZVI 技术与其他技术结合将会是 NZVI 应用的一个趋势，也将越来越受到各领域学者的关注。

0.3 纳米零价铁在应用中存在的问题

大量的研究结果表明，NZVI 对多种污染物质均有较好的去除效果。但由于其自身的物理、化学性质及其所在的环境等因素的影响，NZVI 在实际的应用中仍然存在许多问题。

0.3.1 铁的钝化

ZVI 本身在空气中就易被氧化，形成钝化层使活性降低，同时在降解污染物时会产生氢氧化物［如 $Fe(OH)_2$、$Fe(OH)_3$］和金属碳酸盐（如 $FeCO_3$），附着在污染物表面使其钝化。因此随着反应的不断进行，ZVI 去除污染物质的效率会不断下降，难以保持长时间的去除效果。而 NZVI 具有更强的还原活性，化学性质极不稳定，一旦与空气接触，甚至可能发生自燃现象。因此，无论是普通的铁粉还是 NZVI，其表面活性都很难长期保持。

0.3.2 NZVI 的团聚和沉淀

NZVI 在制备过程中易团聚：通常用 Fe^{2+} 或 Fe^{3+} 的盐溶液制备 NZVI，用一种强还原剂（例如，硼氢化钠）将其还原为 Fe^0。但由于其极高的反应性，最初形成的 NZVI 粒子往往会与周围介质（如溶解氧（DO）或水）快速发生反应，从而形成较大的颗粒或絮凝物，NZVI 反应性会迅速丧失。NZVI 在应用中也同样存在类似问题：NZVI 由于其本身粒度很小、比表面积大、表面能大及自身存在磁性等，容易产生团聚，使比表面积降低，反应速率下降。例如 NZVI 在实际应用于土壤的原位修复中时，将含高浓度 NZVI 的浆液直接注射到污染源或距污染源较近的地下，由于磁力作用，裸露的 NZVI 的流动性是有限的，会迅速凝聚，NZVI 还未到达污染区域，其本身就会发生团聚或者与土壤粒子结合而失去反应活性，不能有效地发挥其去污效果。

0.3.3 铁自身毒性及纳米毒性

铁在水中是一种潜在的污染物，最大的允许浓度（EPA，maximum contaminant level，MCL）为0.3mg/L。在饮用水的处理系统中，NZVI还原过程中产生的铁离子对饮用水是一种二次污染，因此基于NZVI的材料在应用于饮用水处理时不得不将这一点考虑在内，若用于实际应用，需要反复验证材料的安全性。纳米材料对植物、动物、微生物、生态系统和人类健康的潜在风险已被人们广泛提及，但现在依然缺乏足够准确的了解。改性后的NZVI流动性增强，若直接作用于地下水，这些材料能稳定地存在于环境中，可以以较低的浓度进入含水层，进入饮用水系统，威胁生态环境和高级生物系统，纳米材料经改性后性能虽有提高但同时风险性也明显增强。

0.3.4 降解中间产物的毒性风险

当无机污染物作为电子受体被NZVI还原时，是一个从高价态到低价态的变化过程。对金属而言，一般认为大多数的低价态金属比高价态有更高的迁移活性，会更容易进入水相中，这样的还原对于污染控制不会有帮助。对酸根离子而言，如用NZVI去除硝酸盐的研究中，铵被认为是主要的最终产物，然而在过程中会有生成亚硝酸盐的风险，亚硝酸具有更强的毒性。

对有机物的降解同样存在这样的问题，可能比无机的更为复杂。零价金属仅仅考虑去除母体污染物恐不足以达到饮用水标准，因为部分脱氯后的反应产物或中间产物也可能对人类健康造成风险。Zhang等在研究NZVI对高氯酸盐的去除时发现，反应几乎全部将水溶液中高氯酸盐降解为氯化物，也就不存在中间物质毒性的风险。因此，降解产物的毒性是NZVI在实际应用中不得不留意的问题，针对不同种类的污染物，不同种类的NZVI，不同的反应条件、反应环境等因素，反应过程中的中间产物、反应路径需要仔细反复考证，以防止其他毒性物质的生成。

0.3.5 回收难

在实际修复中，地下水、土壤的成分都比较复杂，多种因素如水体pH值、离子强度、土壤组成、水体流速等都会对NZVI的迁移性能产生直接影响。此外，将NZVI的颗粒从污染区分离仍然是一个艰难的任务，经济成本较高，回收难度较大。

0.4 提高反应活性的常用方法

0.4.1 有机分散剂改性

有机分散剂改性是在NZVI的制备过程中，在其铁盐溶液中加入有机物分散剂，主要有两类：一类是活性官能团，另一类是可溶性的大分子链。前者通过静电结合使分散剂固定在NZVI粒子表面；后者主要是通过吸附改变粒子表面的电荷分布从而有效地控制NZVI颗粒粒径，防止颗粒团聚，提高反应活性。常用的分散剂有：乙醇、聚乙二醇、聚乙烯吡咯烷酮、淀粉等。Wang等在利用NZVI去除溴酸盐的研究中，用液相还原法制备NZVI时加入了不同量的乙醇，研究结果显示乙醇的含量可以明显影响合成 NZVI 的表面积。

0.4.2 双/三金属复合改性

双金属 NZVI 粒子是在 NZVI 中加入另一种金属，使得 NZVI 的反应活性大幅提高，新加入的金属主要有 3 种作用：①可以减缓 NZVI 颗粒的氧化，有助于其活性的保持；②引入的金属可以作为加氢催化剂，增加对氢的吸附以此提高对污染物的去除效率；③与 Fe 构成原电池，形成电池效应，发挥降解作用。通常加入的典型金属是钯、铂、镍、银、铜。

0.4.3 负载型 NZVI 材料

为了克服 NZVI 颗粒粒径小，不利于实际应用的缺点，将 NZVI 颗粒均匀、分散地负载于某种材料表面，可以有效防止 NZVI 颗粒的团聚，保持其活性，增强其稳定性，同时也能使其更容易从水体系中分离，提高回收率，使其适用于反应器操作。通常将 NZVI 负载于膨润土、高岭土、树脂、氧化铝、氧化硅、沸石和活性炭等载体上。Zhang 等将 ZVI 负载在黏土上降解 NO_3^-，研究表明：ZVI 在黏土上有较好的分散性，其颗粒大小在 30～70nm，同时能在 120min 内将 50mg/L 的 NO_3^- 完全降解，其降解效率远远大于单独的 ZVI 和 ZVI 与黏土的混合物。

0.4.4 其他技术辅助

（1）超声辅助

超声波是一种低能耗、清洁、高效的污水处理方法。超声波对 NZVI 常见两个方向的作用：一是，在制备纳米零价铁的时候应用超声波防止纳米零价铁的团聚；二是，在纳米零价铁与污染物质进行反应时可以辅助超声波。NZVI 的比表面积大，吸附能力强，能将超声空化产生的微气泡吸附在其表面，强化超声波的空化作用。同时超声波产生极强烈的冲击波和微射流以及振动和搅拌作用，使 NZVI 在水溶液中得到充分分散，并去除其表面钝化膜，从而大大提高对污染物的去除率和降解程度。Zhao 等在 20kHz 的超声波辐射下制备了 NZVI 颗粒，并对 3-氯联苯进行脱氯反应。实验结果表明，超声可以抑制 NZVI 的团聚，有效地提高反应活性，增强了对污染物质的去除效率。

（2）类 Fenton 体系

ZVI-Fenton 体系对多种有机物有较好的去除效果，它克服了单独 ZVI 还原和 Fention 反应的缺点，ZVI 即是催化剂又充当还原剂。Liu 等用高岭土负载 NZVI 材料形成的类芬顿体系对直接黑 G（DBG）偶氮染料进行氧化。高岭土阻止了 NZVI 的团聚，同时强化了对 DBG 的吸附，而 NZVI 则作为催化剂和还原剂加快了反应的进行。综上，NZVI 可与一种或多种物理、化学、生物技术的技术手段进行联用，均有不错的去除效果。

目前此领域的实际应用相对还比较少，虽已显示出对地下水体污染物的良好处理效果，但在工程应用中还存在一些问题有待于进一步的研究。如地下水的成分比较复杂，而且可能随时变化，污染物质浓度减少的原因，除了所投加纳米颗粒的贡献，可能还有其他物质或者生物的作用，而示范工程中没能同时设置一些对照监测点显示水质的自然变化，对纳米颗粒的贡献没有更加充分的说明。此外，纳米颗粒的投加量、投加方式、投加频率、pH 值、温度、压强等也还没有比较具体的方案。对于投加的纳米颗粒，减少其在反应过程中有害物的释放、终产物的环境友好性，在水体中的迁移及归宿问题也需要进一步的研究。纳米颗粒对水质环境、生态环境是否存在影响尤其是长期效果都有待进一步研究。对于该技术的实际应用，在可行性的基础上还需要考虑应用方式、孔隙介质非均质性与裂隙化介质的裂隙系统特征及其他水文地质条件的影响、气候的影响等。

实验室研究的结果充分证明了纳米零价铁对多种污染物质均有较好的作用效果，大多数也仅限于实验室研究阶段，在实际应用中依然存在许多问题亟待解决，需要进一步探索，如：

① 如何延长 NZVI 的使用时间，NZVI 材料潜在的生态毒性怎样量化、怎样避免；

② 关于其作用的机理争议一直存在，反应产物和反应途径还需要进行更加细致的研究；

③ 中间产物的毒性，如应用于饮用水的风险性；

④ 原位修复时，如何采用技术可行、经济合理的手段增加 NZVI 的流动性；

⑤ 研究 NZVI 的高效经济的回收技术；寻找最为经济、最为可靠的 NZVI 联用技术。

针对 ZVI 技术在不同的研究领域会存在不同的问题，在实际应用中应充分结合实际，具体问题具体分析。

0.5 纳米零价铁制备技术

综观近年来有关纳米铁的研制及修饰研究，仍然存在诸多问题；大多是在液相还原法基础上的改良，可总结为：①固定或稳定化材料的选择；②配制铁盐溶液所用液体的选择；③修饰材料添加方式及时机的选择。除此，并未突破液相还原法的基本思想。因此，并未真正地解决因液体介质高流动性而利于纳米粒子团聚的本质问题，以及对操作环境苛刻要求的难题。此外由于需将药品配制成溶液，当量大后必将造成资源的浪费，并对反应容器体积要求过大。

流变相反应，是指在反应体系中有流变相参与的化学反应。付真金等以乙酸镍、氢氧化铁和草酸为原料，用流变相反应法制备出前驱物，在不同温度下煅烧得到纳米镍铁氧体粉末。曹明澈以草酸和普通金属氧化物为原料，利用流变相反应先制备了单组分金属纳米 La_2O_3、MnO_2 和 Co_2O_3，以此为基础用同样的原料和工艺流程制备了纳米 $La_{0.98}MnO_{3.05}$ 和 $LaCoO_3$，由于流变体热交换良好，传热稳定，可以避免局部过热，并且温度容易调节；反应过程中，不必像液相反应过程那样考虑溶解度、酸碱度等因素的影响。宋力等用流变相反应法合成前驱物苯甲酸氧锆，苯甲酸氧锆在氮气气氛下于 700℃分解 1.5h 得到高纯二氧化锆，属六方晶系，呈球形，平均粒径约为 20nm。以该 ZrO_2 为光催化剂，对对硝基氯苯进行光催化氧化，在 ZrO_2 加入量为 0.75g/L、对硝基氯苯起始质量浓度为 30mg/L、溶液 pH 值为 7、光照时间为 90min 的条件下，对硝基氯苯的降解率为 98%。

由此可以看到流变相反应的优点主要表现在以下几个方面：①在流变相体系中，固体微粒在流体中分布均匀、紧密接触，其表面能够得到有效的利用，反应能够进行得更加充分；②能得到纯净单一的化合物，产物与反应容器的体积比非常高，还可以避免大量废弃物的产生，有利于环保，是一种高效、节能、经济的绿色化学反应；③流体热交换良好，传热稳定，可以避免局部过热，并且温度容易调节；④在流变相体系中，许多物质会表现出超浓度现象和新的反应特性，甚至可以通过自组装得到一些新型结构和特异功能的化合物；⑤用流变相反应技术很容易获得纳米材料和非晶态功能材料。这些特点也符合当今社会绿色化学发展的要求及工业生产节能环保的要求。

参考文献

[1] Yan W, Herzing A A, Li X, et al. Structural evolution of Pddoped nanoscale zero-valent iron (nZVI) in aqueous media andimplications for particle aging and reactivity [J]. Environmental Science & Technology, 2010, 44 (11): 4288-4294.

[2] Orth W S, Gillham R W. Dechlorination of trichloroethene in aqueous solution using Fe^0 [J]. Environmental Science & Technology, 1995, 30 (1): 66-71.

[3] Yun D M, Cho H H, Jang J W, et al. Nano zero-valent iron impregnated on titanium dioxide nanotube array film for both oxidation and reduction of methyl orange [J]. Water research, 2013, 47 (5): 1858-1866.

[4] Pang Z, Yan M, Jia X, et al. Debromination of decabromodiphenyl ether by organo-montmorillonite-supported nanoscale zerovalent iron: Preparation, characterization and influence factors [J]. Journal of Environmental Sciences, 2014, 26 (2): 483-491.

[5] Lin Y, Chen Z, Megharaj M, et al. Degradation of scarlet 4BS in aqueous solution using bimetallic Fe/Ni nanoparticles [J] Journal of colloid and interface science, 2012, 381 (1): 30-35.

[6] Chiueh C C, Rauhala P. The redox pathway of S-nitrosoglutathione, glutathione and nitric oxide in cell to neuron communications [J]. Free radical research, 1999, 31 (6): 641-650.

[7] Huang P, Ye Z, Xie W, et al. Rapid magnetic removal of aqueous heavy metals and their relevant mechanisms using nanoscale zero valent iron (nZVI) particles [J]. Water research, 2013, 47 (12): 4050-4058.

[8] Woo H, Park J, Lee S, et al. Effects of washing solution and drying condition on reactivity of nano-scale zero valent irons (nZVIs) synthesized by borohydride reduction [J]. Chemosphere, 2014, 97: 146-152.

[9] US EPA, Drinking water standards and Health Advisories Tables [EB/OL]. http: //water. epa. gov/drink/standards/hascience. cfm # dw-standards, 2014-04-01.

[10] Arnold W A, Roberts A L. Pathways of chlorinated ethylene and chlorinated acetylene reaction with Zn (0) [J]. Environmental science & technology, 1998, 32 (19): 3017-3025.

[11] Cao J, Elliott D, Zhang W. Perchlorate reduction by nanoscale iron particles [J]. Journal of Nanoparticle Research, 2005, 7 (4-5): 499-506.

[12] Wang Q, Snyder S, Kim J, et al. Aqueous ethanol modified nanoscale zerovalent iron in bromate reduction: synthesis, characterization, and reactivity [J]. Environmental science & technology, 2009, 43 (9): 3292-3299.

[13] Zhang Y, Li Y, Li J, et al. Enhanced removal of nitrate by a novel composite: Nanoscale zero valent iron supported on pillared clay [J]. Chemical Engineering Journal, 2011, 171 (2): 526-531.

[14] Zhao D, Chen Z, Wu X. Dechlorination of 3-Chlorobiphenyl by nZVI Particles Prepared in the Presence of 20kHz Ultrasonic Irradiation [J]. Research Journal of Applied Sciences, Engineering and Technology, 2013, 5 (20): 4914-4919.

[15] Liu X, Wang F, Chen Z, et al. Heterogeneous Fenton oxidation of Direct Black G in dye effluent using functional kaolin-supported nanoscale zero iron [J]. Environmental Science and Pollution Research, 2014, 21 (3): 1936-1943.

[16] 付真金，廖其龙，卢忠远，唐纯培．流变相-前驱物法制备纳米镍铁氧体粉末．精细化工，2007，24 (3)：217～220.

[17] 曹明澈．流变相反应制备纳米 $LaMO_3$ 及热分解动力学研究 [D]．广州：广东工业大学，2008.

[18] 宋力，宋玲，徐喜梅，张克立．纳米二氧化锆的制备及其对对硝基氯苯的降解．信阳师范学院学报，2006，19 (2)：206～209.

1 水中重金属和含氯有机物的污染与处理

空气、土壤和水是人类生存所必需的三大要素。地球上所有生物的诞生、生长、繁衍及进化都离不开水。水对生物来说是最重要的，是一切生命新陈代谢的物质基础，是一切生物赖以生存和发展不可或缺的重要物质。保护水资源、防止水污染、改善水环境是实施可持续发展的重要内容。我国是世界上贫水国家之一，水资源短缺及水污染等问题一直困扰着我们。近年来随着经济的高速发展，工业、农业和生活用水都相对增多，各类污水排放量也与日俱增。水资源是人类赖以生存和发展的基础，也是生产生活中最关键的自然资源，随着人口的不断增长和经济的飞速发展，水资源环境遭到了严重的破坏。因此，保护水资源、解决水资源污染问题成为环境工作者研究的一个重要课题。

1.1 水污染及水中重金属的污染现状及危害

目前全国 532 条河流中有 436 条已被严重污染，全国有 3 亿多人没有干净水饮用。“大约 70%的中国人从地下获取饮用水，然而过去几十年的经济发展已经严重污染了地下水。”水文学家林学钰说。根据国土资源部的报告，全中国 90%的浅层地下水受到污染。有关数据显示，每年约有 1.9 亿中国人因为水质污染而生病，6 万人因水质污染而死亡。

随着全球工业化进程的加快，越来越多的行业都涉及重金属排放。它主要通过农药化肥的滥用，化工废水、金属冶炼加工废水、矿山开采废物的排放及生活垃圾的弃置等形式进入土壤及湖泊、河流和海洋等水体中。重金属主要通过空气、水、土壤等途径进入动植物体，然后由食物链放大、富集进入人体，加之其易被生物富集、难降解、毒性大，同时在较低的浓度下就能破坏人体的正常生理活动，会使人的身体健康受到严重的损害。因此，水体中的重金属污染不仅污染了水环境，也对人类和各类生物的生存带来了严重危害。

由于电镀、采矿、制革、蓄电池、造纸业、化肥、制药等工业生产的快速发展，金属废水越来越多直接或间接地被排放到环境中，尤其是在发展中国家。重金属污染给人们的生活环境带来严重的危害，如何去除水中的重金属离子引起了人们的普遍关注。有毒重金属主要包括汞、镉、铅、铬、镍、铜和锌。由于它们在水环境中溶解性大，容易被生物体吸收。一旦进入食物链，较高浓度的重金属离子就会富集在人体内。近年来，我国发生了多起重金属污染事件（见表1-1），严重影响了当地的生态环境和危害了居民的身体健康。

表1-1 我国发生的重金属污染事件

时间	案例
2011年	浙江省某县因为电池企业的污染致使300多人血铅超标
2011年	江西多家矿山常年排污到乐安河，造成1万余亩耕地减产，9个渔村河鱼锐减，居民重金属中毒病症和奇异怪病常常发生
2011年	云南省某地铬渣倾倒使得附近农村77头牲畜死亡
2012年	广西省龙江镉泄漏量约20吨，严重影响了下游群众的生活和生产
2013年	广州食品药品监管局在对18个批次的大米及米制品抽检后发现其中8个批次镉含量超标，最高达44.4%
2013年	广西贺江上游发生铊、镉污染事件
2014年	湘江流域砷超标715倍，镉含量超标206倍
2014年	某铝厂产生的废气、废水、废渣给周边环境造成严重污染，致多名居民患癌
2015年	天津市某危险品仓库发生爆炸，165人遇难。129种化学物质参与了爆炸或者扩散，给地下水和土壤造成不同程度的危害
2016年	江西省某有限公司，恶意排放污水，导致袁河及仙女湖镉、铊和砷超标，造成当地大部分地区停水，群众用水困难

1.2 水体中重金属污染来源危害与处理技术

1.2.1 六价铬的来源、危害与处理技术

铬是工农业生产中非常重要的一种重金属，广泛应用于金属电镀、皮革制造、金属腐蚀的抑制、颜料生产和木材保护等行业。铬主要以三价铬Cr（Ⅲ）和六价铬Cr（Ⅵ）两种价态存在。Cr（Ⅲ）是胰岛素中的一种重要的微量营养素，性质相对稳定，在水溶液中溶解度低。相比之下，Cr（Ⅵ）有很强的毒性，而且在水体中易溶解和迁移。另外，Cr（Ⅵ）通过消化道、呼吸道、皮肤及黏膜等侵入人体而被人体吸收，从而危害人体健康。生产生活中所涉及的Cr（Ⅵ）的化合物见表1-2。

表1-2 常见的六价铬化合物

中文名称	英文名称	化学分子式	主要用途
氧化铬（六价）	chromium（Ⅵ）oxide；chromium trioxide	CrO_3	颜料、催化剂、电镀、鞣皮
铬酸锂	lithium chromate	Li_2CrO_4	防腐剂
铬酸钠	sodium chromate	Na_2CrO_4	防锈、鞣皮
铬酸钾	potassium chromate	K_2CrO_4	颜料、油墨、鞣皮
氯铬酸钾	potassium chlorotrioxo chromate	$KCrO_3Cl$	医药、材料中间体
铬酸铵	ammonium chromate	$(NH_4)_2CrO_4$	相片、催化剂

续表

中文名称	英文名称	化学分子式	主要用途
铬酸铜	copper chromate	$CuCrO_4$	媒染剂
铬酸镁	magnesium chromate	$MgCrO_4$	防锈、表面处理
铬酸钙	calcium chromate	$CaCrO_4$	颜料、油墨、鞣皮
铬酸锶	strontium chromate	$SrCrO_4$	颜料、防锈
铬酸钡	barium chromate	$BaCrO_4$	防腐、颜料、陶瓷用着色剂
铬酸铅、铬黄	lead chromate；chrome yellow	$PbCrO_4$	颜料、涂料、油墨
铬酸锌	zinc chromate	$ZnCrO_4$	颜料、防腐剂
重铬酸钠	sodium dichromate	$Na_2Cr_2O_7$	颜料、防腐、相片、鞣皮
重铬酸钠水合物	sodium dichromate dihydrate	$Na_2Cr_2O_7 \cdot 2H_2O$	制造其他铬产品、涂料、颜料、金属表面处理
重铬酸钾	potassium dichromate	$K_2Cr_2O_7$	颜料、相片、电镀、电池、鞣皮
重铬酸铵	ammonium dichromate	$(NH_4)_2Cr_2O_7$	颜料、相片、催化剂
重铬酸钙	calcium dichromate	$CaCr_2O_7$	防腐、催化剂
重铬酸锌	zinc dichromate	$ZnCr_2O_7$	颜料

目前国内外处理含铬废水的常用技术方法包括氧化还原法、自然循环法、强制循环法、离子交换法、化学法、吸附法、电解法、生物法和膜分离法等。这些方法大致分为三大类，即物化处理方法、化学处理方法和生物处理方法。

（1）物化处理方法

物理化学处理法包括吸附法、离子交换法、膜分离法等。

吸附法实质上是吸附剂活性表面对重金属离子的吸引。吸附剂有很多种，硅胶、活性氧化铝、活性炭、分子筛、膨润土、活化沸石、高分子聚合物等都是工业上常用的吸附剂。在含铬废水的处理中，活性炭较多的被使用。活性炭是一种优质的吸附剂，它是由碳元素组成的多孔物质。在反应过程中，既有吸附作用，又有还原作用，在 pH 值为 3.5～4.5 时，对 Cr（Ⅵ）的吸附效果最好。另外，膨润土、蒙脱石、活化沸石、生活废弃品等也对 Cr（Ⅵ）有一定的去除效果。胡巧开等采用改性香蕉皮作为吸附剂对含 Cr（Ⅵ）废水进行吸附处理，考察了不同条件对改性香蕉皮吸附 Cr（Ⅵ）的影响，结果表明改性香蕉皮对 Cr（Ⅵ）的去除率可达 91.5％。

离子交换法是在我国的工业废水治理中应用最广泛的一种方法。20 世纪中期，某电镀厂首先应用离子交换树脂处理含铬废水，达到了去除效果好的同时可回收铬酸且水可以得到循环利用的三重目的。此后，该项技术曾一度在我国大中城市的废水处理中被广泛应用。离子交换剂种类众多，包括沸石、腐殖酸物质、离子交换树脂、黄原酸酯（改性淀粉）、离子交换纤维等。近年来国内外开始研究一些天然纤维，如玉米棒子能有效去除废水中的铬；椰子壳和棕榈纤维经处理后，对重金属也有很强的吸附能力。然而，离子交换法在使用时会产生过量的再生废液，处理周期较长，而且会排出大量含盐废水，易引起管道的腐蚀。

膜技术作为一种新兴的分离技术，该方法以选择性透过膜作为分离介质，当膜的两侧存在某种推动力时，不同组分选择性透过膜，从而达到分离、去除有害物质的目的。膜分离技术具有能耗低、分离效率高、操作简便、无相变、二次污染小和分离产物易于回收等优点，因此在水处理中得到了非常广泛的应用。其中，电镀漂洗废水的回收是电渗析法在含铬废水处理中的主要应用。在处理过程中，水和金属离子可以全部循环利用，另外整个过程对环境具有较强的适应性。然而，膜分离技术的前期投入成本高，以及膜污染物和膜劣化的问题使得膜分离效率和利用率大大降低，同时也制约着其在水处理当中的应用。

（2）化学处理方法

化学法主要有化学沉淀法、电解还原法、光催化法等，这些方法具有简单可行、原料易得等优点。然而，在处理过程中使用的试剂量较大，其中部分试剂具有一定的毒性，而且处理成本高。开发廉价、无毒、高效的化学试剂是化学法的研究重点。

化学沉淀法是向废水中投加一些化学药剂，使它和废水中溶解状态的 Cr（Ⅵ）发生直接的化学反应，生成难溶或不溶于水的沉淀物而使其分离除去的方法，如钡盐沉淀法和二氧化硫沉淀法。钡盐法采用置换反应，用碳酸钡与铬酸作用，形成铬酸钡沉淀，然后用石膏进行过滤，去除残留钡离子，最后去除硫酸钡沉淀，反应机理为：

$$BaCO_3 + H_2CrO_4 \longrightarrow BaCrO_4\downarrow + H_2O + CO_2\uparrow \tag{1-1}$$

$$Ba^{2+} + CaSO_4 \longrightarrow BaSO_4\downarrow + Ca^{2+} \tag{1-2}$$

钡盐法处理的优点是处理后的水可以重复使用。缺点是处理工艺流程较为复杂，过滤用的微孔塑料管容易阻塞，造成清洗不便。二氧化硫沉淀法是利用 SO_2 作还原剂，于 pH＝2～6 的条件下，将废水的 Cr（Ⅵ）还原成 Cr（Ⅲ），再加入碱液生成难溶的氢氧化铬沉淀，其反应原理为：

$$3SO_2 + Cr_2O_7^{2-} + 2H^+ \longrightarrow 2Cr^{3+} + 3SO_4^{2-} + H_2O \tag{1-3}$$

$$Cr^{3+} + 3OH^- \longrightarrow Cr(OH)_3\downarrow \tag{1-4}$$

该方法投资少、设备简单、处理效果好。然而设备易发生腐蚀，当密封不好时易使 SO_2 气体逸出，从而对环境造成二次污染。

电解还原法在处理含铬废水时，通常是将铁板作阳极，电解使铁溶解生成 Fe^{2+}，在酸性条件下，Fe^{2+} 将 Cr（Ⅵ）还原成 Cr（Ⅲ）。随着氢离子在阴极放电使废水 pH 值逐渐升高，Cr（Ⅲ）和 Fe（Ⅲ）形成氢氧化铬及氢氧化铁沉淀，同时氢氧化铁的凝聚作用促进氢氧化铬迅速沉淀，达到废水净化的目的。电解还原法操作简单、占地少、耗电低、管理方便、效果好，但是铁板耗量较多，污泥中混有大量的氢氧化铁，利用价值低，需妥善处理。

（3）生物处理方法

近年来，国内外很多学者都开始研究用生物法处理含铬（Ⅵ）废水。生物法处理含铬（Ⅵ）废水是利用微生物新陈代谢产生的静电吸附作用、酶的催化转化作用、络合作用、絮凝作用对铬（Ⅵ）进行吸附、还原、富集。目前该法已用于埃及轻型车辆公司的含铬废水的处理中。生物法处理含 Cr（Ⅵ）废水技术操作简单、设备安全可靠、排放水可用于培菌及其他使用且污泥量少、污泥中金属可回收利用，实现了清洁生产、无污水和废渣排放。但生物法的大规模推广对生物菌种的要求较高，菌种的开发和培育较为困难。

1.2.2 铅污染来源、危害与处理技术

铅元素在自然界中分布较广，是工业生产中常使用的元素之一。铅常作原料用于许多制造业中，例如电镀、橡胶、蓄电池、农药和燃料等行业。含铅废水主要来源于石油化工厂、

选矿厂、电池车间等，其最主要来源于电池行业。铅及其化合物是不可降解、性质比较稳定的一类污染物，可通过废水、废气、废渣等各种途径大量流入环境而产生污染而危害人体健康。工业含铅废水对环境的影响非常严重，它可渗透到土壤中破坏土壤生态从而影响农作物的生长和生物的繁衍。铅主要积累在人体肌肉、骨骼、肾脏和大脑组织，可以引发贫血、神经系统疾病和肾脏疾病。

在含铅废水的处理技术中，传统的处理方法包括化学沉淀、吸附、离子交换、过滤和反渗透等方法。其中，吸附法和化学沉淀法较为经济高效，在实际生产中经常用到。

目前，化学沉淀法的使用较为普遍。在反应过程中常用的沉淀剂有烧碱、石灰、纯碱、氢氧化镁以及磷酸盐等。化学沉淀法以氢氧化物沉淀法的应用较为普遍。该方法主要是通过将离子铅经过化学反应转化为不溶性的铅盐从而与无机颗粒一起沉降。此法具有较好的处理效果，但是处理后产生的大量含铅污泥处理困难，易造成二次污染，且此法存在占地面积大、处理量小、选择性差等缺点。

吸附法也是一种常用的含铅废水处理方法。它主要是利用吸附剂的高表面活性、大比表面积和特殊微孔结构对含铅废水进行吸附。目前，比较常用的吸附剂包括活性炭、改性粉煤灰、沸石、陶土等。该处理工艺成本适中、除铅效率比较高而且不会造成二次污染，具有较好的使用前景。据报道，管俊芳、于吉顺等采用锆基柱撑黏土材料作为吸附剂对 Pb^{2+} 进行去除的，试验结果表明：在一定条件下，Pb^{2+} 去除率达 99.8%。

离子交换法是利用离子交换剂（如离子交换树脂、沸石等）分离含铅废水中的 Pb^{2+}，比较常用的交换剂为离子交换树脂和沸石。目前，离子交换法处理含铅废水是较为理想的处理方法之一，该法具有如下特点：占地面积小、Pb^{2+} 去除率高、管理方便、再生液可回收、不会造成二次环境污染。然而，采用离子交换法一次性投资比较大，且交换剂再生困难。王晨光等采用强酸性阳离子交换树脂对铁路客车蓄电池检修间含铅废水进行处理研究，结果表明，在一定条件下，铅含量可降到 0.20～0.53mg/L，达到第一类污染物最高允许浓度排放标准。

1.2.3 砷污染来源、危害与处理技术

砷的来源主要包括两个方面：一个是自然因素造成的，另一个是人为因素造成的。地表中存在的砷是极少的，基本不会对人造成伤害。由于一些地质运动，会使在地下的砷运动到了地表并且扩散，造成地方性和区域性的砷污染。比如火山喷发使地壳中的砷随着岩浆的喷出流动到地表，在地表径流的作用下扩散，对地表水甚至地下水造成严重的污染。在火山喷发的过程中，砷还存在于火山灰之中，并随着火山灰蔓延扩散至云层，通过降雨、地表径流的方式污染水资源。另外，温泉的上溢水和矿物质的风化同样也是水中砷的来源。这些因素对地下水及饮用水都造成了很大的污染。还有一个主要的来源是人工在开采和冶炼砷化物的过程中造成的。在开采和冶炼砷化物的过程中生产废水处理不当，在地表径流的作用下造成二次污染。我国有超过十个省（区）约 30 个县（旗）属于饮用高砷水地区，地方性砷中毒已经在这些地区出现并引起高度的关注，包括我国台湾、新疆、内蒙古、西藏、云南、贵州、山西和吉林。砷和含砷金属的开采、冶炼，用砷或砷化合物作原料的玻璃、颜料、原药、纸张的生产以及煤的燃烧等过程，都可产生含砷废水、废气和废渣，对环境造成污染。工业生产中，煤的燃烧，含砷废水、烟尘的排放及农业生产中含砷农药的使用都会污染土

壤，砷在土壤中累积并由此进入农作物组织中。砷和砷化物一般可通过水、大气和食物等途径进入人体，造成危害。元素砷的毒性极低，砷化物均有毒性，三价砷化合物比其他砷化合物毒性更强。

在没有人为因素的干扰下，无机砷主要以砷酸盐（AsO_4^{2-}）和亚砷酸盐（AsO_3^{3-}）两种形式存在，有机砷化合物主要以甲基化的形式存在，但砷的有机化合物的含量一般都很低。砷化合物的不同形态主要是通过化学和生物氧化、还原，生物的甲基化、去甲基化反应发生相互转化造成的。

砷，一种被确认的致癌物，以 As^{5+} 和 As^{3+} 的砷酸盐形式存在于地下水中。As^{3+} 毒性更大，相比 As^{5+} 毒性更强。砷的毒性不同主要是化合价不同和形态不同造成的，毒性最强的是气态的三价砷化氢，其次是固态的三价氧化亚砷和砷酸，毒性最弱的是零价的单质砷。砷在自然界分布广泛，不仅在土壤中、水中存在，在动物肌体、植物、海产品中都含有微量的砷。由于人们将砷化物广泛使用于农业生产、工业制革、涂料印刷等方面，使排放到自然界中的砷严重超过了环境容量和自净能力。比如在畜牧业中，一些饲料添加剂存在一些砷化物，牲畜进食后，砷不断地在体内积蓄，人们购买了用这种添加剂饲养的牲畜的肉制品，通过生物富集在人体内积累，造成慢性中毒。砷进入人体后，能通过泌尿系统、消化系统排出体外，也能通过乳汁向外排出。所以哺乳期的母亲如果摄入过多的砷，同样会对婴儿造成伤害。摄入的砷还会在皮肤角质层和一些身体器官中累积，并对这些器官造成病变。长期摄入过量的砷还会使身体器官产生癌变。

在环境化学污染物中，砷是最常见、危害居民健康最严重的污染物之一，特别是随着现代工农业生产的发展，砷对环境的污染日趋严重。我国有关标准为饮用水含砷浓度$\leqslant 5\mu g/L$，工业废水排放标准$\leqslant 5mg/L$，大气中砷的日平均浓度$\leqslant 3\mu g/m^3$，渔业用水$\leqslant 0.04mg/L$。

目前含砷废水的处理方法主要分为三大类：化学法、物化法和微生物法。化学法主要指沉淀法，而沉淀法包括中和沉淀和絮凝沉淀；物化法主要包括离子交换法和吸附法等；生化法包括微生物吸收法和植物富集法等。

（1）化学法处理

中和沉淀法是一种在国内外工程项目中普遍应用的方法。其主要机理是在 pH 为中性的条件下，砷酸会和多种金属离子生成沉淀，如 Ca^{2+}、Na^+ 都可以。对于地下砷废水来说，由于地下水中含有大量的钠离子和钙镁离子，提高它的 pH 值，就会使三价砷变成亚砷酸钙或者砷酸钙沉淀。这种方法不但能够有效地分离出砷，还能简单地让水中的泥渣沉淀，同时达到废水净化的效果。

絮凝沉淀法是目前在处理工业含砷废水中使用最为广泛的方法。它是先向含砷废水中加入絮凝剂，比如 Fe^{3+}、Fe^{2+}、Al^{3+} 和 Mg^{2+} 等，或者直接加入碱液，比如加入氨水或者氢氧化钠，有的时候加入适量的氢氧化钙，使 pH 达到适当的值，使需要处理的重金属离子形成不可溶解的氢氧化物，或者形成一些具有聚沉效果的胶体使其相互之间发生吸附作用，一起形成沉淀。

（2）物化法处理

离子交换法主要用到一种特殊的离子交换膜。这种离子交换膜可以允许某些特定的离子通过，可以将废水中的重金属离子和膜中的离子进行逆向的化学反应，相当于两种不同相中的特殊离子进行相位互换，从而将重金属离子吸附固定。同时因为电荷守恒，进行交换的离子必须在固相中与具有同样电荷的离子进行交换，从而将三价砷转移到了交换膜上，达到去除污染的效果。这种方法主要适用于标准较高的饮用水中砷的处理，由于成本相对高昂，用于工业废水的处理目前还不多。

（3）生物法处理

生物法主要包括微生物修复和植物富集修复。在自然界中，一些特定的微生物在其新陈代谢的过程中，会对某一特定的金属元素或者它的化合物进行吸收转化，有的直接富集于体内，微生物修复法的原理就是如此。在这个过程中，微生物可能大量的死去，沉积于污泥之中，所以使用这种方法需要不断地投加这些特定的微生物。在除砷方面，无色杆菌能够在高浓度的含砷废水中对砷酸和亚砷酸盐进行吸收。假单孢菌、粪产碱杆菌不仅能对砷进行吸收，还能抵抗砷的毒害作用，并把砷排出体外。

1.2.4 铜污染来源、危害与处理技术

铜在自然界中以+2价、+1价和0价的形式存在，其中Cu^{2+}毒性较大。含铜废水主要源自金属冶炼、石油工业、电镀、农药生产等的污水排放。铜虽然是生命必需的微量元素之一，但是过量接触铜对有机体有害。长期接触高浓度铜，呼吸系统方面可能出现肺部感染；消化系统方面出现恶心呕吐、腹痛腹泻、食欲不振等症状；神经系统方面出现记忆力减退、容易激动、注意力不集中；心血管方面出现心痛、心悸、高血压或低血压；内分泌方面可能出现面部潮红、肥胖及高血压等。

在处理含铜废水上，国内外学者进行了许多试验研究。目前常用于铜污染水体处理的方法见表1-3。

表1-3 铜污染水体的常用处理方法

处理方法	原理	优点	缺点
化学沉淀法	$Cu^{2+}+2OH^- \longrightarrow Cu(OH)_2\downarrow$ $Cu^{2+}+S^{2-} \longrightarrow CuS\downarrow$	技术成熟、效果好、处理成本低	易造成二次污染
电解法	阴极：$Cu^{2+}+2e^- \longrightarrow Cu$ $2H^+ +2e^- \longrightarrow H_2\uparrow$ 阳极：$4OH^- - 4e^- \longrightarrow 2H_2O + O_2\uparrow$	成本低、操作简单、理论成熟、应用广泛	耗电量大、废水处理量低
离子交换法	离子交换树脂上所含的活性基团与Cu^{2+}发生位置互换	处理量大、出水水质好、装置占地小	费用高、操作复杂
吸附法	依靠吸附剂的吸附性质，使Cu^{2+}停留于吸附剂中，从而达到去除目的	成本低、易操作	吸附剂价格昂贵、应用范围比较局限
溶剂萃取法	利用Cu^{2+}在不同溶剂中溶解度的变化提取Cu^{2+}	分离效果好、溶剂可循环利用	溶剂在萃取过程中流失，再生过程能耗大
生物法	借助微生物的吸收、积累、富集等作用去除Cu^{2+}	成本低廉、二次污染少	技术不太成熟

1.2.5 镍污染来源、危害与处理技术

含镍废水主要是电镀业、采矿冶金、机械制造、纺织行业、石油化工等工业废水的排放造成的。镍及其化合物是有毒的，也是国际公认的致癌物质。镍在土壤中累积会影响农作物

的生长；在水中富集会对渔业的发展不利；人体摄入过量的镍则会头晕、头痛、恶心、呕吐、高烧，严重的甚至呼吸困难、精神错乱。

各种含镍废水的处理技术可归纳为三类：化学法、物理法、生物法。物理处理法有吸附法、膜分离法和离子交换法等；化学处理方法有沉淀法、电解法、还原法等，如表 1-4 所列。

表 1-4 含镍废水的处理方法

处理方法	原理	优点	缺点
吸附法	依靠吸附剂的性质，去除水中的微量	占地面积小、无二次污染、适用于处理含低浓度镍离子的废水	设备运转费用较贵，面临着吸附剂再生的问题
膜分离法	反渗透法、电渗析法、扩散渗折法、液膜法和超滤法等	去除效果明显	存在膜污染问题
离子交换法	Ni^{2+} 与离子交换剂进行交换，达到去除废水中 Ni^{2+} 的方法	去除效率高、设备简单、可浓缩回收有用物质	处理费用高、操作较复杂
沉淀法	在溶液中加碱性沉淀剂（如石灰乳）和硫化剂，使得 Ni^{2+} 分别与氢氧根离子和硫化物反应，生成沉淀从而得以分离	操作简单，技术成熟	可能会对环境造成二次污染
电解法	利用直流电进行氧化还原的过程	设备简单、占地小、操作管理方便	能耗大、出水水质差、废水处理量小
还原法	在还原剂的作用下 Ni^{2+} 被还原为 Ni	设备简单、操作方便、成本低	还原剂的选择
生物法	通过藻类和微生物菌体来吸附 Ni^{2+}，利用放线菌、酵母菌、霉菌等对 Ni^{2+} 进行絮凝沉淀	原材料来源丰富、成本低廉、二次污染少	微生物容易受环境影响，技术不成熟

1.3 含氯有机污染物的来源、危害与处理技术

1.3.1 含氯有机污染物的来源、危害

在工业生产应用中，许多有机化合物由于储存或使用不当可能会泄漏从而污染蓄水层。在许多地方，卤代烃、氯酚、卤乙酸、氯代苯等有机物被频繁检测出，影响了这些地方水资源的使用。许多有机物由于具有剧毒性，被认为是应该被优先处理和修复的污染物。“中国环境优先污染物黑名单”包括 14 种化学类别共 68 种有毒化学物质，其中有机物占 58 种（见表 1-5）。

表 1-5 中国环境优先污染物黑名单

化学类别	名称
1. 卤代（烷、烯）烃	二氯甲烷、三氯甲烷、四氯化碳、三氯乙烯、四氯乙烯、三溴甲烷等
2. 苯系物	苯、甲苯、乙苯、邻（间、对）-二甲苯等
3. 氯代苯	氯苯、六氯苯等
4. 多氯联苯	多氯联苯
5. 酚类	苯酚、五氯酚、对-硝基酚等

续表

化学类别	名称
6. 硝基苯	硝基苯、三硝基甲苯等
7. 苯胺类	二硝基苯胺、苯胺等
8. 多环芳烃	萘等
9. 钛酸酯	钛酸二甲酯、钛酸二丁酯等
10. 农药	六六六、敌敌畏、滴滴涕等
11. 丙烯腈	丙烯腈
12. 亚硝胺	亚硝基二丙胺等
13. 氰化物	氰化钾等
14. 重金属及其化合物	铬及其化合物、铜及其化合物、镍及其化合物等

据有关文献报道，目前已经有 3800 种天然卤代有机物被发现，其中氯代和溴代占了绝大多数，氟代和碘代有机物极少。这些化合物多数结构复杂，不便于进行简单的结构归类。其中代表性的氯代化合物为氯霉素、金霉素、万古霉素，因为这些都是临床用到的抗生素，而被人们熟知。它们都是由细菌产生的，高等生物尤其是高等动物很少能产生卤代有机物。有机化学课本中的代表化合物卤代烃在自然界是很罕见的。

虽然卤素可以非常方便地取代有机物，以至于用氯消毒过的自来水中存在多种氯代有机物，但自然界不大量存在卤素单质，且单卤代化合物的卤原子也不稳定，很容易成盐而脱去。

含氯有机物包括氯代烷烃、氯代烯烃、氯代芳香烃和有机氯杀虫剂等，是工业上重要的原料和溶剂，应用于制革、电子、化工、医药和农药等行业。含氯有机物通过挥发、泄漏、排放、燃烧等多途径进入环境，从而污染大气、土壤和水资源。

含氯有机物种类繁多、分布广泛、结构稳定且具有极大的危害。三氯乙烯(trichloroethylene，TCE) 是水中最常见的有机污染物，由于具有微溶性和密度大的特性，被归为重质非水相液体 (dense non-aqueous phase liquid，DNAPL)。TCE 在环境中易迁移，一旦释放就会污染地下水。

如上所述，水环境受到重金属和有机物的污染日趋严重，此类被污染水体的修复亟待解决。

1.3.2 脱氯技术国内外研究现状

由于含氯有机物对人类健康和环境的危害都挺大，对其进行有效的降解成为各国关注和研究的焦点。近年来对于含氯有机物的各种降解处理技术吸引了国内外研究学者的广泛兴趣，研究人员对此展开大量工作，讨论并得出多种处理含氯有机物的方法，常用降解 TCE 的方法见表 1-6。

作为有效的还原脱氯剂，零价金属逐渐被人们认可，这为处理含氯有机物提供了一种新的途径。其中，零价铁被广泛应用于水体和土壤中含氯有机物的治理。零价铁降解含氯有机物的反应主要是含氯有机物在零价铁表面直接得电子的反应。利用零价铁对有机氯化物污染的地下水进行原位修复是一项行之有效的廉价技术。

表 1-6　降解 TCE 的方法

降解方法		降解原理	优点	缺点
物理处理法	电动修复法	利用电梯度和水力梯度转移污染物，使 TCE 在介质中发生迁移而被去除	不会产生氯副产物而形成二次污染	设备费用昂贵；不能彻底降解，TCE 在三相间转移
	气提技术	载气通入水中，使之与 TCE 充分接触，使 TCE 穿过气液界面，向气相转移而脱除		
	活性炭处理法	用活性炭降解 TCE 就是把 TCE 从液相或气相转移到固相		
化学处理法	高锰酸盐氧化法	通过化学氧化剂与 TCE 之间的化学反应将 TCE 转化为无害物质	处理成本较低	需要严格控制操作条件
	零价铁降解法	化学还原法脱除 TCE 中的氯元素，使其变成无毒或低毒的降解产物		
生物处理法	杂交杨树吸收 TCE，降解为 CO_2	利用绿色植物来转移、容纳或转化 TCE，使其对环境无害	不破坏生态环境，不引起二次污染	处理周期长；较少的含氯有机物可在有氧条件下进行生物降解
	利用甲烷单氧酶把 TCE 氧化成环氧化物	通过厌氧过程、共代谢或直接氧化降解 TCE		

1.4　纳米零价铁应用于水污染修复

1.4.1　纳米零价铁概述

纳米零价铁（nanoscale zero-valent iron，NZVI）一般直径为 1～100nm，具备特有的表面效应和小尺寸效应。巨大的比表面积导致颗粒表面存在许多缺陷，从而具有很高的反应活性。纳米零价铁所具有的还原能力、吸附能力和催化能力等使得其被广泛应用到环境治理上。

Li 等提出的纳米铁核壳模型形象地表述了纳米零价铁的构型及对各类污染物的去除，分别如图 1-1、表 1-7 所示。核的主要成分是零价铁，外壳主要是由零价铁氧化腐蚀所形成

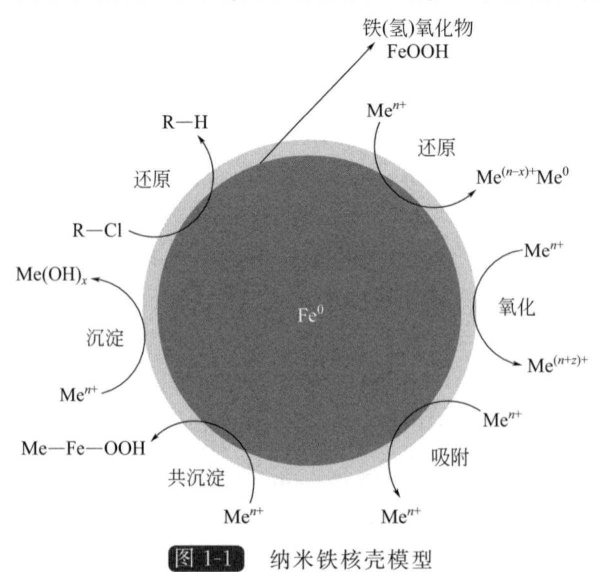

图 1-1　纳米铁核壳模型

表 1-7　纳米铁粒子可以处理的环境污染物

类别	污染物
氯代甲烷	四氯化碳、三氯甲烷、二氯甲烷、一氯甲烷
氯代苯	六氯苯、五氯苯、四氯苯、三氯苯、二氯苯、氯苯
杀虫剂	滴滴涕（DDT）、林丹
有机染料	柯衣定、酸性红
重金属离子	Hg^{2+}、Ni^{2+}、Ag^{+}、Cd^{2+}、Cr^{6+}、Pb^{2+}、Cu^{2+}
三卤甲烷	三溴甲烷、氯化二溴甲烷、溴化二氯甲烷
氯代乙烯	四氯乙烯、三氯乙烯、二氯乙烯、氯乙烯
其他多氯烃	多氯联苯（PCBs）、二噁英、五氯苯酚
其他有机污染物	二甲基二硝胺、TNT
无机离子	$Cr_2O_7^{2-}$、AsO_4^{3-}、ClO_4^-、NO_3^-

表 1-8　纳米零价铁在欧洲的应用

地点	时间（年）	污染物	纳米铁投加量	颗粒类型	注射技术
捷克，Uzin	2009	氯乙烯	1～5g/L	NANOFER	渗透排水
捷克，罗日米塔尔	2007～2009	多氯联苯	1～5g/L	RNIP①，NANOFER②	渗透井
捷克，Spolchemie	2004 和 2009	氯乙烯	1～10g/L	Fe（B）③，NANOFER	渗透井
捷克，乌赫尔布罗德	2008	氯乙烯	1～5g/L	NANOFER	渗透井
捷克，赫卢克	2007 和 2008	氯乙烯	1～5g/L	RNIP，NANOFER	渗透井
德国，阿斯佩格	2006	氯乙烯	30g/L	RNIP	套管
德国，嘉格纳	2006	四氯乙烯	20g/L	RNIP	套管
捷克，Permon	2006	Cr（Ⅵ）	1～5g/L	RNIP	渗透井
捷克，Kurivody	2005 和 2006	氯乙烯	1～10g/L	Fe（B），NANOFER	渗透井
意大利，比耶拉	2005	三氯乙烯，二氯乙烯	1～10g/L	NZVI④	重力渗透
捷克，皮耶什佳尼	2005	氯乙烯	1～5g/L	Fe（B）	渗透井
德国，Thurngia	2006	Ni，Cr（Ⅵ），硝基化合物	10g/L	NZVI	注射井
德国，舍纳贝克	2005	氯乙烯	15g/L	RNIP	推渗透
德国，汉诺威	2007	氯化烃，芳香烃	—	—	—

① 气相还原法制备的高结晶度的纳米零价铁。
② 利用水合铁氧体制备你的纳米零价铁。
③ 液相还原法制备的纳米零价铁。
④ 表面改性的纳米零价铁（如琼脂、羧甲基纤维素、淀粉和高分子聚合物等）。

的铁氧化/氢氧化物构成。纳米铁颗粒作为有效的还原剂和催化剂用于处理各种常见的环境污染物（见表1-8），包括含氯有机化合物、染料、重金属、阴离子等。

1.4.2 纳米零价铁在环境中的应用

由于纳米零价铁颗粒的体积小、表面活性强、比表面积大，因此具有很好的应用前景。目前，已经在地下水修复、饮用水处理、废水深度处理等领域得到了应用，为很多环境难题的解决提供了参考依据。由于纳米零价铁具有的这些特性，环境中大部分难降解的有机物如酸根离子、重金属都可以通过它来去除，可在地下水和土壤的原位、异位修复中灵活应用。另外，纳米零价铁在水体中有较好的悬浮性，非常适用于污染物的原位修复，可以直接注入受污染的水体、土壤或底泥中。

目前，国内对于纳米零价铁的研究尚处于试验室阶段，陈芳艳等用纳米零价铁处理水中的重金属Cr（Ⅵ），结果显示纳米零价铁还原过程符合一级反应动力学模型，k_{obs}值随pH值的降低而增大，同纳米零价铁的浓度成正比，其降解速率是普通铁粉的7倍。Wang等利用纳米铁（1～100nm）对有机物TCE进行降解，结果表明：纳米铁对有机污染物的去除速率比一般商用铁粉高很多，当纳米铁的投加量为2g/100mL、初始的TCE浓度为20mg/L时，经过1.7h后溶液中的TCE被全部去除；而在相同条件下，一般的商用铁粉（<10mm）对溶液中的TCE处理3h后，TCE的浓度保持不变。李铁龙等在无氧、室温、中性条件下，采用纳米铁（主要成分为α-Fe），通过吸附和还原作用，可以有效去除水中含有的硝酸盐氮，脱硝率可达90%。

在国外一些发达国家，已经将纳米零价铁应用于实际的工程修复之中。欧洲一些国家应用纳米零价铁处理不同污染物的实例见表1-8。纳米零价铁对于卤化烃、多氯联苯、五氯苯酚、农药、杀虫剂、染料、重金属离子、硝酸、铬酸、砷酸及高氯酸的盐类等多种污染物均具有还原转化能力。

1.4.3 纳米零价铁在重金属修复方面的应用

Shi等分别制备高岭土、膨润土、沸石包裹的三种纳米零价铁同时去除水中的Cu^{2+}和Zn^{2+}，发现膨润土包裹的纳米零价铁效果最好，对同时含Cu^{2+}和Zn^{2+}溶液（100mg/L）的去除率分别为92.9%和58.3%。

Ç. Üzüm等合成高岭土包裹的纳米零价铁，用来去除溶液中的Cu^{2+}和Co^{2+}，考察了Cu^{2+}和Co^{2+}离子的初始浓度、接触时间、pH值等因素的影响，发现高岭土包裹的纳米零价铁对这两种金属离子均有很高的去除能力。分析显示：Co^{2+}主要被纳米铁颗粒所吸附，Cu^{2+}则与零价铁反应后生成CuO和Cu_2O。

Huang等用纳米零价铁去除水中Cd（Ⅱ）、Cr（Ⅵ）和Pb（Ⅱ），结果表明：去除率与金属种类、纳米铁投加量和反应时间有关。加入1.5g/L纳米铁，Cd（Ⅱ）、Cr（Ⅵ）和Pb（Ⅱ）的去除率均超过80%。

Liu等为了使零价铁更加有效地去除重金属，引入壳聚糖球作为渗透反应墙的支撑材料，研究发现Cr（Ⅵ）的去除率随pH值和初始Cr（Ⅵ）浓度的增加而降低。而Cu（Ⅱ）、Cd（Ⅱ）和Pb（Ⅱ）的去除率则随pH值增加而增加，随其初始浓度的增加而降低。

Cr（Ⅵ）、Cu（Ⅱ）、Cd（Ⅱ）和 Pb（Ⅱ）的去除率分别为 89.4%、98.9%、94.9%和 99.4%。

冯婧微以 $NaBH_4$ 还原 $FeCl_3 \cdot 6H_2O$ 制备普通纳米零价铁（N-NZVI），并分别使用 2-膦酸丁烷-1,2,4-三羧酸（PBTCA）和工业用水处理剂 TH-904 改性制备纳米零价铁 P-NZVI、T-NZVI。用这三种材料分别去除水溶液中的 Cu^{2+}，得出 N-NZVI、P-NZVI 及 T-NZVI 对 Cu^{2+} 的去除能力顺序为 P-NZVI＞T-NZVI＞N-NZVI，反应机理包括 NZVI 对 Cu^{2+} 的还原和吸附作用。反应后 NZVI 变为 Fe_2O_3 和 FeOOH，Cu^{2+} 则变为 CuO 和 Cu_2O。

焦创以大分子有机物琼脂、羧甲基纤维素钠和水溶性淀粉为包裹剂制备包裹型纳米零价铁材料。考察其对重金属 Cr（Ⅵ）和 Pb（Ⅱ）的还原去除性能，并探讨了反应的动力学模型和反应机理。

本书作者以商业级还原性铁粉为原材料对昌河飞机工业公司的含锌镉电镀废水进行了正交试验研究。结果表明：去除镉的最佳组合条件是 pH 值为 5，浓度为 20mg/L，铁的投加量为 50mg/L，反应时间达到 1.5h 以上时，镉的去除率达到 98.2%；去除锌的最佳组合条件是 pH 值为 9，浓度为 20mg/L，铁的投加量为 75mg/L，反应时间达到 0.5h 以上时，锌的去除率达到 95.4%。

1.4.4 纳米零价铁降解含氯有机物的应用

Kim 用制备的纳米零价铁/钯-藻酸钠降解水中的 TCE，表明该稳定化纳米零价铁能去除水溶液中约 99%的 TCE，反应遵循准一级动力学，铁/钯-海藻酸钠降解 TCE 的速率常数 k_{obs} 为 $6.11h^{-1}$。

Sita 等采用两性聚硅氧烷共聚物（APGCs）作为载体制备包裹型纳米零价铁材料，并用 TCE 作为目标污染物进行降解研究。实验表明包裹型纳米零价铁对 TCE 的降解速率比未包裹的快，且包裹型纳米零价铁对 TCE 的反应活性能长期保持较高的水平。

Zhang 等用羧甲基纤维素钠（CMC）稳定 Fe/Pd 双金属纳米粒子，研究其对土壤中三氯乙烯的还原脱氯，考察了吸附、表面活性剂和溶解有机物等因素对降解反应的影响。

胡恒用不同老化程度的铁纳米颗粒还原去除 TCE，考察腐蚀老化对纳米铁去除 TCE 的影响。发现新制备的 NZVI 对 TCE 的去除效果最佳，随着 NZVI 腐蚀老化时间的增加，相同条件下的脱氯效果不会明显降低。当 NZVI 的老化时间分别为 0h、70h、140h，其相应 TCE 的去除率分别为 39%、28%、22%。

许淑媛研究发现，有机改性土负载纳米铁对水溶液中挥发性氯代烃的去除率很高，6h 内对浓度为 10mg/L 的 TCE 和 1,2-EDC（1,2-二氯乙烷）的降解率分别是 76.27% 和 44.38%，降解符合一级反应动力学，污染物种类、初始浓度、pH 值等条件都对降解速率有一定的影响。

刘诺研究了活性炭负载纳米零价铁去除 TCE、1，1，1-TCA（甲基三氯甲烷）、PCE（四氯乙烯）的可行性，发现零价铁对以上污染物的降解均符合准一级动力学反应模型，对不同代表性氯代烃的降解速率次序为：PCE＞1，1，1-TCA＞TCE。如果溶液中含有共存离子、腐殖酸等，降解效率会受到抑制。

王陆涛研究了纳米 Cu/Fe 中 Cu 的负载率、纳米 Cu/Fe 的浓度、TCE 的初始浓度、pH 值及培养箱转速等因素对 TCE 脱氯效率的影响，发现纳米铁降解 TCE 的能力较低，纳米铜不具备降解 TCE 的能力，却可以催化加快纳米铁对 TCE 的脱氯降解。纳米 Cu/Fe 通过催化脱氯和吸附作用去除污染物 TCE。

Lacinova 等在捷克某地区安排了两个平行试验点，分别用乳酸菌和纳米零价铁颗粒对水体中的四氯乙烯和三氯乙烯（总浓度为 10～50mg/L）进行还原脱氯修复，实验进行了 650d 后发现：乳酸菌虽然去除了相当一部分的四氯乙烯和三氯乙烯，但是中间产物不能得以继续脱氯，反而积累下来成为新的污染物；而纳米零价铁能将大部分的目标物质都去除，并且能彻底反应，不会积累任何中间产物。

1.4.5 纳米零价铁与重金属和含氯有机物反应的机理研究

（1）纳米零价铁与重金属

纳米金属已经被提出用于各种污染物的修复，包括重金属。重金属在环境中的转化、溶解度、迁移性、毒副作用受氧化还原反应、沉淀/溶解反应、吸附/解吸现象控制。去除典型金属污染物的水处理策略包含操纵这些机理来控制重金属污染物对生物群的食用性和毒性。环境中的金属的溶解度、迁移性和毒性强烈取决于它们的氧化态。例如，六价铬的毒性大，而三价铬是必要的营养元素，相对无电抗但在高浓度下有毒。另外，六价铬在土壤中的可溶性和迁移性强，而三价铬可组成相对不溶性氧化物和氢氧化物。鉴于铬在氧化还原态强烈依赖于流动性和毒性，还原 Cr^{6+} 时用 Fe^0 还原，有显著的利益。

NZVI 处理金属污染物的特殊去除机理取决于金属污染物的标准氧化还原电势。比 Fe 电势更负或相似的金属（如镉和锌）通过吸附到铁的氧化物表层被完全去除。比 Fe 电势更正的（如 Cr、As、Cu、U 和 Se）通过还原沉淀被优先去除。比 Fe 电势稍微更正（如 Pb 和 Ni）通过还原和吸附共同去除。铁氧化物的氧化和共同沉淀，反应机理取决于现有的地球化学条件，如 pH 值，E_h 和初始浓度及金属污染物的形态。同族金属（如 Pd、Pt、Ni、Cu）展现出催化性能，在溶液中出现氧化态，就能通过 NZVI 降解产生双金属纳米颗粒（Fe^0/M^0）来增强污染物的反应速率。各种表面分析技术，包括 X 射线光电子能谱（XPS）、扩展 X 射线吸收光谱（EXAFS），X 射线光谱吸收边附近的结构（XANES）、X 射线衍射（XRD）、扫描透射电子显微镜（STEM）和能量色散 X 射线（EDX）可用于研究 NZVI 对金属的去除机理。

纳米零价铁与各种金属的相互作用可分类为：

① 还原：Cr、As、Cu、U、Pb、Ni、Se、Co、Pd、Pt、Hg、Ag；

② 吸附：Cr、As、U、Pb、Ni、Se、Co、Cd、Zn、Ba；

③ 氧化/再氧化：As、U、Se、Pb；

④ 共沉淀：Cr、As、Ni、Se；

⑤ 沉淀：Cu、Pb、Cd、Co、Zn。

一些金属通过一种以上机理与 NZVI 反应在这里将详细叙述。

铬是工业废料厂中常见的污染物，可以以 Cr^{3+} 和 Cr^{6+} 的形态同时存在。致癌的、可溶的和不稳定的 Cr^{6+} 可以通过 NZVI 还原为低毒的 Cr^{3+}，并通过生成 Cr（OH）$_3$ 沉淀来稳定或掺杂到氧化铁表层组成合金 Cr^{3+}-Fe^{3+} 氢氧化物。一些 Cr^{6+} 直接被吸附在 NZVI 表层，这些去除机理已通过 XPS、XANES 和 EXAFS 分析证实。NZVI 和 Cr 反应的相关反应包括：

a. Cr^{6+}还原为Cr^{3+}

$$3Fe^0+Cr_2O_7^{2-}+7H_2O \longrightarrow 3Fe^{2+}+2Cr(OH)_3+8OH^- \tag{1-5}$$

b. 形成混合Cr^{3+}-Fe^{3+}氢氧化物

$$xCr^{3+}+(1-x)Fe^{3+}+3H_2O \longrightarrow Cr_xFe_{1-x}(OH)_3+3H^+ \tag{1-6}$$

$$xCr^{3+}+(1-x)Fe^{3+}+2H_2O \longrightarrow Cr_xFe_{(1-x)}OOH+3H^+ \tag{1-7}$$

Cr^{3+}-Fe^{3+}氢氧化物中Cr、Fe原子比例变化取决于反应条件包括pH值和Cr^{6+}浓度。

c. Cr^{6+}的吸附

$$\equiv FeOH+Cr_2O_7^{2-} \longrightarrow \equiv Fe-Cr_2O_7{}^-+OH^- \tag{1-8}$$

在NZVI氧化表面层的混合Cr^{3+}-Fe^{3+}氢氧化物可能抑制在后面的反应里从零价铁核心到Cr^{6+}进一步的电子转移，有利于NZVI表面Cr^{6+}的吸附，尤其是在Cr^{6+}浓度很高时这种自我抑制还原反应可以采用双金属的纳米粒子克服（如Cu/Fe和Pd/Fe）从而提高还原沉淀对Cr^{6+}的去除率和范围。这些短期的研究证明NZVI对Cr^{6+}的有效去除通过的是还原沉淀和共沉淀，需要更多的研究来进一步探讨NZVI对地下废水中Cr^{6+}去除的综合效率，哪些主要因素可以影响这些去除机理。

砷，一种被确认的致癌物，以As^{5+}和As^{3+}砷酸盐的形式存在于地下水中。As^{3+}毒性更大，相比As^{5+}毒性更强。由XPS分析可以确定，As^{5+}可以通过NZVI还原为As或As^{3+}，剩余的As^{5+}吸附到纳米铁颗粒的铁氧化层表面，被还原生成的As、As^{3+}，通过吸附或共沉淀在纳米铁颗粒表面。

据别的一些报道，As^{3+}通过羟基自由基或氧化铁氧化为As^{5+}（都在Fe氧化过程中形成）生成表面复合物As^{3+}-铁氧化物。纳米铁颗粒As^{3+}和As^{5+}的吸附作用的发生是通过与NZVI氧化物层生成内球复合物。

在研究NZVI去除As^{3+}时，51%的As^{3+}为As^{3+}表面结合物，而14%和35%分别被铁氧化物转化为As^{5+}和被Fe转化为As，表明NZVI具有广泛的功能和还原能力，和（氢）氧化物层促进氧化和吸附/共沉淀。这些研究提出，在最常见的地理条件下，通过应用NZVI处理As的机制，使用NZVI对污染物As表面稳定，这将在场地修复技术中得到应用和发展。

铀是最常见的放射性污染物。在受污染的地下水中检测到的主要是高可溶性和不稳定的U^{6+}，它能被各种还原剂还原为不溶的U^{4+}氧化物。NZVI把U^{6+}还原为U^{4+}在热力学角度是有利的。通过XPS和XRD分析确定NZVI对U^{6+}的去除主要通过UO_2（U^{4+}）的还原沉淀和$UO_3 \cdot 2H_2O$（U^{6+}）的微沉淀。U^{4+}可能在Fe^{3+}还原为Fe^{2+}的同时再氧化和再溶解为U^{6+}。再氧化的U^{6+}可通过氧化铁表面吸附去除，这表明Fe氧化过程中生成的氧化铁在去除U中起到重要作用，特别是在U^{4+}再氧化后。

硒的矿物质通过风化和人类活动的矿业、农业、石化和工业操作进入自然环境。硒的毒性和溶解性取决于氧化还原条件。可溶性硒酸盐（SeO_4^{2-}或Se^{6+}）和亚硒酸盐（SeO_3^{2-}或Se^{4+}）在氧化条件下的形成是有利的，不可溶性的元素硒（Se）和硒化物（Se^{2+}）在还原条件下的形成是有利的。Se^{6+}还原为Se^{2+}反应式为：

$$SeO_4^{2-} \xrightarrow{E^0=0.03} SeO_3^{2-} \xrightarrow{-0.36} Se \xrightarrow{-0.67} Se^{2-} \tag{1-9}$$

在热力学角度下，NZVI还原可溶的Se^{6+}为不可溶的Se^{2+}是有可能的，但进一步还原

不全为 Se^{2+}，NZVI 还原去除 Se^{6+} 的机理相当复杂，有很多种可能（如还原、络合物生成、吸附和再氧化）的去除机理。这些去除机理已通过 SEM-EDX（扫描电子显微镜及能谱仪）、XANES（X 射线吸收近边结构又称近边 X 射线吸收精细结构）和 EXAFS（X 射线吸收精细结构光谱）等方法得到证明。

例如，Se^{6+} 能通过还原为 Se^{4+} 和 Se^{0} 生成 Se^{2+}，然后能与 Fe 氧化产物络合生成硒化铁（FeSe）或再生成 Se 或 Se^{4+}。Se^{4+} 能通过内球吸附与氧化铁强烈地结合而固定。这表明 NZVI 能去除各种形态的 Se，甚至在被氧化为铁氢氧化物后。与 NZVI 相互反应后生成的各种形态的 Se 的长期稳定性需要更多的研究来调查，因为这些会被地下水化学环境影响。

镍（Ni^{2+}）和铅（Pb^{2+}）是电镀行业中常见的污染物，可通过还原为 Ni 和 Pb 或 Ni^{2+} 和 Pb^{2+} 被 NZVI 吸附去除。XRD 分析确定 Pb^{2+} 也会沉淀为 $Pb(OH)_2$ 或被氧化为 PbO_2。详细的 XPS 分析表明 Ni^{2+} 开始时通过物理吸附束缚于 NZVI 表面，再通过化学吸附结合，最后还原为 Ni。如下所述：

$$\equiv FeOH + Ni^{2+} \longrightarrow \equiv FeO-Ni^{+} + H^{+} \tag{1-10}$$

$$\equiv FeONi^{+} + H_2O \longrightarrow \equiv FeONi-OH + H^{+} \tag{1-11}$$

$$\equiv FeONi^{+} + Fe + H^{+} \longrightarrow \equiv FeOH-Ni + Fe^{2+} \tag{1-12}$$

对环境有重度污染的其他金属，包括 Cu^{2+}、Hg^{2+} 和 Ag^{2+} 可以经化学反应还原到它们的元素形态。Cu^{2+} 被 NZVI 还原为 Cu^{+} 生成 Cu_2O。然而，在还原前吸附这些金属表面的 NZVI 氧化不能被忽视，NZVI 的氢氧化层对金属阳离子有高的吸附亲和性。E 更低或接近 Fe 的金属（如 Co、Cd、Zn 和 Ba）将通过吸附作用和沉淀作用去除。NZVI 加入水溶液中通常使 pH 值增加到 8.0～8.2 是由于 Fe 还原水生成 OH^{-}，继而生成氢氧化物沉淀而使金属固定。Zn 和 Co 也可能通过在 NZVI 表面氧化生成 $Zn(OH)_2$ 和 $Co(OH)_2$ 沉淀而去除。这些研究表明，别的比 Fe 氧化还原电位低的金属（如 Be、Ra、Th、Pu、Sr、Mn 和 Cs）可通过 NZVI 的表面吸附和沉淀去除。

金属催化剂（如 Pd、Pt、Ni 和 Cu）E 比 Fe 更高，可通过双金属纳米铁颗粒（Fe/Pb、Fe/Pt、Fe/Ni 和 Fe/Cu）被 NZVI 去除。少量的金属催化剂沉积在 NZVI 表面明显提高了污染物的转换效率。这些金属催化剂，以协同污染物存在于混合垃圾站，可以操作以原位形成双金属铁纳米颗粒，增强修复过程。如通过双金属（如 Fe/Cu、Fe/Pd 和 Fe/Ni）对 Cr^{6+} 去除时的去除率显著提高。双金属铁纳米颗粒在重金属去除反应中，对 NZVI 表面氧化物的形成和自我抑制有重要作用。如 U 和 Se 这样的金属，在与 NZVI 后期的反应中使用双金属再氧化或再溶解需要更多的研究。

大量的金属可以通过吸附去除。因而需要详细了解吸附动力学和热力学设计的最优路径，从而使 NZVI 对特定金属的吸附效率和吸附容量最大化。砷（As^{3+} 和 As^{5+}）吸附符合一级反应速率并与弗伦德利和朗缪尔等温线模型很好拟合。NZVI 吸附镉的动力学和热力学表明，NZVI 去除 Cd 的步骤，通过表面扩散的化学吸附速率作为限制。更深入的研究需要探讨 NZVI 吸附别的金属的吸附机理，动力学和热力学来完善。

（2）纳米零价铁与含氯有机物

根据 Matheson 和 Tratnyek 的报道，用零价铁去除含氯有机物的反应体系中有三种可能的还原剂，分别是 Fe、Fe^{2+} 和 H_2。Fe 表面的电子能直接转移到含氯有机物上进行脱氯，Fe被氧化成Fe^{2+}；Fe^{2+}可以通过进一步氧化使另外一部分含氯有机物脱氯；在一定的条件下Fe与H_2O作用生成的H_2同样可以使部分含氯有机物还原脱氯。反应历程可以表示为：

$$Fe + RCl + H^+ \longrightarrow Fe^{2+} + RH + Cl^- \quad (1\text{-}13)$$

$$Fe + 2H_2O \longrightarrow Fe^{2+} + H_2 + 2OH^- \quad (1\text{-}14)$$

$$2Fe^{2+} + RCl + H^+ \longrightarrow 2Fe^{3+} + RH + Cl^- \quad (1\text{-}15)$$

$$H_2 + RCl \longrightarrow RH + H^+ + Cl^- \quad (1\text{-}16)$$

研究表明纳米零价铁能将氯乙烯类化合物完全降解成对环境无害的乙烯和乙烷，而且在此过程中不会产生含氯的中间产物。以TCE为例，反应方程式可表示为：

$$C_2HCl_3 + 4Fe + 5H^+ \longrightarrow C_2H_6 + 4Fe^{2+} + 3Cl^- \quad (1\text{-}17)$$

Arnold和Roberts研究了零价铁降解氯乙烯类化合物更为详细的途径。他们指出，大约97%的三氯乙烯经β还原消除降解，氯乙炔作为中间产物（见图1-2），只有3%是由DCE氢解，这是氯化烃类目前公认的降解途径。

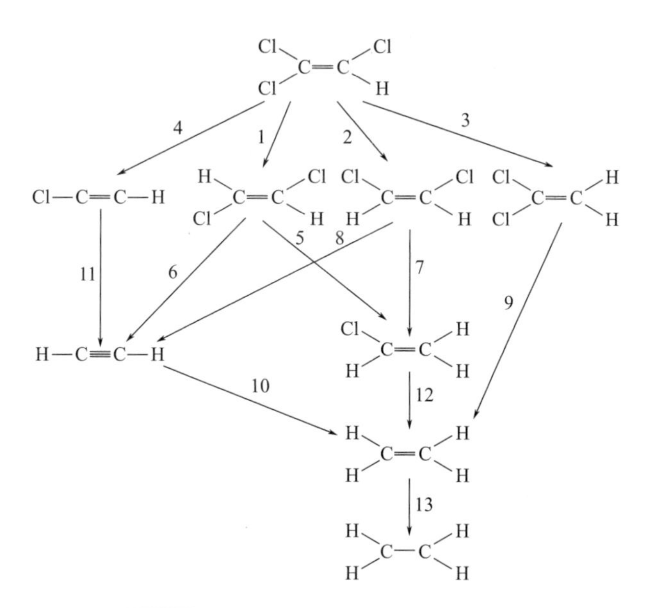

图1-2 零价铁还原三氯乙烯反应途径

一种强的还原铁（还原电位为$-0.440V$）通过氧化使氯代烃脱氯：

$$Fe \xrightarrow{E^0 = -0.440V} Fe^{2+} + 2e \quad (1\text{-}18)$$

据Arnold、Roberts、李和Farell描述，可通过两个反应途径脱氯：还原脱氯和氢解。Arnold和Roberts还发现还原脱氯在一个系统中同时出现一种以上途径。

氯代化合物的氢解（如三氯乙烯）是通过一个氢原子取代一个氯原子，需要给电子体供质子（氢）。氢解脱氯的反应方程式为：

$$ClHC{=}CCl_2 + 2e + H^+ \longrightarrow ClHC{=}CHCl + Cl^- \quad (1\text{-}19)$$

在还原消除反应中（α或β），没有添加氢的氯化物释放氯原子。β消除释放氯原子，导致C—C键在饱和的状态下减少。方程式（1-20）是一个氯化乙烯β消除的实例（如三氯乙烯到乙炔)：

$$ClHC=CCl_2+2e \longrightarrow HC\equiv CCl+2Cl^- \quad (1\text{-}20)$$

氯化乙烷也能发生β消除，如二氯乙烯到氯乙烯。

α消除也能使氯化物脱氯。这个方法通常与两个氯原子位于相同的碳的化合物相关，反应能迅速形成生成乙烯的卡宾自由基，避免了氯乙烯的生成。

$$Cl_2C=CH_2+2e \longrightarrow H_2C=C\!:+2Cl^- \quad (1\text{-}21)$$

另一个与系统相关的还原脱氯反应是氢化作用，需要通过碳碳双键或三键加氢，把烯炔转化为烷烃（如乙烯到乙烷)。这通常是α或β消除后的最后一个反应，通常用另一种金属或氢原子催化。

铁与水也可以反应生成氢气：

$$Fe+2H_2O \longrightarrow Fe^{2+}+H_2\uparrow+2OH^- \quad (1\text{-}22)$$

这反应生成了铁（氢）氧化物（如氢氧化亚铁)，使纳米零价铁形成表面层。

据 Matheson 和 Tratnyek 描述，不论什么还原途径，还原脱卤所需电子能通过三种不同机制获得。铁元素的直接氧化在金属表面转移移动电子到还原化合物，并允许对氯代化合物脱卤。水还原生成 H_2，作为还原剂。与氢发生脱卤作用作为给电子体通常需要催化剂，因为单独的 H_2 不是好的催化剂。Fe^{2+} 氧化为 Fe^{3+} 为脱卤提供还原当量。这是一个缓慢的过程，并且通常需要配位体的存在。

生成的子体产物是比母体更毒的化合物，是所有修复技术特别关注的问题之一。虽然氢解对很多氯代烃来说是重要的脱卤途径，但 PCE、TCE 和 cis-DCE（二氯乙烯）通过氢解生成氯乙烯是不可取的。相反，氯乙烯不是在 TCE 的 β 消除中消除的。然而，据 Su 和 Puls 的文献报道，TCE 可能是通过这两种途径被 Fe 降解的。微米级零价铁的脱卤研究表明使用零价铁还原三氯乙烯时和三氯乙烯生成的乙烯和乙烷通常少于子体产物的 10%，这可能是β消除是主要途径的迹象，或形成的氯化乙烯迅速被零价铁降解了。Arnold 和 Roberts 研究表明，β消除更常见于具有α，β对氯原子的氯乙烯（TCE 和 PCE)，氯化炔烃和四氯化碳的脱卤作用伴随着氢解，提出二氯乙烯还原为乙烯发生α消除，也避免了氯乙烯的形成。

上述这些研究考察的是微米级零价铁的还原脱卤途径。已完成纳米零价铁途径的检测研究有限，虽然有些证据表明氯化物的还原降解的途径与颗粒较大的零价铁是相似的。但是，这些途径也似乎依赖于使用的纳米颗粒的类型以及化合物的类型。例如，使用微米级零价铁的 Song 和 Carraway 报道，拥有α，β对氯原子的氯化烷烃在被 Fe^{BH} 降解时发生β消除$\alpha\alpha$（例如，每个氯原子在不同的碳原子上如六氯乙烷和全氯乙烷)。氢解和α消除同时发生在相同碳原子的所有氯原子上（如 1,1-DCA，1，1，1-TCA)。Liu 等在 TCE 的高低浓度下对比了 RNIP 和 Fe^{BH} 的途径，发现 RNIP 的主要途径是β消除（如乙炔生产法所述)，而 Fe^{BH} 主要是氢解，与 Fe^{BH} 反应比与 RNIP 反应生成了更多的乙烷。只有微量的副产物，如 *cis*-DCE 和 VC，尽管主要的反应途径不同。Fe^{BH} 颗粒与高和低浓度的 TCE 反应时也提高了脱氯率（较高的 K_{sa}-表面面积规范化速率常数，$L \cdot m^2/min$)。Liu 等提出这是由于 TCE 和 Fe^{BH} 生成的 H_2 的催化作用。Elsner 等也用同位素分析法比较了 Fe^{BH} 和 RNIP 与氯化乙烯反应的反应活性。他们的结论与以前的发现一致，Fe^{BH} 比 RNIP 反应速率快，Fe^{BH} 还原氯化乙烯主要通过氢解而 RNIP 通过 β 消除还原。与微米级零价铁的化合物在途径上占控制因素不同，纳米零价铁的研究表明这些途径也取决于零价铁的颗粒大小。

氯化乙烯（PCE和TCE）的生物降解也可以通过氢解作用发生，然而，氯化乙烯的还原降解可导致高浓度的VC生成。例如，乙烯脱卤拟球菌195通过共代谢降解VC，导致PCE和TCE生物降解的过程中积累了VC。Isalou等测量了在乙烯脱卤拟球菌存在的情况下，降解100mg/L的PCE，VC的浓度为35.9mg/L。同时Hood等报道别的能通过新陈代谢生物降解VC的乙烯脱卤拟球菌，在TCE污染场地生物修复活动后，VC的浓度接近60mg/L。因此产生低浓度峰值的VC。例如，Morrill等使用KB-1（有两种Dhc混合微生物）在生物强化实验室测试降解为乙烯而减少TCE浓度，最后的VC浓度达到8.9mg/L。用NZVI还原降解TCE和PCE的研究中，只测定出了微量的VC，甚至没有，远低于生物降解，这可能是由于NZVI的β消除占主导地位。

在NZVI的注入下，氧化还原电位大幅度减小，使厌氧微生物和生物降解的电势增加。此外，细菌使氯化乙烯脱卤可能使用NZVI与水反应生成的H_2。然而，当Xiu等测定NZVI和Dhc同时存在的情况下，他们发现NZVI生成的甲烷量增加，是由于H_2的生成，并观察到TCE的脱氯作用被暂时抑制，TCE脱氯作用开始加速，去氯率的增长被假定为是由NZVI钝化造成的。

1.5 纳米零价铁的制备方法

纳米零价铁（NZVI）作为一种新型的环境修复材料，具有比表面积大、还原性强、活性高等特点，在各种卤化烃、多氯联苯、五氯苯酚、农药、染料、重金属离子、杀虫剂以及硝酸、铬酸、砷酸、高氯酸的盐类等环境污染修复中的应用非常广泛。然而，由于纳米零价铁粒径非常小，极易发生团聚，从而使其反应活性大大地降低。另外，纳米零价铁暴露在空气中易发生氧化，增加了运输的难度和成本，极大地限制了其在环境污染修复中的使用。因此，通过对纳米零价铁还原技术进行改进和创新显得尤为重要。

1.5.1 纳米零价铁的结构性质

在地壳中，铁具有非常丰富的含量，是最常用的金属材料之一。它的化学性质十分活泼，电极电位为$E(Fe^{2+}/Fe)=-0.440V$，因此具有较强还原性，可以把不太活泼的金属从溶液中置换出来，另外也可还原氧化性强的离子或化合物及某些有机物。当铁单质颗粒达到纳米级时，其表面能、表面的原子数、表面张力都随粒径的减小而急剧增加。而表面效应、小尺寸效应、宏观量子隧道效应及量子尺寸等导致铁的热、磁和表面稳定性等性能和常规粒子有所不同。目前，最有代表性的纳米铁颗粒结构为核壳结构，其粒径为50～200nm。因其比表面积大，具有非常高的表面活性，在环境修复过程中应用非常广泛。当它暴露在空气中较易被氧化甚至发生自燃，然而其表面的氧化层可以阻止零价铁进一步被氧化，起到保护作用，但氧化层厚度的增加会使纳米铁颗粒的活性降低，影响对污染物的处理效果。通过仪器分析，发现纳米铁颗粒都具有含氧化铁或者羟基铁的“壳结构”，使纳米铁颗粒表现出化学结合吸附和还原两种性质。

1.5.2 纳米零价铁的制备与改性

纳米零价铁颗粒的体积小、比表面积大、表面活性强，具有较强的吸附性能，在环境的修复中得到了较为广泛的应用。但纳米零价铁颗粒在空气中易被氧化，甚至发生自燃，在水中容易失去活性和凝聚，从而难以回收和重复使用。因此，国内外很多专家都开始对纳米零价铁进行改性研究，以提高其稳定性和分散性。目前已经有很多种改进纳米零价铁性质的方法。其中，化学方法如液相还原法、沉淀法、水解法、微乳液法、溶胶凝胶法、电化学法等方法的试验条件简单、容易操作、灵活性强。特别是液相还原法，不需高温高压，方法可控可行，具有较大的创新空间，也是研究范围最广的方向之一。

利用液相还原法改进纳米零价铁性能的方法主要分为两种：一是在纳米零价铁制备的过程中添加载体或者添加大分子有机稳定剂，防止其团聚的方法；二是在制备纳米零价铁后，利用铁与其他金属溶液的氧化还原反应生成保护膜，形成双金属的方法。

目前，在纳米零价铁制备的过程中，添加的载体包括黏土、活性炭、石墨、分子筛、离子交换树脂等。胡六江等利用改性的膨润土作为载体，制备了平均粒度约为8nm的膨润土负载的纳米零价铁，负载后的纳米零价铁具有很好的分散性。Zhu等利用活性炭作为负载体，制备了针状的负载型纳米零价铁，并用其对饮水中的砷离子进行了去除研究，在一定条件下，去除率可达99%。Kim等将纳米零价铁颗粒均匀分布在二氧化硅的微孔结构里并将其用于药物运输。赵宗山等将纳米零价铁颗粒负载在阳离子交换树脂的表面，并对一些水溶性偶氮染料（如酸性橙系列）进行了降解，在一定条件下，4min后降解率可达95%，由此看出其具有高效的降解能力。Xin等将纳米零价铁负载到高岭土的表面，制备了K-NZVI复合材料，并利用其去除溶液中的二价铅离子，60min后对浓度为500mg/L的含铅废水去除率可达到90%。

另外，在纳米零价铁的制备过程中，一些高分子有机物被添加，如张娜等用壳聚糖为稳定剂制备了性质稳定、活性较高、平均粒径为82.4nm的纳米零价铁颗粒。王薇等采用微乳原位聚合法制备包裹型纳米铁，该方法可将纳米零价铁粒子的生成、粒径的控制、抗团聚和氧化在同一个体系中一次性实现，在纳米粒子外层形成稳定的PMMA（聚甲基丙烯酸甲酯）包裹层，在合适的条件下，该材料对TEC具有很好的去除效果。高树梅等在制备纳米零价铁过程中添加了高分子有机物聚乙烯吡咯烷酮（PVP）和乙醇，对纳米零价铁颗粒的表面进行改性，改善了其在水中分散性。Sun等利用生物表面活性剂PVA（聚乙烯醇）改进了纳米铁颗粒的表面性质，颗粒粒径由105nm降到15nm，改性后的纳米铁颗粒具有很强的稳定性，在没有外力搅拌的情况下保持分散悬浮状态至少6个月内不产生沉淀。

制备金属包裹纳米零价铁的机理是利用贵金属在纳米零价铁表面形成包裹层，形成纳米零价铁核-贵金属壳结构，具有稳定的热力学性质，防止了其氧化。Lin等利用两步液相还原法制备出来粒径为11～24nm的Ni/Fe双金属材料，并用其对TCE进行降解，取得了较好的去除效果。陈超等采用化学沉淀法制备了活性较高的纳米Pd/Fe双金属，对一氯乙酸的脱氯效率分别是还原铁粉和纳米零价铁的7.9倍和1.7倍。

纳米零价铁具有广阔的应用前景，因此其制备方法的发展非常快。目前，纳米零价铁的制备方法按照制备过程可分为：气相法、固相法、液相法等。气相法主要有热等离子体法、惰性气体冷凝法（IGC）、溅射法、气相热分解法和气相还原法；固相法包括高能机械球磨法、深度塑性变形法和固相还原法等；液相法主要包括液相还原法、沉淀法、微乳液法、电化学沉积法、溶胶-凝胶法。其中，液相还原法是目前工业和试验室制备纳米零价铁较多使用的方法。当然不同的制备方法，得到的纳米铁颗粒的形状和大小都会有差别，都有各自的优缺点。不同方法制备纳米零价铁的优缺点见表 1-9。

表 1-9　纳米零价铁几种常见的制备方法

制备方法		优点	缺点
气相法	惰性气体冷凝法	纯度高，粒径小	设备要求高，操作危险
	热等离子体法	可通过调节电流大小来控制纳米铁粒径	设备要求高，操作难度大
	溅射法	粒径分布均匀	设备要求高，操作难度大
	气相还原法和气相热分解法	粒径小且分布均匀、结晶度高、纯度高	设备要求高，操作难度大
固相法	高能机械球磨法	工艺简单、产量高、成本低	磨机结构复杂，长期使用部件易磨损
	固相还原法	可操控性强，可用于大规模生产	易发生团聚、粒径不好控制、需要加分散剂
	深度塑性变形法	工艺简单，可实现纳米材料的工业化生产和应用	纯度低，粒径分布不均
液相法	液相还原法	原理简单、设备简单、容易控制、可操作性强、生产成本低	粒径分布不均、易发生团聚、洗涤过程易氧化
	微乳液法	粒径小、分布均匀、分散性好	成本高，工艺复杂
	沉淀法	反应温度低、操作简单、成本低、颗粒均匀	沉淀呈凝胶状，难于水洗和过滤
	溶胶-凝胶法	均匀性好、不易引入杂质、颗粒细、工艺设备简单、合成温度低、成分容易控制	原材料价格昂贵、烘干后的凝胶颗粒烧结性不好、干燥时收缩大
	电化学沉积法	密度高、设备简单、反应温度低、时间短、易于操作、成本低	易引入微米级大小的颗粒而影响结晶效果，沉积不均匀

由于液相还原法制备纳米零价铁操作简单，反应条件温和、易控制，制得的产品纯度高、粒径均匀，在试验室中有较为广泛的应用，但是该法在制备过程中需要惰性气体进行保护而且需要大量水作为反应介质；另外，纳米零价铁极易二次氧化，表面生成的铁的氧化物薄膜阻碍了目标污染物与纳米零价铁的直接接触，降低了其处理污染物的效率。这些都制约着纳米零价铁的实际应用。因此寻求一种不需惰性气体保护，用水量少，制得的产品稳定性高的方法显得非常迫切。

参考文献

[1] JaneQiu. China to spend billions cleaning up groundwater [J] . Science，2011，334：11.

[2] Shi Li-na，Lin Yu-Man，Zhang Xin，et al. Synthesis，characterization and kinetics of bentonite supported NZVI for the removal of Cr（Ⅵ）from aqueous solution [J] . Chemical Engineering Journal，2011，171：612-617.

[3] 胡巧开，余中山．改性香蕉皮吸附剂对六价铬的吸附 [J]．工业用水与废水，2012，5：67-70.

[4] 胡勇有，涂传青．镀铬废水治理、资源回用技术及进展 [J]．电镀与环保，1999，19（3）：28-32.

[5] Bosinco S. Interact ion mechanisms between hexavalent chromium and corncob [J] . Environmental Technology，1996，17（1）：55.

[6] Tan W T. Removal of chromium（Ⅵ）from solution by coconut husk and palm pressed fibres [J] . Environmental Techno logy，1993，14（3）：277.

[7] 管俊芳，于吉顺．锆基柱撑黏土材料对铅离子的吸附作用 [J]．化工环保，2004，25（5）：347-350.

[8] 王晨光．铁路客车蓄电池检修间含铅废水处理工艺研究 [J]．四川制冷，1998：26-28.

[9] Ronald Bentley，Thomas G. Chasteen. Microbial Methylation of Metalloids：Arsenic，Antimony，and Bismuth. Microbiol [J] . Mol. Biol. Rev，2002，66：250-271.

[10] Sabarinath Sundaram，Bala Rathinasabapathi，Ma Lena Q. Arsenate-activated Glutaredoxin from the Arsenic Hyper-accumulator Fern Pteris vittata L. Regulates Intracellular Arsenite [J] . J. Biol. Chem，2008，283：6095-6101.

[11] Jonathan R. Lloyd，Ronald S. Oremland. Microbial Transformations of Arsenic in the Environment：From Soda Lakes to Aquifers [J] . 2006，2：85-90.

[12] Li X Q，Elliot D W，Zhang W X. Zero-valent iron nanoparticles for abatement of environmental pollutants：materials and engineering aspects [J] . Crit Rev Solid State，2006，31：111-122.

[13] 陈芳艳，唐玉斌，吕锡武．纳米零价铁对水中 Cr（Ⅵ）的还原动力学研究 [J]．化学世界，2007，3：144-147.

[14] Wang C.，Zhang W. SynthesizingNanoscale iron Particles for Rapid and Complete Dechlorination of TCE and PCBs [J] . Environ. Sci. Technol.，1997，31（7）：2154-2156.

[15] 李铁龙，刘海水，金朝晖，等．纳米铁去除水中硝酸盐氮的批试验 [J]．吉林大学学报（工学版），2006，36（2）：264-268.

[16] Shi Li-Na，Zhou Yan，Chen Zuliang，Mallavarapu Megharaj，Ravi Naidu. Simultaneous adsorption and degradation of Zn^{2+} and Cu^{2+} from wastewaters using nanoscale zero-valent iron impregnated with clays [J] . Environ Sci Pollut Res，2013，20：3639-3648.

[17] Ç. Üzüm，T. Shahwan，A E. Eroğlu，et al. Synthesis and characterization of kaolinite-supported zero-valent iron nanoparticles and their application for the removal of aqueous Cu^{2+} and Co^{2+} ions [J] . Applied Clay Science，2009，43：172-181.

[18] Huang Pengpeng，Ye Zhengfang，Xie Wuming，et al. Rapid magnetic removal of aqueous heavy metals and their relevant mechanisms using nanoscale zero valent iron（nZVI）particles [J] . Water Research，2013，47：4050-4058.

[19] Liu Tingyi，Yang Xi，Wang Zhong-Liang，et al. Enhanced chitosan beads-supported Fe^0-nanoparticles for removal of heavy metals from electroplating wastewater in permeable reactive barriers [J] . Water Research，2013，47：6691-6700.

[20] 冯婧微．纳米零价铁及铁（氢）氧化物去除水中 Cr^{6+} 和 Cu^{2+} 的机制研究 [D]．沈阳：沈阳农业大学，2012.

[21] 焦创．流变相法制备包裹型纳米零价铁及处理重金属废水的研究 [D]．江西：景德镇陶瓷学院，2013.

[22] Kim Hojeong，Hong Hye-Jin，Jung Juri，et al. Degradation of trichloroethylene（TCE）by nanoscale zero-valent iron（nZVI）immobilized in alginate bead [J] . Journal of Hazardou Materials，2010，176：1038-1043.

[23] Krajangpan Sita，Kalita Harjyoti，Chisholm Bret J，et al. Iron nanoparticles coated with amphiphilic polysiloxane graft copolymers：dispersibility and contaminant treatability [J] . Environmental Science& Technology. dx. doi. org/10. 1021/es3000239.

［24］ Zhang Man，He Feng，Zhao Dongye，et al. Degradation of soil-sorbed trichloroethylene by stabilized zero valent iron nanoparticles：Effects of sorption，surfactants，and natural organic matter ［J］. Water Research 2011，45：2401-2414.

［25］ 胡恒．老化纳米铁去除地下水中六价铬和三氯乙烯的研究［D］．北京：中国地质大学，2013.

［26］ 许淑媛．不同材料负载纳米零价铁去除水/土中挥发性氯代烃的实验研究［D］．北京：轻工业环境研究保护所，2012.

［27］ 刘诺．负载纳米零价铁活性炭去除水中CAHs的可行性研究［D］．上海：华东理工大学，2013.

［28］ 王陆涛．纳米Cu/Fe对三氯乙烯的催化脱氯研究［D］．北京：北京化工大学，2013.

［29］ Lacinova L，Kvapil P，Cernik M. A field comparison of two reductive dechlorination（zero-valent iron and lactate）methods［J］. Environmental Technology，2012，33（7）：741-749.

［30］ Matheson L J，Tratnyek P G. Reductive dehalogenation of chlorinated methanes by iron metal［J］. Environ Sci Technol，1994，28. 2045-2045.

［31］ Arnold W A，Roberts A L. Pathways and kinetics of chlorinated ethylene and chlorinated acetylene reaction with Fe（0）particles［J］. Environmental Science and Technology，2000，34（9），1794- 1805.

［32］ Li T，Farrell J. Reductive dechlorination of trichloroethene and carbon tetrachloride using iron and palladized-iron cathodes. Environ Sci Technol，2000，34：173-9.

［33］ Matheson L J，Tratnyek P G. Reductive dehalogenation of chlorinated methanes by iron metal. Environ Sci Technol，1994，28. 2045-2045.

［34］ Su C，Puls R W. Kinetics of trichloroethene reduction by zerovalent iron and tin：pretreatment effect，apparent activation energy，and intermediate products. Environ Sci Technol，1999，33：163-8.

［35］ Arnold W A，Roberts A L. Pathways and kinetics of chlorinated ethylene and chlorinated acetylene reaction with Fe（0）particles. Environ Sci Technol，2000，34：1794-805.

［36］ Song H，Carraway E R. Reduction of chlorinated ethanes by nanosized zerovalentiron：kinetics，pathways，and effects of reaction conditions. Environ Sci Technol 2005，39：6237-45.

［37］ Liu Y，Majetich S A，Tilton RD，et al. TCE dechlorination rates，pathways，and efficiency of nanoscale iron particles with different properties. Environ Sci Technol，2005，39：1338-45.

［38］ Elsner M，Chartrand M，VanStone N，et al. Identifying abiotic chlorinated ethene degradation：characteristic isotope patterns in reaction products with nanoscale zero-valent iron，2008，5963-5970.

［39］ Mattes T E，Alexander A K，Coleman N V. Aerobic biodegradation of the chloroethenes：pathways，enzymes，ecology，and evolution. FEMS Microbiol Rev，2010，34：445-75.

［40］ Isalou M，Sleep BE，Liss SN. Biodegradation of high concentrations of tetrachloroethene in a continuous flow column system. Environ Sci Technol，1998，32：3579-3585.

［41］ Hood ED，Major DW，Quinn JW，et al. Demonstration of enhanced bioremediation in a TCE source area at Launch Complex 34，Cape Canaveral Air Force Station. Ground Water Monit Remed，2008，28：98-107.

［42］ Morrill PL，Sleep BE，Seepersad DJ，et al. Variations in expression of carbon isotope fractionation of chlorinated ethenes during biologically enhanced PCE dissolution close to a source zone. J Contam Hydrol，2009，110：60-71.

［43］ 胡六江，李益民．有机膨润土负载纳米铁去除废水中硝基苯［J］．环境科学学报，2008，28（6）：1107-1112.

［44］ Zhu Huijie，Jia Yongfeng. Removal of Arsenic from Drinking Water by Supported Nano Zero-Valent Iron on Activated Carbon［J］. Journal of Hazardous Materials，2009（172）：1591-1596.

［45］ Kim H J；Ahn J E，Haam S；et al. Tatsumi T J. Mater. Chem，2006，16，1617.

［46］ 赵宗山，刘景富，邰超，等．离子交换树脂负载零价纳米铁快速降解水溶性偶氮染料［J］．中国科学B辑：化学，2008，38（1）：60-66.

［47］ Zhang Xin，Lin Shen，Lu Xiao-Qiao. Removal of Pb（Ⅱ）from water using synthesized kaolin supported nanoscale zero-valent iron［J］. Chemical Engineering Journal，2010，183：243-248.

［48］ 耿兵，张娜，李铁龙，等．壳聚糖稳定纳米铁去除地表水中Cr（Ⅵ）污染的影响因素．环境化学，2010，29（2）：290-293.

［49］ 王薇．包覆型纳米铁的制备及用于地下水污染修复的试验研究．［D］．天津：南开大学，2008.
［50］ 高树梅，王晓栋，秦良，等．改进液相还原法制备纳米零价铁颗粒，环境科学，2007，43（4）：358-363.
［51］ Sun Y P，Li X Q，Zhang W X，et al. Amethod for the preparation of stable dispersion of zero-valent iron nanoparticles［J］. Colloids and Surfaces A：Physicochemical and Engineering Aspects，2007，308（1-3）：60-66.
［52］ Wu Linfeng，Stephen M C. Ritchie. Removal of trichloroethylene from water by cellulose acetate supported bimetallic Ni/Fe nanoparticles［J］. Chemosphere，2006，63：285-292.
［53］ 陈超．纳米钯/铁双金属体系对氯乙酸还原脱氯研究［D］．哈尔滨：哈尔滨工业大学，2008.

2

流变相反应法制备纳米材料

绿色化学是20世纪90年代出现的具有重大社会需求和明确目标的新型交叉学科，是当今国际化学化工科学研究的前沿和发展的重要领域，在21世纪得到了极大关注和期望。虽然我们可以用传统的化学方法获得人类需要的新材料，但在许多情况下，不仅不能有效地利用资源，而且产生大量的排放物，造成严重的环境污染。绿色化学是一种更高层次的化学，Anastas和Waner提出了绿色化学的十二个原则。其主要特点是“原子经济”，即在获取新材料转化过程中充分利用每个原料原子，实现“零排放”，既能充分利用资源，又不产生污染。绿色化学可以变废为宝，可以大大提高经济效益。传统化学向绿色化学的转变可以被看作化学从“粗放型”向“集约型”的转变。

无机合成化学主要研究无机化合物的结构、性质、反应和科学应用。随着现代实验方法的更新和进步，无机合成化学得到了蓬勃发展，其中的液相合成和固相合成已经发展成两种主流的合成方法。

液相合成的优点是显而易见的，因为反应在液相中进行，反应物处于高度分散状态使合成反应通常可以完全而迅速地进行，一般而言，可以获得所需的产物。但是反应受到许多因素和约束条件的影响，例如反应物的溶解度、产物的溶解度、化学平衡、pH值等，液相合成要么是沉淀法（包括直接沉淀、共沉淀、均相沉淀和复合沉淀），要么是现在开发的溶胶-凝胶法，水热法（包括水热结晶、水热合成、水热分解、水热氧化、水热沉淀）和热溶剂法等。

固相合成反应是最早用于化学合成的反应之一，它特别适合于高温反应。现代固相化学合成除了高温固相合成外，还包括中温和低温固相合成，固相反应包括四个阶段：界面扩散、反应、成核和生长。虽然固相反应没有上述液相合成的优点，但具有选择性高，效率高和工艺简单的特点，这种方法仍然广泛应用于生产和生活。综上所述可以看出，常规的液相和固相合成可以说是互补的。

2.1 流变相反应

2.1.1 流变相反应的概念

在日常生活中存在着一些似液非液、似固非固相变材料，例如碎片、混凝土、泥浆、油墨、果酱、陶瓷浆料，这些物质具有共同的性质——流变性质。

流变相系统来自流变学，流变学是对于材料流动和变形的科学研究。流变相是指具有流变性质形变状态，一般在化学上具有复杂的组成或结构；在力学上既显示出固体的性质又显示出液体的性质，或者说是既包含固体颗粒也包含液体物质，可以流动或缓慢流动的、宏观均匀的一种复杂系统。

流变相反应是在反应体系中加入流变相的化学反应，是一种将流变学和化学合成相结合的软化学合成方法，是一种新的绿色化学合成方法。例如，最简单的固体-固体流变相反应，固体反应物被充分研磨并在反应中通过适当方式均匀混合，加入适量的水或其他溶剂物质作为溶剂以形成固体颗粒和液体均匀分布、固体颗粒完全润湿的流变相体系，但固体和液体不分层或变成黏稠的固体和液体混合物系统，然后控制在适当的反应条件下，封闭反应一定时间，反应完成，得到所需的单晶相产物。

2.1.2 流变相反应方法的特点

流变相反应法是一个通过固-液流变混合制备化合物或材料的过程。固体反应物以适当的摩尔比充分混合，并加入适量的水或其他溶剂来形成固体颗粒和液体物质均匀分布的固液流变体系。在合适的实验条件下反应后，得到产物。在流变相体系中反应具有许多优点，如固体颗粒的表面积可以得到有效利用，固体颗粒与流体的接触紧密而均匀，热交换效果良好，可以避免局部过热，并且反应温度易于控制。通过该方法，已经获得许多具有新结构和性质的功能材料和化合物。

由于在流变相反应过程中，固体颗粒的表面积可以得到有效的利用，与流体紧密接触，均匀，热交换良好，不会发生局部过热，温度易于调节。故在这种状态下，许多物质的浓度将表现出反应过剩的现象。流变相反应是一种节能、能减少污染的绿色化学合成路线。流变相反应的优点主要表现在以下几个方面：

a. 在流变相体系中，固体颗粒在流体中分布，表面积可以得到有效利用，反应可以更充分地进行；

b. 我们可以得到纯粹单一化合物，所得产物与反应容器体积比非常高，也避免了大量废弃物的生产，是一种高效、环保、节能、经济、绿色的化学反应；

c. 流体具有良好的热交换和热稳定性，可避免局部过热，温度易于调节；

d. 在流变相体系中，许多物质显示超浓度现象和新反应特征，甚至可以自组装得到一些新结构和特定功能的化合物；

e. 功能纳米材料和非晶材料可以用流变相反应技术获得；

f. 更有趣的是，我们还可以通过使用流变相反应法获得大的单晶，这开辟了一种制备单晶的新方法。

流变相反应的这些特性符合当前绿色化学发展的要求，因此这种方法受到越来越多人的欢迎。

2.1.3 流变相反应原理及工艺

流变相反应法是从固体-液体流变混合物中制备化合物或材料的方法。固体反应物以适当的摩尔比混合，加入适量的水或其他溶剂，形成固体颗粒和液体物质均匀分布的固体-液体流变体系，然后在合适的条件下反应后，得到产物。在固液流变状态下，许多物质具有新的反应性质。

典型的流变相反应必须经过以下五个步骤：溶解、扩散、反应、成核和生长。对于流变相反应，反应步骤如图 2-1 所示，但由于在不同阶段的反应速率系统不一样或同一反应不同的反应条件，使各阶段特征不清晰，总反应特征仅表现为反应速率决定步骤特性。

$$A(s) + B(s) + nH_2O(l) \rightarrow A(l) + B(l) + nH_2O(l) \rightarrow AB \cdot nH_2O \rightarrow C(\text{晶核}) \rightarrow C(\text{晶体})$$

图 2-1 流变相反应的五个步骤

2.1.4 流变相反应方法的开发过程

流变相合成方法是在流变相反应方法的基础上发展起来的，最初由孙聚堂教授及其武汉大学的团队于 1998 年研发，并成功合成了一系列芳香族金属盐羧酸，自此定义了一种新的化学合成方法。流变相反应方法的提出先后经历了：液态水膜反应→固液反应→半固态反应→流变相反应几个阶段，该方法已成功用于研究锂离子电池电极材料的制备。探讨流变相反应状态下的化学反应原理对纳米材料的发展具有重要的科学意义，开发过程的流变相反应方法如表 2-1 所列。

表 2-1 开发过程的流变相反应方法

名称	时间	研究范围	理论
胡克和牛顿（英格兰）	17 世纪	弹性固体和流体流动	材料的弹性理论
Bingharm EC（美国）	1929 年	物质的形状和流动	流变学
孙聚堂（中国）	20 世纪末	流变学与化学反应结合	流变相反应

许多研究人员认识到该方法的反应条件容易掌握，解决了用其他方法难以获得单一产物的缺点，使得所得产物的特征更加明确。

2.2 流变相反应方法的分类

流变相反应法是一种将流变学与合成化学相结合的新型化学合成方法，近几年来在无机合成化学领域中得到广泛应用。流变相反应就是将反应物通过适当的方法混合均匀，根据反应物的类型加入适量的不同溶剂，调制成固体微粒和液体物质分布均匀、不分层的糊状或黏稠状固液混合体系，即流变相系，然后在适当条件下反应得到所需要的产物。在流变相体系中，固体微粒在流体中分布均匀、接触紧密，表面利用率很高，而且流体的热交换良好，传热稳定，可以避免局部过热，使反应可以更加充分进行且反应速率稳定，产物单一。在流变相反应的分类中，根据流变相反应过程中使用的液体介质不同，反应条件要求不同，相应的，适用于制备的材料类型也不同，一般以水为介质，有机溶剂为流变相反应介质，通过封闭反应器加热反应。

2.2.1 流变相反应以水为介质

在外力和加热的作用下，反应物开始部分溶解，其中溶剂中的水在反应物质中起到反应器的作用。与纯液相反应不同，由于少量溶剂水的存在，会加速反应和降低反应温度，但不会改变反应方向和限制。这是因为少量的溶剂水不能完全溶剂化反应物，所以液相反应溶剂对流变相反应不会产生巨大的影响。而且由于在加热阶段，反应过程中的流动主要是进行反应的物质和作为溶剂的水形成均匀的流变体的过程，对反应体系起到加热均匀和充分利用表面的作用。在一些流变相反应中，以水为溶剂介质，除了质量和传热效应外，还常常用作反应物或反应产物。目前制备的大多数有机酸和金属氧化物是这种方式，由此可见这种方法具有巨大的潜力。

2.2.2 有机溶剂作为流变相反应介质

以水为介质的金属氧化物的制备中，反应体系在加热干燥过程中，在氢氧根、氢或晶桥的作用下可能容易使产物团聚。当产物尺寸或温度有特殊要求时常常全部加入或加入部分有机溶剂如乙醇或醚作为反应介质。反应产物通常需要 经过反复洗涤后干燥。与水作为媒介相比，加热操作中有机介质具有更大的界面张力、表观黏度和温度。抛光的剪切速率可以极大地影响黏度，而黏度直接影响固体反应物在介质中的均匀分布，因此介质和反应物的起始流变性能、各组分的黏弹性试验、剪切速率和温度对流动体系形态的影响以及综合选择反应条件等都要进行研究。其中以有机溶剂作为介质的反应效果较好，但成本较高。

2.3 流变相反应的应用

只有少数类型的化合物是通过流变相反应制备。这主要是由于各研究中心的方向决定了化合物制备的类型，研究合成主要集中在中南大学和武汉大学，研究的方向主要集中在有机金属盐、金属氧化物单晶材料等方面，其中的超级浓缩流变相系统，能减轻缺陷成核的影响。随着这种方法的优势逐渐显示出来，越来越多的研究者使用这种流变相法制备出了大量材料，其中包括单晶体材料、金属元素、金属氧化物、复合金属氧化物、有机金属盐复合热电材料、负温度系数热敏电阻、先进的电极材料、多晶铁氧体软磁材料、导电聚合物（ICP）等。

2.3.1 单晶材料

由于流变相系统允许大量的固体颗粒存在，且在系统内存在高浓度的分散相，使它能够制备一些难溶的、常规溶液反应很难制备单晶材料。目前，该方法已可在相对温和的条件下制备水杨酸铜、Ni 及其他单晶体。武汉大学尹明彩等利用流变相反应体系制备了一系列新结构和优异的发光性能的芳香族酸配合物单晶。

2.3.2 元素金属

具有新特性的纳米材料在许多领域有着广泛的应用前景。有序的结构及其潜在的现实应用导致了过去几年的深入研究。在电子、生物技术、粉末冶金和能源领域，超细金属粉末的需求急剧增加，微纳米结构镍具有独特的形貌、尺寸和结构。由于复合材料的结构、孔隙率、稳定性和纳米材料的固有特性，使其可能具有优异的性能或新的性能。

通过流变相反应法已经制备出作为锂离子电池的阳极材料的微纳米结构镍。制备中从

$(NH_4)_2C_2O_4 \cdot H_2O$ 和 $Ni(NO_3)_2$ 的固液流变相混合物获得的 $Ni_2C_2O_4 \cdot xH_2O$（$x=2$ 或 2.5）作为前体。微纳米结构的镍显示出初始放电容量为 457mA・h/g。它还具有显著的循环稳定性，在 100mA/g 的恒定电流密度下，在 0.01～3.00V 下相对于 Li 在第 13 至第 50 次循环中的每个循环的平均容量衰减为 0.17%。

2.3.3 金属氧化物

在过去的 20 年中，对稀磁半导体（DMS）的研究吸引了人们的兴趣，目的在于了解具有大磁矩和高居里温度的掺杂磁半导体在自旋器件中的潜在应用，这些自旋器件将使用载流子的电荷。研究者已经投入大量的努力去研究宽带隙氧化物或氮化物基 DMS，例如过渡金属掺杂的 SnO_2、ZnO、TiO_2、In_2O_3、GaN 等在可见光区的透明度以及室温或高于室温的磁性。

Cao 等以 $H_2C_2O_4 \cdot 2H_2O$ 和 ZnO 为原料，用流变相反应制备了纳米 ZnO，用正交实验法研究确定了最佳合成条件：用流变相反应在 60℃加热 3h 制得前驱物 $ZnC_2O_4 \cdot 2H_2O$，再将前驱物在 450℃热分解 3h 得到纳米 ZnO。

Ailemia 等报道了通过流变相反应和热解的方法成功制备了一系列理论式为 $As_xCo_{3-x}O_4$（$x=0$、0.005、0.01、0.015、0.024）的砷-钴混合价态尖晶石氧化物的纳米颗粒。前驱体在 500℃下形成 48nm 晶体尺寸的掺砷氧化钴纳米颗粒。分析平均粒度为 45nm，与晶体尺寸一致，SEM 研究显示产物具有均匀分布的超细球形颗粒。在 936.34℃的热分析中，掺砷的 Co_3O_4 纳米粒子可以转化为 SbCoO、CoO 纳米粒子。

Zhou 等报道了用流变相反应法合成 La、Y 和 Gd 的水杨酸盐前驱物，在空气中于 800℃热分解前驱物，得到的固相残余物为纳米级 R_2O_3 粉末；R_2O_3 基本上均为球形的纳米粒子；R_2O_3 的中位粒径（d_{50}）分别为 19.3nm（La_2O_3），53.8nm（Y_2O_3）和 28.6nm（Gd_2O_3），与 X 射线粉末衍射及透射扫描电镜的结果比较吻合。

多晶软铁氧体材料在微波应用方面是相当有吸引力的，由于它们的高电阻率、低磁矫顽力、低涡流电流损耗、高居里温度和化学稳定性，被用于高品质滤波器、棒状天线、射频电路、变压器磁芯、高速读/写头数字磁带和传感器。有趣的是，可以通过控制不同类型来定制取代基的量，获得所需的软铁氧体的电和磁性能。到目前为止，已经进行了许多研究以进一步进行改进取代铁氧体的电和磁性能。Rezlescu 等研究表明，稀土离子在尖晶石晶格中的溶解度有限，由于其较大的离子半径，影响取代铁素体的物理性质。当稀土离子进入八面体（B 位）时，它们可以在低稀土离子含量下替代 Fe^{3+}。

付金龙等以乙酸镍、氢氧化铁和草酸为原料，用流变相反应法制备出前驱物，在 300℃煅烧即可直接形成纯相的尖晶石结构的镍铁氧体粉末。粉末呈方块状，平均颗粒大小约 30nm，分布均匀，分散性较好。相对其他方法，其煅烧温度低，可以克服因高温煅烧引起的颗粒增大和团聚的缺陷。

胡波采用流变相自组装法以具有带状质点的 V_2O_5 溶胶为钒源，制备了银钒氧化物一维纳米材料，得到的产物长为几到数十微米，直径 100～400nm 的纳米纤维聚集成的束状 β-$AgVO_3$，该纳米纤维是由直径为数纳米至 50nm 左右的 Ag 纳米颗粒所包覆的 $AgVO_3$ 纳米棒构成，纳米棒的直径为 40～100nm。

2.3.4 金属有机盐

通过流变相反应制备金属有机盐，是其重要的应用之一。较早文献报道的通过流变相法制备的是邻苯二甲酸镁，这是一种层状结构的单斜晶体，将二苯甲酮化合物在氮气中分解获得。类似这些难以直接合成化合物，可以采用流变相法，在氮气中进行热分解。流变相法为绿色合成邻苯二甲酸镁提供了简单可行的方法。

2.3.5 高级电极材料

用于能量存储和转换系统的高级电极材料，例如高能量密度电池，超级电容器和燃料电池，近年来越来越受到全世界的材料科学家的关注。过渡金属氧化物，例如 RuO_2、MnO_2、NiO 和 Co_3O_4，以及过渡金属复合氧化物，例如 $LiMn_2O_4$、$LiCoO_2$、$LiFePO_4$ 和 $Li_4Ti_5O_{12}$，是用于这些系统的一些最重要的电极材料，这些材料中的一些已经应用于实际。然而，仍然需要开发具有改进性能的先进电极材料。因此，最为重要的是开发具有低成本和改进的性能组合的替代电极材料。

最近，已经研究出了氧化铟（In_2O_3）在能量存储和转换系统中的应用。例如，Zhou 等研究了用于锂电池的有机电解质中纳米结构的 In_2O_3 膜的电化学性质，发现其中纳米结构的 In_2O_3 薄膜的大可逆容量为 883mA・h/g，对应于每个 In_2O_3 为 8.9Li。Chang 等也研究了 In_2O_3 纳米颗粒（包括纳米球和纳米棒）在 1.0M Na_2SO_4 电解质中的电容性能。这项工作表明，In_2O_3 的性能受到 In_2O_3 形态的影响，In_2O_3 纳米棒的比电容可以达到 $105Fg^{-1}$。Prasad 等报道，通过动电位法制备的纳米结构和纳米棒形三维 In_2O_3 在 1.0M Na_2SO_3 电解质中显然具有氧化还原的电容性行为。作为富含锂的氧化铟，$LiInO_2$ 材料应当在合适的电解质中显示出锂离子插入/提取氧化还原反应的能力，其可以应用于能量存储和转换装置中。然而，关于富锂氧化铟（$LiInO_2$）的电化学性质的文献报道很少。在这里我们介绍了 $LiInO_2$ 的一个非常简单的流变相合成法，并通过循环伏安分析法（*CV*）曲线首次研究了其在 LiOH 和 Li_2SO_4 溶液中的电化学特性。

常规 $LiMnO_2$ 制备使用的离子交换，Lei 等首先尝试在空气气氛下流变相反应合成单斜结构 $NaMnO_2$，然后通过热溶剂法在 120℃下得到具有单层斜晶结构的产物。该方法比传统的合成方法更简单，获得了用作二次锂离子层状 $LiMnO_2$ 电池正极材料。经过 40 次电化学循环后，放电比容量分别为 114.7mA・h/g 和 118.5mA・h/g，表现出良好的电化学充放电循环性能。

何则强等采用流变相法经 850℃热处理 6h 制备了立方尖晶石结构的 $LiNi_{0.5}Mn_{1.5}O_4$，粒径大小在 0.2～0.4μm 之间。$LiNi_{0.5}Mn_{1.5}O_4$ 的充放电平台高达 4.7V，首次放电容量达到 140.5mA・h/g，经 100 次循环后，室温下 0.2C 放电时每次循环的容量损失仅为 0.015%，2.0C 放电时的容量保持率达到 76.3%，55℃下 0.2C 放电时每次循环的容量损失仅为 0.32%。这表明流变相合成的 $LiNi_{0.5}Mn_{1.5}O_4$ 是一种高电压、高容量、倍率性能和高温性能较好的锂离子电池正极材料。

李之光等利用 $LiNO_3$ 和 MnO_2 为原料电解合成了 $Li_xMn_2O_4$，采用流变相方法在 760℃煅烧 12 h 制得了均相、无杂质、锰平均氧化价态接近 3.5 的尖晶石型 $Li_xMn_2O_4$ 正极材料，具有良好的电化学性能，有 2 个放电平台，它们分别是 4.05V 和 3.95V，并具有很好的电压稳定性，首次放电容量达 117mA·h/g，充放电效率大于 90%，循环 20 次后，放电容量约为 102mA·h/g。

2.4 通过流变相反应法制备纳米材料及其应用

2.4.1 微纳米镍

$(NH_4)_2C_2O_4 \cdot H_2O$、$Ni(NO_3)_2 \cdot 6H_2O$ 和无水乙醇均为分析纯试剂。这里通过使用去离子水制备溶液。将 $(NH_4)_2C_2O_4 \cdot H_2O$（48.87g）加入到 5.0mol/L 硝酸镍溶液［$Ni(NO_3)_2 \cdot 6H_2O$(100g)，H_2O(20mL)］中以形成具有黏弹性的流变体。加入适量去离子水充分分散，过滤，洗涤，用无水乙醇脱水，80～90℃干燥，得到 $NiC_2O_4 \cdot 2H_2O$（前体 A)，总产率为 99.76%。将硝酸镍加入过饱和草酸铵溶液中得到 $NiC_2O_4 \cdot 2.5H_2O$（前体 B)，总产率为 97.98%。

将适量的草酸镍装入密封容器中，当进行热分解时，内部的空气膨胀并缓慢排出，这确保了前体被自身大气饱和。将该容器在空气炉中加热至 335℃，加热速率为 5℃/min，在 335℃保持 6h，得到黑色样品。将从前体 A 和 B 获得的镍分别标记为 Ni_A 和 Ni_B。

前体 A（6.223mg）和 B（7.620mg）的 TG-DTG-DSC（热重-微商热重-差示扫描量热分析）曲线如图 2-2 所示，特定温度和质量损失在 DSC-TG 曲线上标记。分析表明，前体 A 和 B 的摩尔组成分别为 $NiC_2O_4 \cdot 2H_2O$ 和 $NiC_2O_4 \cdot 2.5H_2O$。DSC 峰基本上对应于在 TG 曲线上观察到的重量变化。热分解通常在两个步骤中进行：无水草酸酯的脱水和分解。在 200℃之前的质量损失，其特征在于 DSC 曲线上的小的吸热峰，归因于吸附水的脱水。XRD 分析证实，铝坩埚中的热分解的最终产物是镍粉，这与关于草酸镍在空气中热分解的常见报道不同。前体的热分解反应式可以表示如下（x=2 或 2.5)：

$$NiC_2O_4 \cdot xH_2O \longrightarrow NiC_2O_4 + xH_2O \tag{2-1}$$

$$NiC_2O_4 \longrightarrow Ni + 2CO_2 \uparrow \tag{2-2}$$

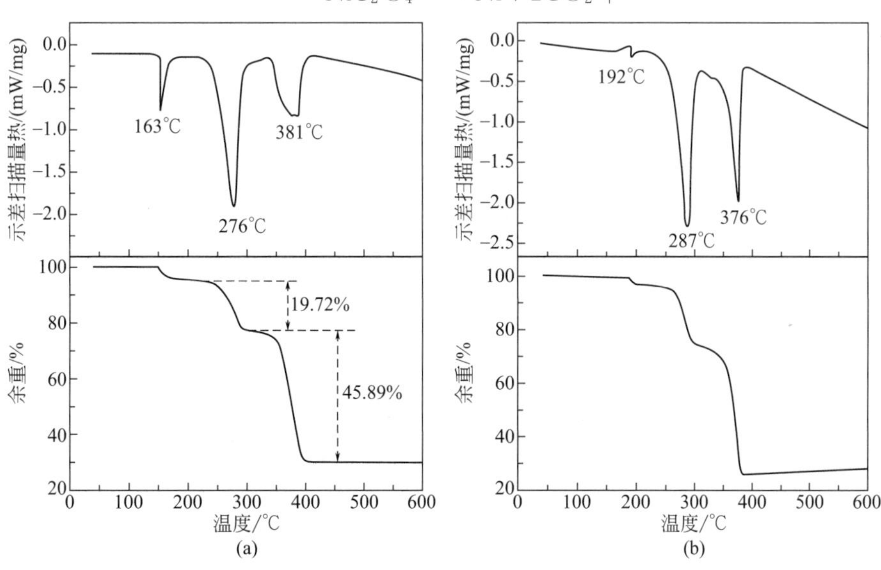

图 2-2

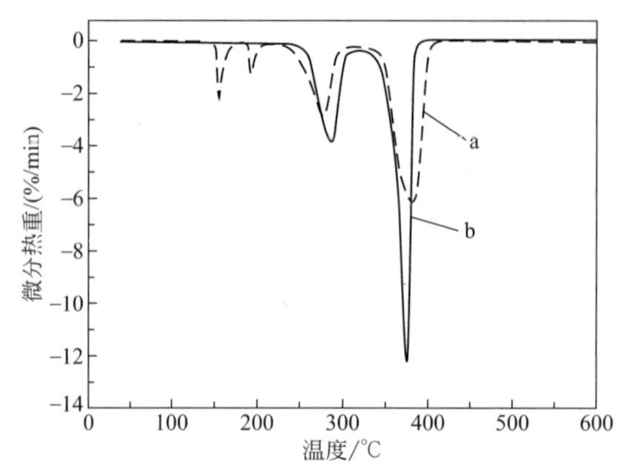

图 2-2 覆盖的 Al 坩埚中前体 A（a）和 B（b）的 TG-DTG-DSC 曲线

但两种初始物的热分解方式不同：前体 B 的分解速率是初始物 A 的分解速率的两倍（如 DTG 曲线所示）。

通过 JADE5. EXE 程序计算的部分晶格参数显示见表 2-2。

表 2-2 前体 A 和 B 的晶格参数

参数	前体 A	前体 B
S.G.	*P*2/m（No. 10）	*P*2/m（No. 10）
a（A）	7.8167（16）	9.8874（40）
b（A）	2.6607（6）	4.2409（19）
c（A）	5.9066（11）	6.5671（47）
V（A^3）	122.84	266.13

通过流变相反应方法制备的前体 A 和前体 B 的 XRD 图谱如图 2-3 所示。

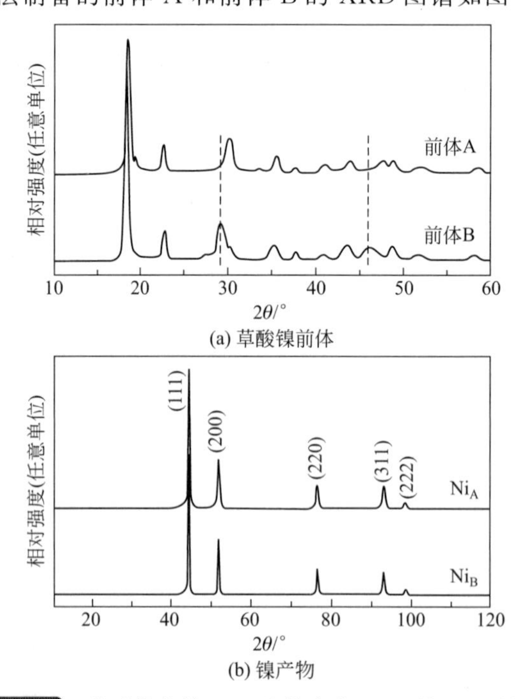

图 2-3 草酸镍前体（a）和镍产物（b）的 XRD 图谱

图 2-3 中的虚线是两种前体的所有特征衍射峰，都良好地指向草酸镍的单斜相，如空间群 $P2/m$（10 号），图 2-3（a）表示两种前体彼此不同。两种 XRD 图案的衍射相对强度和峰位置不同于文献（JCPDS 文件卡 No. 25-0581）中报道的那样，产品的 XRD 图谱和晶格参数如图 2-3（b）和表 2-3 所示。

表 2-3　Ni_A 和 Ni_B 的晶格参数

参数	Ni_A	Ni_B
$S.G.$	$Fm3m$（225）	$Fm3m$（225）
a（A）	3.5232（1）	3.5245（1）
V（A^3）	43.73	43.78
Z	4	4
D_{calc}（g/cm^3）	8.9150	8.9058

整个热分解过程中的粒径和形态变化如图 2-4（SEM）和图 2-5（TEM）所示。前体 A 和 B 的颗粒尺寸和形态显然不同。前体 B 由粒径为 0.6～1.0μm 的单分散方形晶体组成（图 2-4b_1）。前体 A 由许多粒径为 0.1～0.2μm 的不规则块状晶体组成（图 2-4a_1）。热分解后，前体 A 变成平均粒径约 0.1μm 的近球形异形体（图 2-4a_2 和图 2-5a_3）。具有约 0.5μm 的平均粒度的产物 Ni_B 保持前体 B 的正方形形态，并且单个正方晶体仍由许多平均粒度约 20nm 的纳米球组成（图 2-4b_2 和图 2-5b_3）。SEM 和 TEM 图像的结果与 XRD 和电化学测量的观察结果非常吻合。

图 2-4　前体 A（a_1）和 Ni_A（a_2），前体 B（b_1）和 Ni_B（b_2）的 SEM 图像

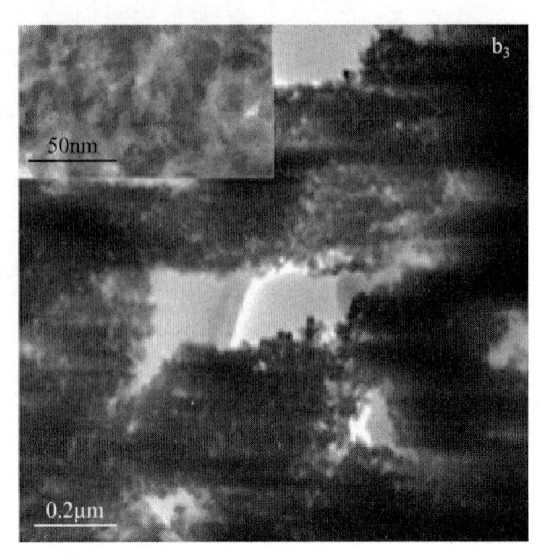

图 2-5 Ni_A（a_3）和 Ni_B（b_3）的 TEM 图像

2.4.2 纳米零价铁粒子

近年来，治理污染环境中使用的纳米金属单质、金属氧化物及其复合材料，一直备受关注，其粒径小，比表面积大，表面活性位点的密度较高，有更大的内在表面位点反应性。其与零价铁（ZVI）相比，纳米零价铁（NZVI）具有更大的比表面积和更高的反应性。

然而，使用传统方法制备的 NZVI 颗粒倾向于通过范德华力和磁吸引力在水中快速凝聚，形成直径范围为几微米至几毫米或甚至更大的颗粒。此外，常规 NZVI 颗粒可能与周围介质（例如溶解氧、水和其他氧化剂）快速反应，导致反应性的快速损失。

防止纳米颗粒聚集，已经有各种使颗粒稳定的方法报道。He 等发明了通过使用羧甲基纤维素钠（Na-CMC）作为稳定剂稳定 palladized 铁纳米粒子的新策略。纳米颗粒显示出很强的聚合稳定性，化学反应性和土壤运输的稳定性。He 和赵准备了一类新的淀粉稳定双金属纳米粒子降解多氯联苯（PCBs）。与未封装的 Fe/Pd 纳米颗粒相比，1g/L 的淀粉包封的纳米颗粒在小于 100h 内能够转化超过 80%的 PCBs，而前者仅 24%。Choi 等开发了用活性铁/钯双金属纳米颗粒浸渍的颗粒活性炭。

在本研究中使用分析级或更高级的化学品，包括 $FeSO_4 \cdot 7H_2O$、KBH_4、$K_2Cr_2O_7$、Na-CMC。所有试剂用微孔去离子水制备。所有溶剂在使用前脱气并用 N_2 饱和。

通过在 NaCMC 作为稳定剂的条件下使用 KBH_4 将 Fe（Ⅱ）还原成 Fe（0），在水中制备包封的 ZVI 纳米颗粒。简言之，$FeSO_4 \cdot 7H_2O$ 和 KBH_4 通过以 1∶2 的摩尔比研磨混合。将固体混合物加入到 NaCMC 溶液中以获得流变体，然后将混合物转移到三颈圆底烧瓶中。该反应在连续搅拌下及氮气连续吹扫下于室温中进行。通过过滤收集所得固体产物，用去离子水和乙醇洗涤，并最终在真空下干燥，获得 CMC 包裹的 CMC-NZVI 样品，所涉及的反应如下：

$$4Fe^{2+} + 2BH^{4-} + 6H_2O \longrightarrow 4Fe + 2B(OH)_3 + 7H_2 \tag{2-3}$$

如图 2-6 所示，老化三天后的 CMC-NZVI 的 XRD 图谱表明体心立方 α-Fe（110 和 220）（分别为 $2\theta = 44.83°$ 和 $65.22°$）的存在。来自在 CMC-NZVI 合成期间有 KBH_4 引入洗涤后的钾残留物的 K^+（$2\theta = 30.12°$、$31.24°$）的存在。另外，氧化铁（$2\theta = 35.46°$、$43.12°$、$53.50°$、$56.98°$ 和 $62.64°$）的特征衍射峰较弱，表明制备的 CMC-NZVI 具有强的抗氧化

活性。

TEM 图像（见图 2-7）证明 NZVI 颗粒通过 CMC 包封在微球中并彼此分离。CMC 已经成功用作制备纳米颗粒如 Ag 纳米颗粒和超顺磁性氧化铁纳米颗粒中的有效稳定剂。像淀粉一样，CMC 也是低成本和环境友好型的化合物。CMC 和淀粉具有相似的大分子骨架。然而，CMC 除了羟基之外还携带羧酸酯基团。因此，CMC 可以更强的与铁纳米颗粒相互作用并更有效地稳定纳米颗粒。

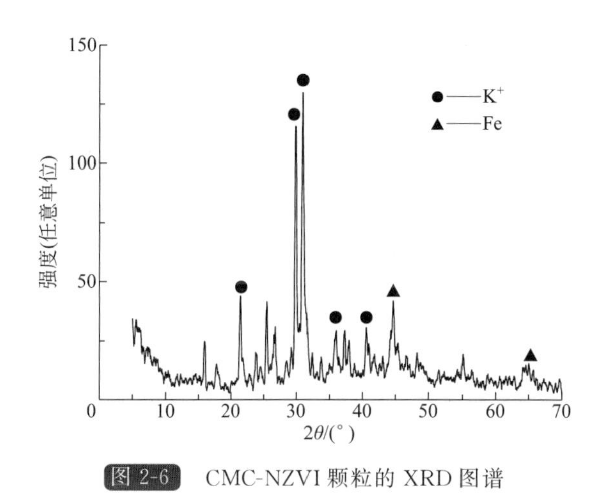

图 2-6 CMC-NZVI 颗粒的 XRD 图谱

图 2-7 CMC-NZVI 颗粒的 TEM 图像

2.4.3 ZnO 纳米颗粒的制备

通过流变相法合成 $Zn_{1-x}Cu_xO$（x=0.010、0.015、0.020、0.025）。所用原料为：乙酸锌（ZA）[$Zn(CH_3COO)_2 \cdot 2H_2O$]（>99%，Merck、Darmstadt、Germany），乙酸铜（CA）[$Cu(CH_3COO)_2 \cdot 4H_2O$]（Merck，> 99%）和草酸（OA）（$H_2C_2O_4 \cdot 2H_2O$）（Merck，>99.5%），0.1mol/L 的 ZA 溶液和 0.15mol/L 的 OA 溶液。制备过程：先将 0.01mol/L 的 ZA 和 $y$mol/L（y = 0.00010、0.00015、0.00020 和 0.00025）的 CA 在 50mL 去离子水中搅拌，直到溶液变得透明。Cu 和 Zn 草酸盐缓慢加入草酸中，在室温下持续搅拌 12h。将沉淀物在 90℃下干燥几分钟，获得掺杂 Cu 的 ZnO 纳米晶体粉末，将干燥粉末在开放气氛中加热 1h。

为了确定合适的煅烧温度，进行了具有不同 Cu 浓度下合成的草酸锌粉末的 TG-DTA（热重-差热）分析。对于 2.0%Cu 浓度，在以氧化铝作为参考的在氮气气氛中以 10℃/min 加热至 600℃的 DT-TGA（热重-差热）曲线（其他未示出）如图 2-8 所示。DTA 峰值紧密对应于在 TG 曲线上观察到的重量变化。DTA 曲线可以分为两个步骤，第一步从 120℃至 160℃的初始步骤是吸热的，并且由于草酸酯前体的脱水和无水草酸盐的形成而导致的 18%～22%的重量损失。Pillai 等注意到相似类型的吸热反应，Shen 和 Guo 等，通过草酸锌二水合物 [$Zn(CH_3COO)_2 \cdot 2H_2O$] 的分解制备纯 ZnO 粉末。无水草酸盐在高达约 370℃下是稳定的，然后在下一步骤中分解，该步骤是放热过程，DTA 峰在 420℃，表明由于无水草酸盐前体的分解和 $Zn_{1-x}Co_xO$ 的形成，重量损失为约 41%。由于在 430℃以上的重量没有明显的变化，粉末的煅烧温度可以控制在 430℃左右，合成样品的颜色略带褐色。

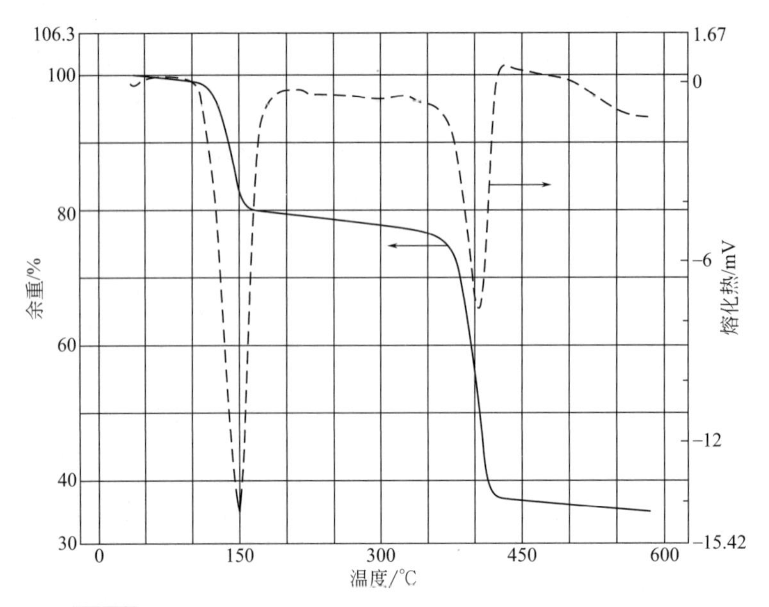

图 2-8　掺杂有 2%Cu 的 ZnO 纳米晶体粉末的热重-差热分析

通过 XRD（X 衍射分析）检测合成的 $Zn_{1-x}Cu_xO$ 粉末的结晶度。如图 2-9、图 2-10 所示，所制备的粉末的尖锐 XRD 峰证实了结晶 $Zn_{1-x}Co_xO_3$ 的形成。没有对应于铜或氧化亚铜的峰表明 Cu 作为掺杂剂元素存在。合成粉末的粒度分布见图 2-11。从 SAXS（X 射线小角散射）测量获得的颗粒尺寸与从 Scherrer（谢氏）关系计算的颗粒尺寸相当，与 Krill 等研究结果类似。最大比例误差分析表明，从 SAXS 获得的粒度比从 Scherrer 关系计算的粒度更精确。

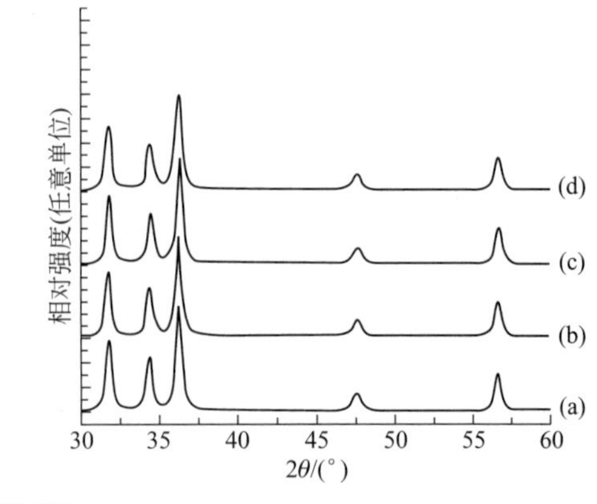

图 2-9　掺杂有 Cu 的 ZnO 纳米结晶粉末的 XRD 图谱
(a) 1%；(b) 1.5%；(c) 2%；(d) 2.5%

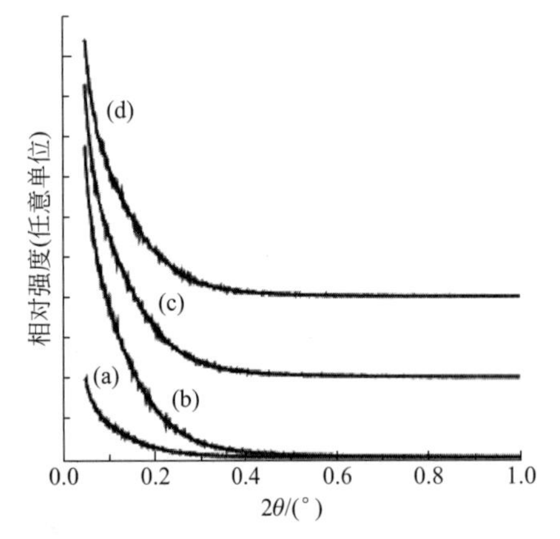

图 2-10　掺杂 Cu 的粒度的小角度 X 射线分布
(a) 1%；(b) 1.5%；(c) 2%；(d) 2.5%

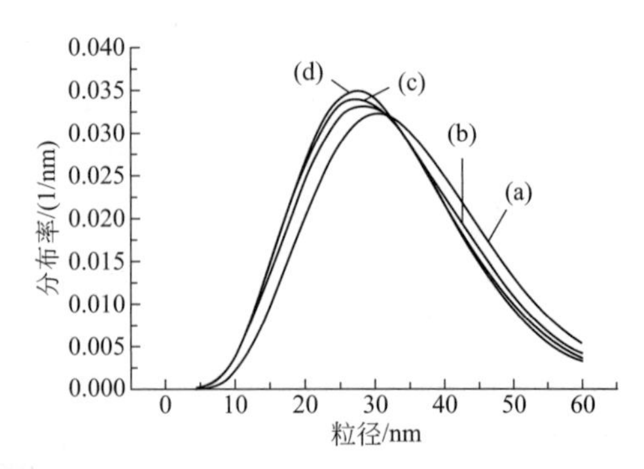

图 2-11　掺杂 Cu 小角度 X 射线散射测量的粒度分布
(a) 1%；(b) 1.5%；(c) 2%；(d) 2.5%

通过 EDX（能量色散 X 射线光谱）进行组成分析，其中发现掺杂浓度接近前体材料中的标称浓度。EDX 图谱如图 2-12 所示。通过 XPS 测量 Zn3p、Zn3s 和 Cu2p 水平的结合能；Zn3p 和 3s 状态如图 2-13 所示。这两种状态的较高的结合能是由于锌和氧之间的化学结合（935.3eV）。$Cu2p_{3/2}$状态（图 2-14）的结合能大于 $Cu2p_{3/2}$状态在＋1 价中的结合能，确定了 Cu 的价态为＋2。因此，所制备样品中 Cu 的价态被定为二价（$3d^9$；$S=1/2$）。

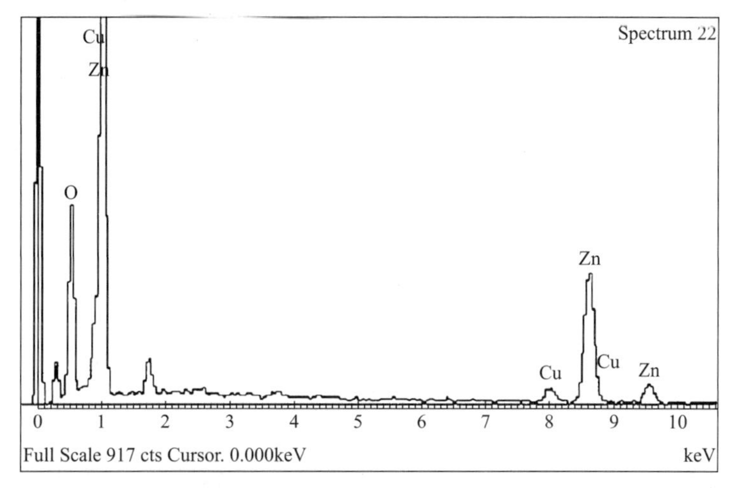

图 2-12　2%Cu 掺杂的 ZnO 的 EDX 图谱

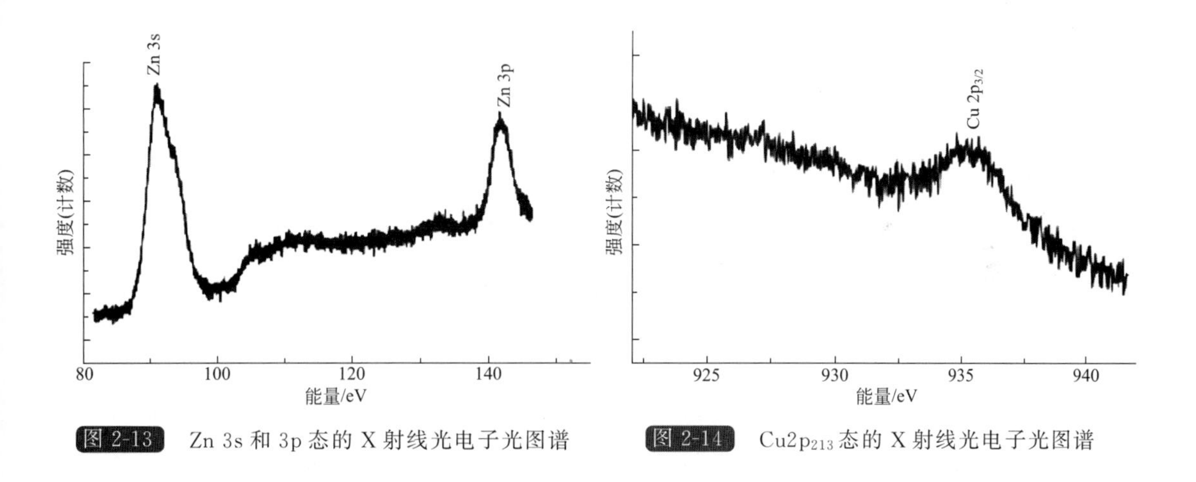

图 2-13　Zn 3s 和 3p 态的 X 射线光电子光图谱

图 2-14　$Cu2p_{213}$态的 X 射线光电子光图谱

2.4.4　纳米晶体尖晶石型氧化物

多晶尖晶石型铁氧体广泛用于许多电子器件中。由于它们具有高电阻率、化学稳定性、高机械硬度和合理的成本等优点。铁氧体在某些应用中的使用取决于它们的电、磁性质，其又对制备条件以及取代的类型和量敏感。

由于 f 电子轨道对磁相互作用的巨大变化，各向同性或各向异性的稀土离子正在成为改进铁氧体性质的有效添加剂。稀土元素在尖晶石铁氧体中有望替代操纵磁耦合，如超精细场的减少以及居里温度的反映，以增加灵敏度，并且铁氧体可能在结构和电和磁性能方面产生重要的改进。

通过流变相反应法合成纳米晶体 $Zn_{0.6}Cu_{0.4}Cr_{0.5}Gd_xFe_{1.5-x}O_4$（$x=0.00$、0.02、

0.04、0.06 和 0.08)，流程如图 2-15 所示。将 $Fe(NO_3)_3 \cdot 9H_2O$、$Cu(NO_3)_2 \cdot 3H_2O$、$Zn(NO_3)_2 \cdot 6H_2O$、$Cr(NO_3)_3 \cdot 9H_2O$、$Gd(NO_3)_3 \cdot 6H_2O$ 和 $H_2C_2O_4 \cdot 2H_2O$ 充分混合，并向混合物中加入适量的无水乙醇制备出流变体，放入在 50mL 的有聚四氟乙烯内衬的不锈钢反应釜，在 120℃下反应 48h 后过滤收集所得固体产物，用去离子水和乙醇洗涤，在 60℃干燥 12h，最后在空气中 900℃焙烧 2h。

在空气中以 10℃/min 的加热速率测量的 $Zn_{0.6}Cu_{0.4}Cr_{0.5}Fe_{1.5}O_4$ 前体的 TGA 曲线如图 2-16 所示，表明随着温度增加至 800℃，多级减重。可以看出，从室温至约 130℃时的第一小部分重量损失主要是由于前驱体中吸收的水的排出，由于完全脱水和形成无水草酸盐，在 140～260℃的温度范围内发现了明显的减重，在 260～330℃范围内的重量损失归因于通过草酸盐的分解形成碳酸盐，在 330～400℃范围内的重量损失对应于碳酸盐分解形成氧化物，在 400℃开始的最后一步与氧化物的固-固相互作用有关，形成 $Zn_{0.6}Cu_{0.4}Cr_{0.5}Fe_{1.5}O_4$ 铁氧体。

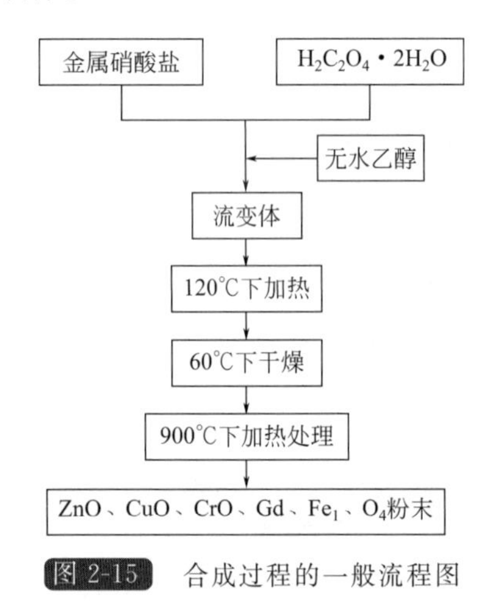

图 2-15　合成过程的一般流程图

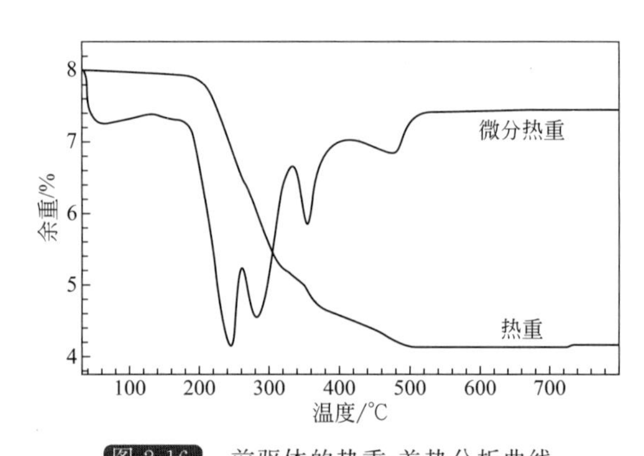

图 2-16　前驱体的热重-差热分析曲线

Zn-Cu-Cr 铁氧体具有立方尖晶石结构，属于空间群（Fd3m）。群理论预测尖晶石中的以下模式：$\Gamma = A_{1g}(R) + E_g(R) + F_{1g}(in) + 3F_{2g}(R) + 2A_{2u}(in) + 2E_u(in) + 4F_{1u}(IR) + 2F_{2u}(in)$，其中（R）、（IR）和（in）分别表示拉曼活性振动、红外活性振动和非活性模式。通过流变相反应法制备的 Zn-Cu-Cr 铁氧体的拉曼光谱如图 2-17（a）所示。在研究环境条件下观察到五种拉曼活性模式（$A_{1g}+E_g+3F_{2g}$）。在 $668cm^{-1}$ 和 $560cm^{-1}$ 处的峰归因于四面体位点（AO_4）的特征，其反映四面体亚晶格中的局部晶格效应，在 $195cm^{-1}$、$320cm^{-1}$ 和 $489cm^{-1}$ 处的其他峰对应于八面体的特征位点（BO_6），其反映了八面体亚晶格中的局部晶格效应，这些结果与先前报道的研究一致。所制备的 Zn-Cu-Cr 铁氧体的 IR（红外）光谱如图 2-17（b）所示，发现在 $561cm^{-1}$ 和 $461cm^{-1}$ 处的峰分别是四面体和八面体位置的固有振动。

在 $3430cm^{-1}$ 处的宽峰和在 $1632cm^{-1}$ 处的峰分别对应于羟基的拉伸和弯曲模式。这些结果证实了立方尖晶石相结构的形成。通过流变相反应法获得的 Gd 取代的 Zn-Cu-Cr 铁氧体的 XRD 图谱如图 2-18 所示。所有图谱显示对应于立方尖晶石结构（JCPDS 卡号 77-0013）的衍射线，没有额外的谱线，表明形成单相尖晶石。在 $2\theta = 18.3°$、30.2°、35.5°、37.3°、43.3°、53.5°、57.1°和 62.7°处出现的峰归属于（111）（220）（311）（222）（400）（422）（511）和（440）晶面。

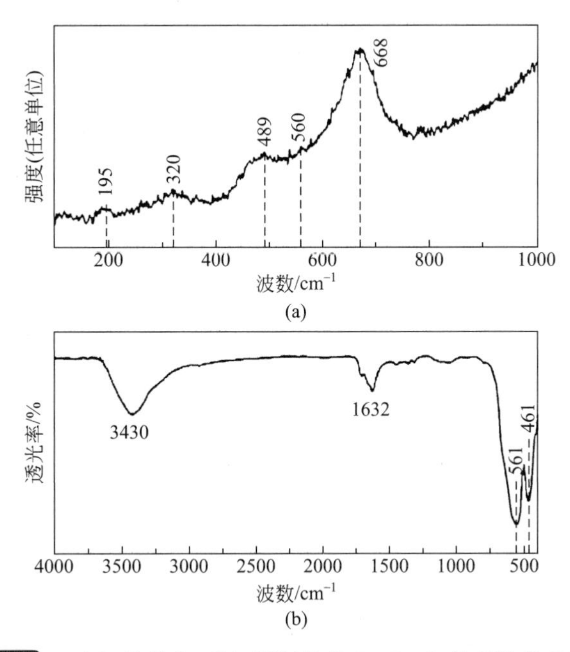

图 2-17 （a）拉曼和（b）所制备的 Zn-Cu-Cr 铁氧体的 IR 图谱

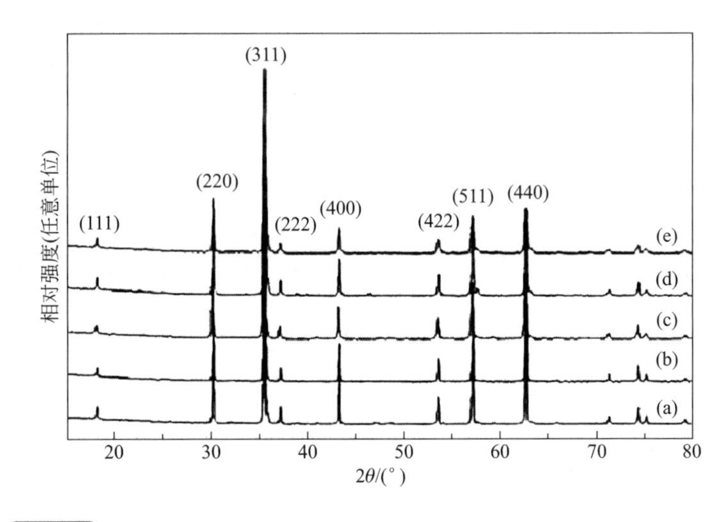

图 2-18 所制备的 $Zn_{0.6}Cu_{0.4}Cr_{0.5}Gd_xFe_{1.5-x}O_4$ 铁氧体的 XRD 图谱

（a）$x=0.00$；（b）$x=0.02$；（c）$x=0.04$；（d）$x=0.06$；（e）$x=0.08$

样品的晶格参数和 X 射线密度如表 2-4 所列，观察到晶格参数随着 Gd 取代的增加而增加。可以基于离子半径来解释晶格参数随着 Gd 含量增加的增加。所研究的样品具有化学组成 $Zn_{0.6}Cu_{0.4}Cr_{0.5}Gd_xFe_{1.5-x}O_4$。因此，用于组成的变异离子（$Gd_xFe_{1.5-x}$）的平均离子半径可以写为 r（变异）$=xr_{Gd}+(1.5-x)_{r_{Fe}}$，其中 r_{Gd} 是 Gd^{3+} 离子的半径，r_{Fe} 是 Fe^{3+} 离子的离子半径（0.6459）。观察到的 r（变体）随 Gd 含量的增加导致晶胞的膨胀。使用公式 $d_x=8M/(Na^3)$ 计算 X 射线密度（d_x），其中 M、N 和 a 分别是分子量、阿伏伽德罗常量和晶格参数。可以看出，由于 Gd^{3+} 离子（157.25amu）的原子量大于 Fe^{3+}（55.85amu）的原子量，尽管体积增加了，但是增加的是分子量，所以 X 射线密度随着 Gd 含量的增加而增加。

表 2-4 $Zn_{0.6}Cu_{0.4}Cr_{0.5}Gd_xFe_{1.5-x}O_4$ 的 X 射线衍射数据

组成	晶格参数 a/Å	离子半径 r（变异）/Å	体积/$Å^3$	X 射线密度 dx /(g/cm^3)
$Zn_{0.6}Cu_{0.4}Cr_{0.5}Fe_{1.5}O_4$	8.385	0.969	589.5	5.37
$Zn_{0.6}Cu_{0.4}Cr_{0.5}Gd_{0.02}Fe_{1.48}O_4$	8.387	0.975	590.0	5.42
$Zn_{0.6}Cu_{0.4}Cr_{0.5}Gd_{0.04}Fe_{1.46}O_4$	8.391	0.981	590.8	5.45
$Zn_{0.6}Cu_{0.4}Cr_{0.5}Gd_{0.06}Fe_{1.44}O_4$	8.397	0.986	592.1	5.49
$Zn_{0.6}Cu_{0.4}Cr_{0.5}Gd_{0.08}Fe_{1.42}O_4$	8.409	0.992	594.6	5.51

通过 AFM（原子力显微镜）研究了所获得的样品的形态和粒径。Gd 取代的 Zn-Cu-Cr 铁氧体的典型 AFM 图像显示如图 2-19 所示。这表明所获得的铁氧体颗粒由于相对较高的煅烧温度和磁性颗粒之间的相互作用而在一定程度上团聚。从图 2-19（b）可以看出，样品 $Zn_{0.6}Cu_{0.4}Cr_{0.5}Fe_{1.5}O_4$ 的粒度在 80～90nm 的范围内，这表明 Gd 取代的铁素体样品的粒径小于纯 Zn-Cu-Cr 铁氧体的粒径，与文献结果一致。

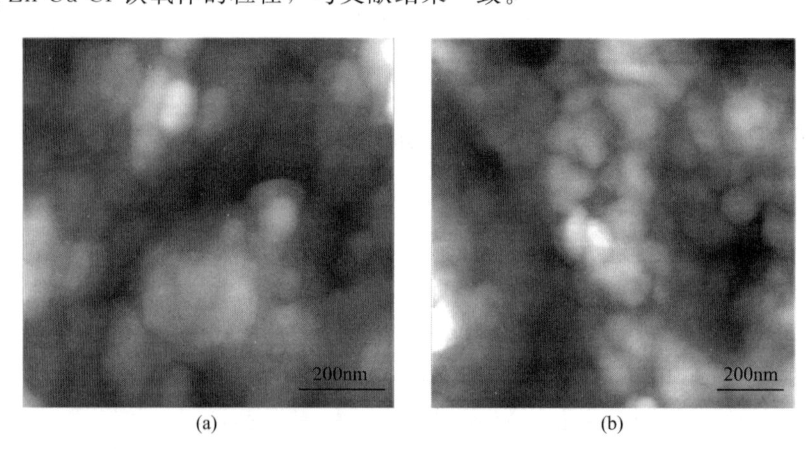

图 2-19 所制备的 $Zn_{0.6}Cu_{0.4}Cr_{0.5}Gd_xFe_{1.5-x}O_4$ 铁氧体的 AFM 图像
（a）$x=0.00$；（b）$x=0.06$

2.4.5 Tb^{3+} 掺杂的发光锌

二价金属和稀土水杨酸盐通常通过金属氯化物与水杨酸铵水溶液的反应，或通过金属碳酸盐在水杨酸水溶液中的回流、蒸发和结晶来制备。单水杨酸盐可通过这些水杨酸盐在 150～350℃热分解获得，已经有 $Tb(Sal)_3$（$Sal=HOC_6H_4CO_2^-$）的发光性质的研究，但 Tb^{3+} 掺杂的水杨酸盐的发光行为没有报道。Tb^{3+} 掺杂的镧、锌和碱土金属邻苯二甲酸盐具有比纯铽络合物更好的发光性能，Tb^{3+} 掺杂的碱土金属水杨酸盐发出蓝色主要是水杨酸基团发出，Tb^{3+} 的发光效率非常低，其热稳定性不令人满意。

水杨酸和氧化锌是分析试剂级的，并且在实验室中制备碳酸铽。将 ZnO、水杨酸和 $Tb_2(CO_3)_3$ 以 1∶2∶x 和 1∶1∶x（$x=0.0005-0.075$）摩尔比充分混合，并用适量的水制备流变体，$Zn(Sal)_2$：Tb 和 α-Zn-Sad：Tb 由流变体在密闭容器中 70～90℃合成 1～2h 获得，β-ZnSad：Tb 通过 $Zn(Sal)_2$ 在 280℃下在惰性气氛下保持 4～5h 热分解得到。

粉末 X 射线衍射和 IR 光谱的数据表明 α-ZnSad 和 β-ZnSad：$Tb_{0.01}$ 的晶体结构和坐标结

构与纯净的一致。两者都是单斜晶，α-ZnSad：$Tb_{0.01}$的晶格参数是 $a=1.1655nm$，$b=0.5359nm$，$c=0.4999nm$，$\beta=98.65°$和 $Z=2$；对于 β-ZnSad：$Tb_{0.01}$的晶格参数是 $a=2.4425nm$，$b=0.7004nm$，$c=0.7615nm$，$\beta=93.88°$和 $Z=8.0$。这个 OCO 基团通过双齿桥联与锌原子配位，并且羟基氧原子也与两个锌原子通过桥连。锌的配位数为 4，锌与氧原子的配位结构在 α-ZnSad：$Tb_{0.01}$中是变形四面体，而在 β-ZnSad：$Tb_{0.01}$中是平面四方形。

纯 $Zn(Sal)_2$ 由紫外光激发时产生强烈的蓝色发光。激发光谱和发射光谱如图 2-20 所示（曲线 1 和 2）。在 317nm 处的激发峰对应于—C_6H_4OH 基团的 $S_1\pi$，π^* 激发态和 340nm 处的肩峰到 S_1n，π^* 激发态。在 425nm 处的发射带可以分配到从 $T_1\pi$，π^* 到基态的跃迁发射和在 400nm 的肩峰到从 T_1n，π^* 到基态的跃迁发射。$Zn(Sal)_2$：Tb 在紫外光激发下发出绿色发光。$Zn(Sal)_2$：$Tb_{0.01}$的激发和发射光谱如图 2-20 所示（曲线 3～6）。在 488nm、543nm、582nm、619nm 的发射带对应于 Tb^{3+} 的$^5D_4 \rightarrow ^7F_j$（$j=6$、5、4、3）跃迁。在 430nm 的宽带是由于从 $T_1\pi$，π^* 和 T_1n，π^* 的跃迁发射到—C_6H_4OH 基团的基态。产生 Tb^{3+}的发光的激发带在 352nm（曲线 3），其长波长明显超过—C_6H_4OH 基团的 n，π^* 跃迁激发带的区域，并且应当分配给 n′，π'^* 转变。这是因为 OCO 基团通过双齿桥连与两个锌原子配位，并且在 OCO 基团中形成 π 共轭系统，n′，π'^* 激发态的能量也可以有效地转移到 Tb^{3+} 离子。—C_6H_4OH 基团（曲线 5）的 π，π^* 和 n，π^* 跃迁的激发带与 $Zn(Sal)_2$ 的激发带相同，并且发射强度几乎没有差异，原因是—C_6H_4OH 基团的 π、π^* 和 n，π^* 激发态的能量不能有效地转移到 Tb^{3+}。

图 2-21 显示了 β-ZnSad 和 ZnSad：$Tb_{0.01}$的激发和发射光谱。在 β-ZnSad：Tb 发现 Tb^{3+} 的$^5D_4 \rightarrow ^7F_j$ 跃迁的发射带明显分裂，肩峰出现在 542nm，最强峰移向 547nm。与 $Zn(Sal)_2$：$Tb_{0.01}$相比，在 340nm 处 Tb^{3+} 的发光的宽激发带显示出明显的蓝移。Tb^{3+} 的发光主要取决于—$OC_6H_4^-$ 基团的 π，π^* 和 n，π 激发态对 Tb^{3+} 离子的能量转移，这是由于羟基氧原子与金属的配位的结果原子。但 β-ZnSad 和 β-ZnSad：$Tb_{0.01}$的发光强度非常弱，其原因是与羟基氧原子配位的两个锌原子在两个 $(OC_6H_4CO_2)_2^-$ 离子的对称轴处，并且两个锌原子也与 OCO 基团配位，在该结构中，激发态的能量通过共振容易相互传递并被淬灭。

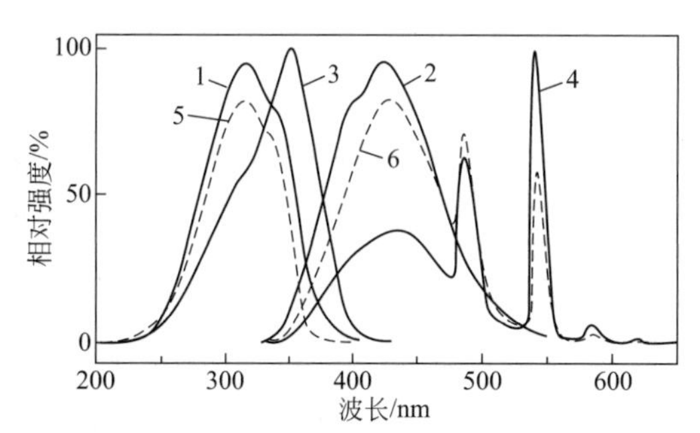

图 2-20　$Zn(Sal)_2$ 的激发光谱（1，$\lambda_{Em}=425nm$；3，$\lambda_{Em}=543nm$；5，$\lambda_{Em}=430nm$）和发射光谱（2 和 6，$\lambda_{Ex}=317nm$；4，$\lambda_{Ex}=352nm$）（1,2）和 $Zn(Sal)_2$：$Tb_{0.01}$（3-6）

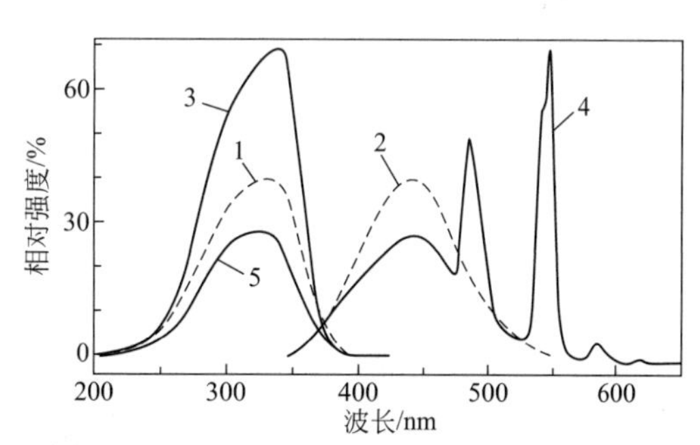

图 2-21　β-ZnSad（虚线）和 ZnSad：$Tb_{0.01}$的激发光谱（1 和 5，$\lambda_{Em}=440nm$；3，$\lambda_{Em}=547nm$）和发射光谱（2，$\lambda_{Ex}=335nm$；4，$\lambda_{Ex}=340nm$），$Tb_{0.01}$（实线）

α-ZnSad 和 ZnSad：$Tb_{0.01}$在紫外光激发下发出非常强的蓝紫色和绿色，激发光谱和发射光谱如图 2-22 所示。对于 α-ZnSad，345nm 处的激发带对应于 S_1n，π^* 状态，并且在

320nm 处的肩部对应于 $S_1\pi$，π^* 状态。在 388nm 的发射峰归因于 T_1n，π^* 向基态的跃迁。其相对强度是 $Zn(Sal)_2$ 的两倍，是 β-ZnSad 的 4.7 倍。但是 $T_1\pi$，π^* 到基态的跃迁发射太弱，不能在 425nm 处观察到明显的发射峰，这揭示了在 α-ZnSad 中以 Sad^{2-} 状态中 S_1n，π^* 和 $S_1\pi$，π^* 的能量可以通过系统间交叉转移到 T_1n，π^* 状态，然后到达基态以产生发光。

对于 α-ZnSad：$Tb_{0.01}$，产生 Tb^{3+} 发射的 345nm 激发带处于与 α-ZnSad 的 $S_1\pi$，π^* 和 S_1n，π^* 带相同的位置，宽发射带（曲线 4）和相应的激发频带（曲线 5）的 Sad^{2-} 离子比 α-ZnSad 减少超过 50%。但 Tb^{3+} 的发射强度是 $Zn(Sal)_2$：$Tb_{0.01}$ 的 3.5 倍，是 β-ZnSad：$Tb_{0.01}$ 的 5 倍，表明 π，π^* 和 n，π^* 激发态的能量可以在 α-ZnSad 中有效地转移到 Tb^{3+}，发出 Tb^{3+} 的特征发射。如表 2-5 所列，Tb^{3+} 发射强度随着 Tb^{3+} 浓度的增加而增加，而 Sad^{2-} 从 $T_1\pi$，π^* 向基态的跃迁发射强度逐渐减小。当 Tb^{3+} 浓度为 15mol%时，$^5D_4\rightarrow{}^7F_j$ 的发射强度趋于饱和，α-ZnSad：$Tb_{0.15}$ 的激发和发射光谱如图 2-23 所示。

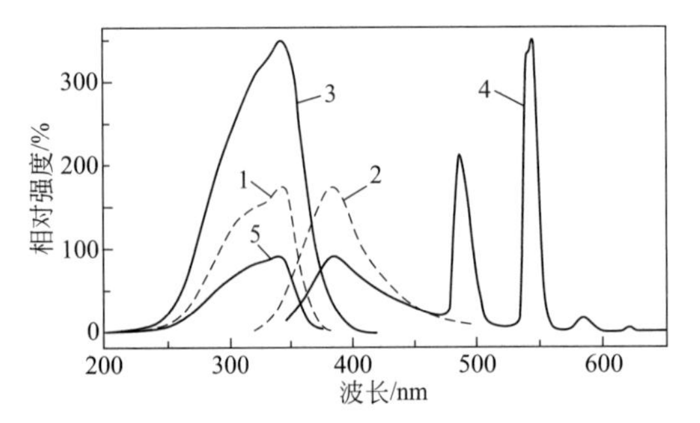

图 2-22 α-ZnSad（虚线）和 ZnSad：$Tb_{0.01}$ 的激发光谱（1 和 5，λ_{Em}=388nm；3，λ_{Em}=546nm）和发射光谱（2 和 4，λ_{Ex}=345nm），$Tb_{0.01}$（实线）

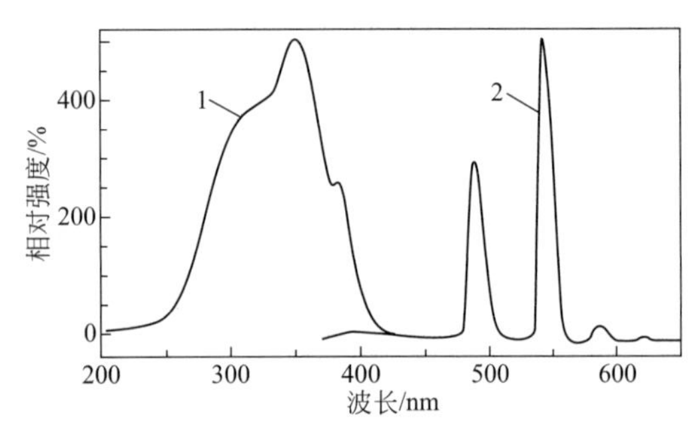

图 2-23 α-ZnSad：$Tb_{0.15}$ 的激发光谱（1，λ_{Em}=543nm）和发射光谱（2，λ_{Ex}=352nm）

表 2-5 **α-ZnSad：Tb 中的发射强度（I）和 Tb^{3+} 离子浓度之间的关系**

(mol%)	$^5D_4\rightarrow{}^7F_5$ 的 Tb^{3+}			$(OC_6H_4CO_2)^{2-}$		
	λ_{Em}/nm	λ_{Ex}/nm	I	λ_{Em}/nm	λ_{Ex}/nm	I
0.1	350	546	172	347	387	176
0.2	347	546	211	346	387	155
0.5	346	546	268	346	387	126
1.0	345	546	351	335	388	86
2.0	341	546	404	340	390	60
5.0	341	546	463	340	390	52
10.0	341	546	491	338	390	44
15.0	348	543	503	336	394	25

在激发光谱中，除 320nm 和 352nm 处水杨酸基团的 π，π^* 和 n，π^* 的强激发带之外，Tb^{3+} 的直接受激激发带出现在 381nm，达到 $^5D_3$ 能级。但是当样品被 381nm 光激发时，不能检测到 $^5D_4\rightarrow{}^7F_j$ 发射，这在 Tb^{3+} 掺杂的邻苯二甲酸锌中观察到类似的现象。

2.4.6 负温度系数陶瓷材料

负温度系数热敏电阻（NTC）广泛用于各种工业和生活领域，其具有优异的电学性能，主要用于补偿、控制和抗电流冲击的温度测量等仪表和元器件。具有尖晶石型晶体结构的镍锰矿（$Ni_xMn_{3-x}O_4$）是这些热敏电阻常用的材料。亚锰酸锰的半导体机理，是通过在热活化的辅助下，在八面体B位点中局域化Mn^{3+}和Mn^{4+}态之间的小极化子跳跃来解释。

使用分析试剂MnO_2、Ni_2O_3、MgO和$H_2C_2O_4 \cdot 2H_2O$作为原料，通过RPR-UR方法合成$Ni_{0.9}Mn_{2-x}Mg_xO_4$（$0 \leqslant x \leqslant 0.3$）粉末。将金属氧化物与水以适量的重量比混合，并通过40kHz超声波（昆山超声波仪器有限公司KQ-700DE）以100W的功率照射30min。然后引入草酸以形成流变相混合物，在30℃下持续搅拌和超声振荡2h。将制备的前体在100℃下干燥12h，然后在氧化铝坩埚中在700℃下煅烧2h。随后，将粉末压制成直径10mm和厚度为1mm的圆盘形状，并在空气气氛下在1200℃下烧结2h以形成陶瓷片。陶瓷片使用丝网印刷机［ATMA Tung Yuan M/C（昆山）有限公司］涂覆银钯导电，并在750℃焙烧20min。

所制备的$Ni_{0.9}Mn_{2.1-x}Mg_xO_4$草酸酯前体的TG-DSC分析曲线如图2-24所示。在TG曲线中观察到两个明显的分解质量减轻过程，在DSC曲线上伴随有吸热峰和尖锐的放热峰，这可归因于结晶水的脱水和无水草酸盐的复合分解。此后，没有明显的质量减少，这表明分解反应已经完成。在677℃的放热峰表明尖晶石相的结晶，这通过XRD分析进一步证实。其他样品通过TG-DSC分析具有相似的趋势，因此在文中仅给出$Ni_{0.9}Mn_{1.9}Mg_{0.2}O_4$材料的TG-DSC曲线。

煅烧的$Ni_{0.9}Mn_{2.1-x}Mg_xO_4$（$0 \leqslant x \leqslant 0.3$）粉末的XRD如图2-25所示。所有样品的衍射图显示存在单相立方尖晶石结构，没有对应于任何其他晶相的衍射峰。通过Debye-Scherrer公式得出$Ni_{0.9}Mn_{2.1-x}Mg_xO_4$（$x=0$、0.1、0.2、0.3）样品的平均微晶尺寸分别为47.3nm、53.9nm、54nm和49.9nm，证实了合成的粉末具有纳米晶体性质。

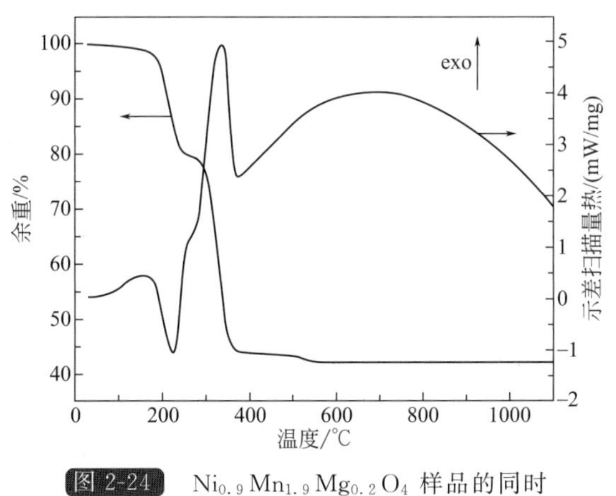

图2-24 $Ni_{0.9}Mn_{1.9}Mg_{0.2}O_4$样品的同时热重-示差扫描量热分析曲线

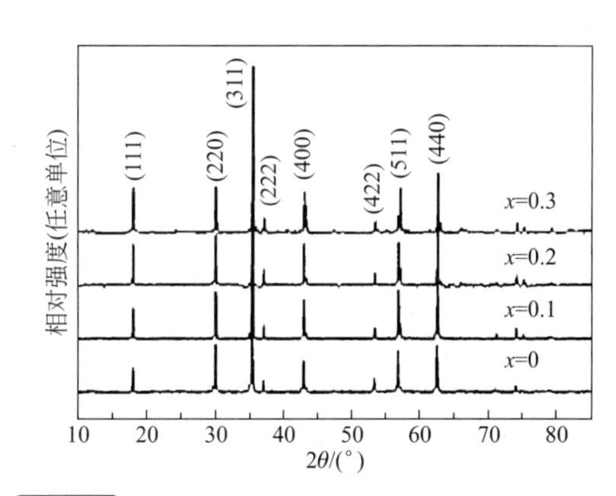

图2-25 在700℃下煅烧的$Ni_{0.9}Mn_{2.1-x}Mg_xO_4$（$0 \leqslant x \leqslant 0.3$）样品的X射线衍射图

在1200℃下烧结的$Ni_{0.9}Mn_{2.1}O_4$和$Ni_{0.9}Mn_{1.9}Mg_{0.2}O_4$样品的SEM（扫描电镜）显微照片如图2-26所示。可以看出，样品的微结构显示出良好的填充颗粒，烧结样品的晶粒尺寸随着$Mg_{0.9}Mn_{2.1-x}Mg_xO_4$体系中Mg含量的增加而降低。

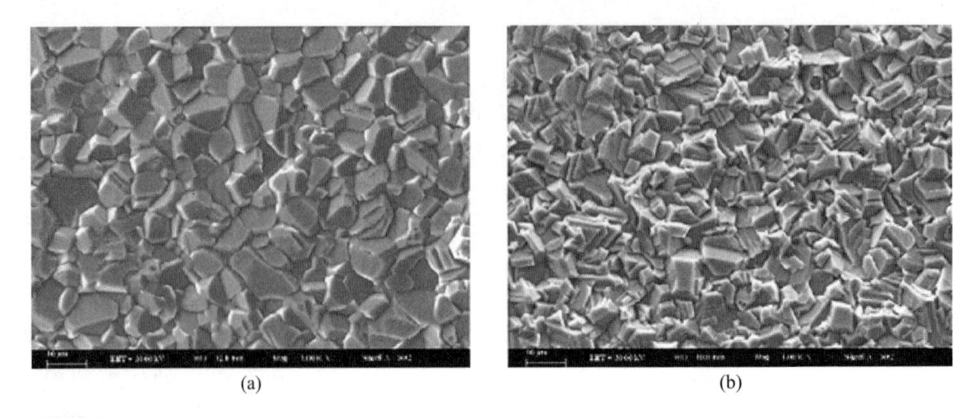

(a) (b)

图 2-26 $Ni_{0.9}Mn_{2.1}O_4$（a）和 $Ni_{0.9}Mn_{1.9}Mg_{0.2}O_4$（b）样品在1200℃下烧结的SEM图

为了研究不同效应的贡献情况，$Ni_{0.9}Mn_{2.1-x}Mg_xO_4$ 的Col-Cole分析如图2-27（a）所示，实轴（Z'）上的高频包含晶粒电阻（R_g），而低频包含 R_g 和晶粒边界电阻（R_{gb}），其由于晶粒边界贡献的存在而提供体积值。分析还指出，R_{gb} 随着Mg含量的增加而增加。这主要是由于 Mg^{2+} 和晶界之间的拖曳效应，增加了晶界运动的能量而阻碍了晶粒生长。

电阻率和温度之间的关系如图2-27（b）所示。$\ln\rho$-T 的线性关系依赖性遵循由Arrhenius表达式描述的指数律，这表明样品具有NTC热敏电阻特性。当Mg的浓度从0.0增加到0.3时，室温电阻率 ρ_{25} 从2499Ω·cm增加到4728Ω·cm，材料常数 $B_{25/50}$ 从3872K增加到3961K，$Ni_{0.9}Mn_{2.1-x}Mg_xO_4$ 热敏电阻的活化能 E_a 从0.334eV增加到0.341eV。与传统方法相比，RPR-UR法制备的 $Ni_{0.9}Mn_{2.1-x}Mg_xO_4$（$x=0$、0.1、0.2、0.3）陶瓷电阻耐受性分别增加为0.91%、0.27%、0.40%和0.49%。而通过常规方法制备的同样材料，电阻耐受性分别为3.25%、2.74%、5.17%和7.08%。Mg掺杂对 $Mn_{1.4}Ni_{1.2}Co_{0.4-x}Mg_xO_4$ 结构和电性能的影响结果与另一个报告获得相似的结果。也就是说，随着Mg掺杂剂的量增加，导致跳跃和导电性的八面体位置上的 Mn^{3+}/Mn^{4+} 离子的量减少，而电阻率增加，这表明NTC热敏电阻的电性能可以通过改变组成来控制。

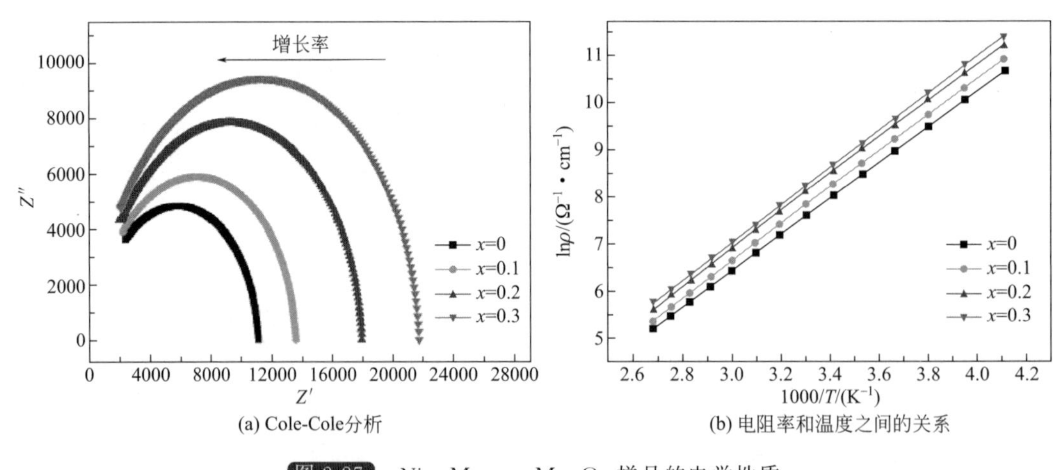

(a) Cole-Cole分析 (b) 电阻率和温度之间的关系

图 2-27 $Ni_{0.9}Mn_{2.1-x}Mg_xO_4$ 样品的电学性质

2.4.7 固有导电聚合物（ICP）

固有导电聚合物（ICP）对于我们是有吸引力的材料，因为它们具有从绝缘体到金属的广泛范围的功能，并保持常规聚合物的力学性能。例如在腐蚀保护涂层、电催化剂、化学传感器、可充电电池、发光二极管（LED）和电磁干扰（EMI）屏蔽等方面，由于其优异的电化学和物理化学性质使其具有各种实际的应用。近年来，在导电聚合物中，聚苯胺（PANI）因为其容易合成、良好的环境稳定性和高导电性受到了极大的关注。

在有机和无机材料之间杂化，为有机结构的有机-无机纳米复合材料提供了新的功能性。这些纳米复合材料的新颖性质，主要源自单个成分的特征成功地结合到单一材料中。最近，包括 PANI/TiO_2、PANI/SnO_2/ZnO、PANI/Fe_3O_4、PANI/CeO_2 和 PANI/Co_3O_4 可以获得在聚苯胺和无机纳米粒子之间具有协同或互补行为的材料。因此，研究主要集中在 PANI/过渡金属（TM）氧化物纳米复合材料。将具有尖晶石结构的晶体，部分填充的孔的几何密堆积的阴离子阵列阳离子，用式 AB_2O_4 表示，其中 A 表示位于 A 间隙（四面体）位点中的金属离子，B 表示位于 B（八面体）位点中的 B 金属离子。由于氧的电负性大，在几乎所有氧化物尖晶石中离子键占优势。软磁尖晶石铁氧体（MFe_2O_4，M＝Co、Ni、Zn、Mn 等）纳米颗粒，由于其显著的磁性和电性质，使其在铁磁流体、磁性药物递送、磁性高密度信息存储和微波吸收中得到深入研究和广泛实际应用。基于上述考虑，结合导电 PANI 与磁性铁氧体，有人设计和制造一种新型功能材料，这可能使其在微波吸收和磁电设备中得到应用。

制备过程是这样的，所用原料 $Fe(NO_3)_3 \cdot 9H_2O$、$Ni(NO_3)_2 \cdot 6H_2O$、$Zn(NO_3)_2 \cdot 6H_2O$、$H_2C_2O_4 \cdot 2H_2O$ 和过二硫酸铵［APS，$(NH_4)_2S_2O_8$］，原料均为分析纯，苯胺在减压下蒸馏两次并在低于 0℃下储存。

NZFO、NPS、NZFO NP 是通过流变相反应方法制备。将一定化学计量的 $Fe(NO_3)_3 \cdot 9H_2O$、$Ni(NO_3)_2 \cdot 6H_2O$、$Zn(NO_3)_2 \cdot 6H_2O$ 和 $H_2C_2O_4 \cdot 2H_2O$ 充分混合，然后在玛瑙研钵中研磨 30min，加入到 50mL 特氟隆衬里的不锈钢高压釜中，并加入适量的无水乙醇以形成流变状态混合物，将高压釜密封并在 120℃的炉中保持 48h，然后自然冷却至室温，过滤收集所得固体产物，用去离子水和乙醇洗涤，再在 60℃干燥 12h。最后将所制备的前体在空气中在 900℃下煅烧 2h。

PANI/NZFO NCs 是在 NZFO NP 存在下通过苯胺的间位聚合制备。在典型的制备过程中，将一定量的 NZFO NP 加入到 35mL 含有 1mL 苯胺单体的 0.1mol/L HCl 溶液中，并搅拌 30min。然后在恒定搅拌下，将 2.49g APS 在 20mL 0.1mol/L HCl 溶液中缓慢滴加到悬浮液混合物中，在室温下聚合反应 12h，过滤并用去离子水和甲醇洗涤悬浮液，在 60℃下真空干燥 24h，获得纳米复合材料。通过调节苯胺单体与 NZFO NPs 的质量比分别为 9∶1（PANI/NZFO-1）和 4∶1（PANI/NZFO-2），合成了具有不同 PANI 含量的 NZFO NP 的纳米复合材料。

PANI/NZFO NCs 的聚合流程图如图 2-28 所示。已知金属氧化物的表面电荷在零电荷（PZC）点的 pH 值以下是正的，而在其以上是负的。因为磁铁矿的表面具有 pH≈6 的 PZC，所以在酸性条件下它带正电。因此，一定量的阴离子可能发生吸附，并补偿 NZFO NPs 表面上的正电荷，同时，这些阴离子在 NZFO NPs 表面上发生特定吸附。在该方法中，在酸性条件下苯胺单体转化为阳离子苯胺离子。因此，在室温下通过过硫酸铵作为氧化剂，将苯胺单体聚合，吸附在 NZFO NPs 表面上的阴离子和苯胺阳离子之间出现静电相互作用，将静电复合到 NZFO NPs 表面上。

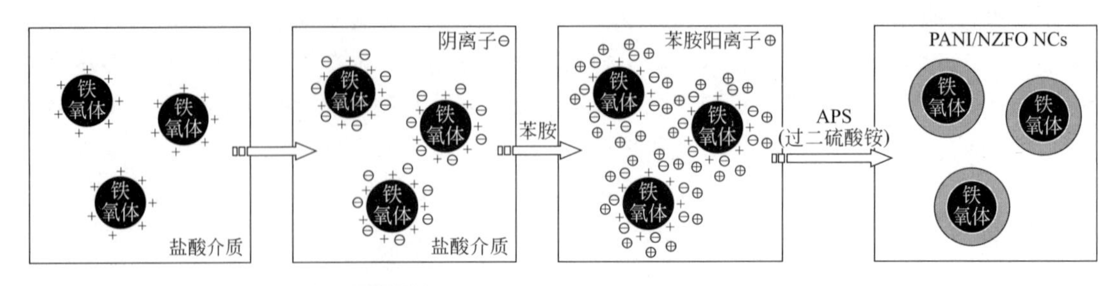

图 2-28 PANI/NZFO NCs 的聚合流程图

通过流变相反应方法获得的 NZFO NP 的 XRD 图谱如图 2-29 所示。观察到的导电聚合物纳米复合相（JCPDS 卡号 52-0278）衍射峰完全符合立方尖晶石，并且在 XRD 图案中没有检测到杂质，尖锐的衍射峰表明所制备的产物具有良好的结晶性。此外，在图 3-30 的右上插图中所示的电子衍射（ED）图谱可以良好地索引出（111）(220)（311）(222)（400）(422)（511）和（440）的立方尖晶石结构，这与 XRD 的结果一致。

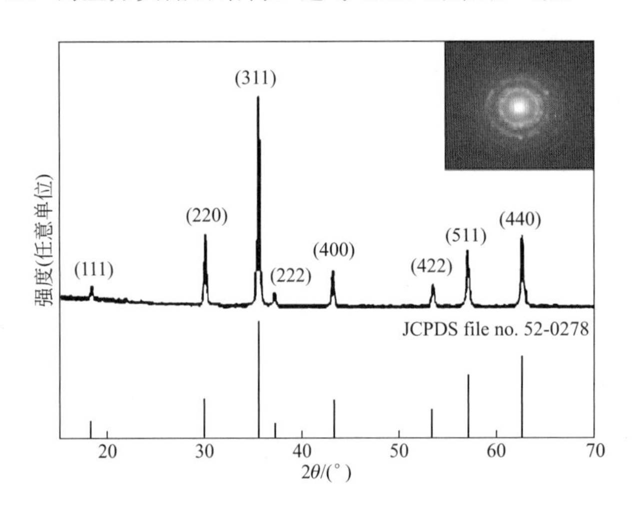

图 2-29 所制备的 NZFO NP 的 XRD 图谱

PANI/NZFO NC 的 XRD 图谱如图 2-30 所示。由图清楚地看到，在纳米复合材料的 XRD 图谱中出现以 $2\theta=20.1°$、$25.1°$为 PANI 的特征峰和位于 $2\theta=30.2°$、$35.6°$、$37.2°$、$43.3°$、$53.4°$、$57.1°$和 $62.6°$的 NZFO 的特征峰。此外，在将 NZFO NP 引入聚合物基质中之后，PANI 的特征峰的强度变弱，表明 PANI 在纳米复合材料中的结晶度比原始 PANI 的结晶度低得多。

进行 FT-IR（傅里叶变换红外光谱）测量以研究纳米复合材料的分子结构。PANI/NZFO NC 的 FT-IR 光谱如图 2-31 所示。对于原始 PANI，在 $1571cm^{-1}$和 $1493cm^{-1}$观察到的特征峰分别属于醌型环和苯环的 C═C 伸缩振动，在 $1297cm^{-1}$和 $1242cm^{-1}$的峰归属于苯环的 C—N 伸缩振动，在 $1134cm^{-1}$处出现的宽峰归属于 C—H 面内弯曲振动，在

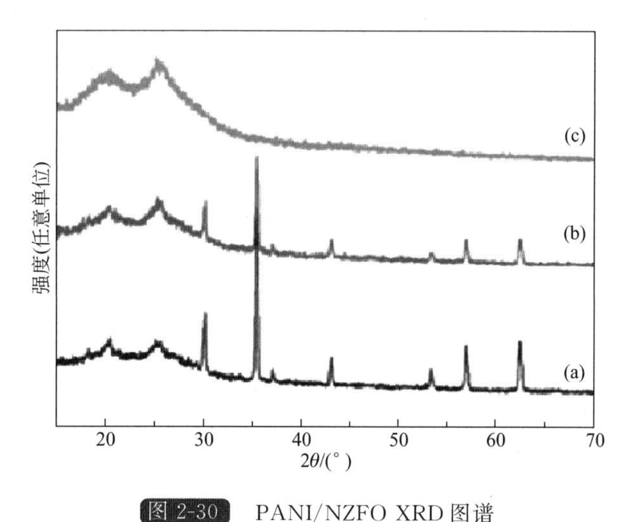

图 2-30　PANI/NZFO XRD 图谱

(a) PANI/NZFO-2 NC；(b) PANI/NZFO-1 NCs；(c) PANI

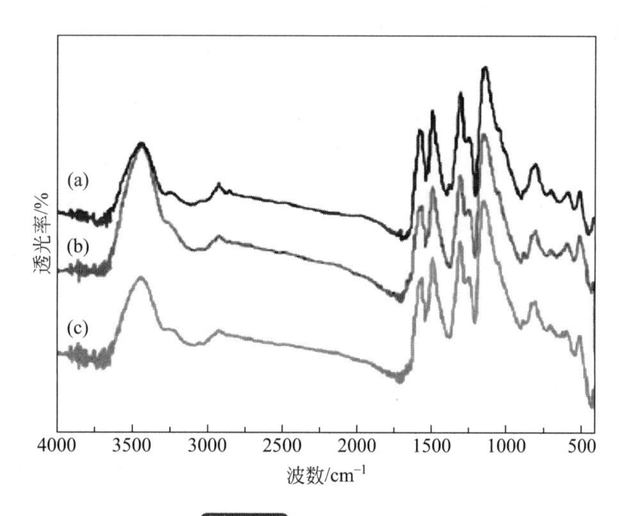

图 2-31　FT-IR 图谱

(a) PANI；(b) PANI/NZFO-1 NCs；(c) PANI/NZFO-2 NCs

802cm^{-1}处的峰指的是 C—H 面外弯曲振动。如图 2-31（b）和图 2-31（c）所示，PANI/NZFO NC 的 FT-IR 光谱几乎与原始 PANI 的 FTIR 光谱相同；此外，在光谱中在 618cm^{-1}附近的 NZFO NP 的特征峰表明在 PANI/NZFO NC 中存在 NZFO。

PANI/NZFO NC 的 UV-Vis（紫外-可见）吸收光谱图如图 2-32 所示。对于原始 PANI，在图 2-31 中可以观察到在 346nm 和 605nm 附近的两个特征吸收带，在图 2-32（a）中，其分别对应于苯环的 p-p 跃迁和从苯环的电荷转移到醌环振动。在对应于原始 PANI 的 346nm 处的吸收峰在 PANI/NZFO NC 的光谱中具有红移，这些结果表明 NZFO NPs 和 PANI 分子链之间可能存在相互作用。

通过 SEM 研究 PANI/NZFO NC 的表面形貌。通过流变相反应方法合成的 NZFO 的 SEM 显微照片如图 2-33（a）所示，表明样品由大量范围为 80～100nm 的准球形纳米颗粒组成。对照 PANI（a）、PANI/NZFO-1 NCs（b）和 PANI/NZFO-2 NCs（c）的 FTIR 光

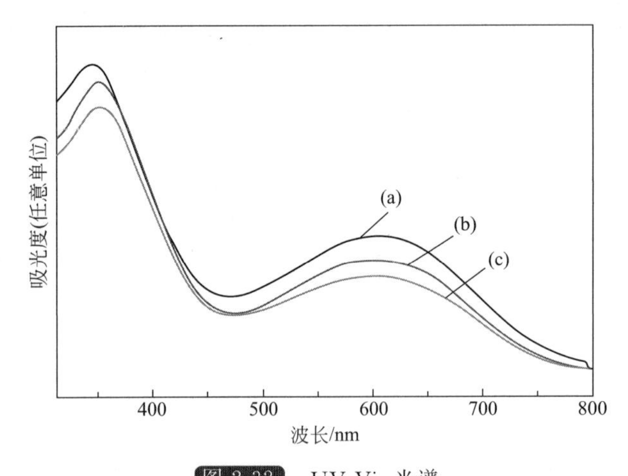

图 2-32　UV-Vis 光谱

（a）PANI；（b）PANI/NZFO-1 NCs；（c）PANI/NZFO-2 NCs

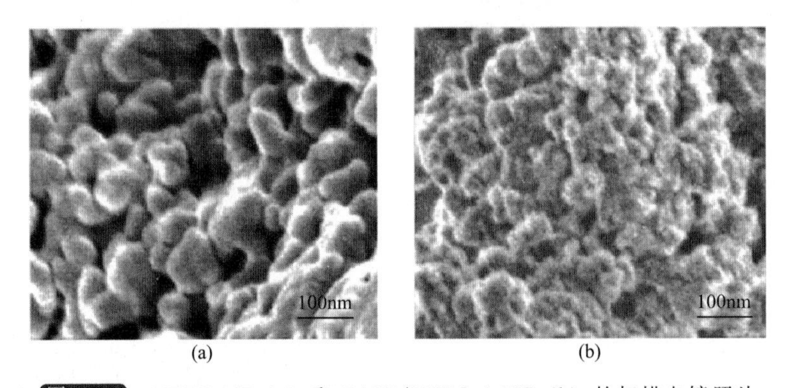

图 2-33　NZFO NP（a）和 PANI/NZFO-1 NC（b）的扫描电镜照片

谱，导电聚合物纳米复合材料的退火温度较高，结块度似乎不可避免。PANI/NZFO NC 的 SEM 显微照片如图 2-33（b）所示，表明精细 PANI 颗粒沉积在 NZFO NP 的表面上。

室温下 PANI/NZFO NC 的电导率如图 2-34 所示。由图中观察到 NZFO NPs 对于 PANI/NZFO NC 的电导率具有显著影响，PANI/NZFO NC 的电导率随着 NZFO NPs 含量的增加而大大降低。造成这些结果的原因可以认为如下：NZFO NPs 在纳米复合材料中的侮性行为；从 XRD 研究表明，引入 NZFO NPs 会削弱 PANI 的结晶度；一定 NZFO NP 和

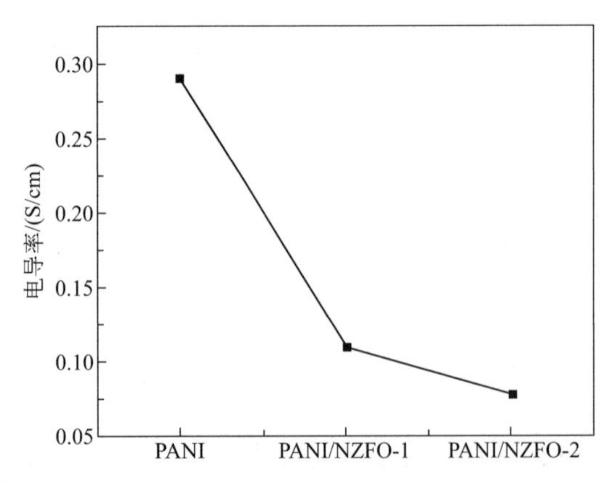

图 2-34　PANI、PANI/NZFO-1 NC 和 PANI/NZFO-2 NC 的电导率

PANI 链之间的相互作用进一步导致聚合物链的共轭度、连续性和规则性被破坏。

在室温下在施加的磁场下，使用振动样品磁力计（VSM）进行 PANI/NZFO NCs 的磁性测量，PANI/NZFO NCs 的磁滞回线如图 2-35 所示。由图中清楚地看出，由于聚苯胺涂层之后，由 NZFO NP 的磁滞回线确定的磁参数［诸如饱和磁化（MS）和矫顽力（HC）］有所降低。

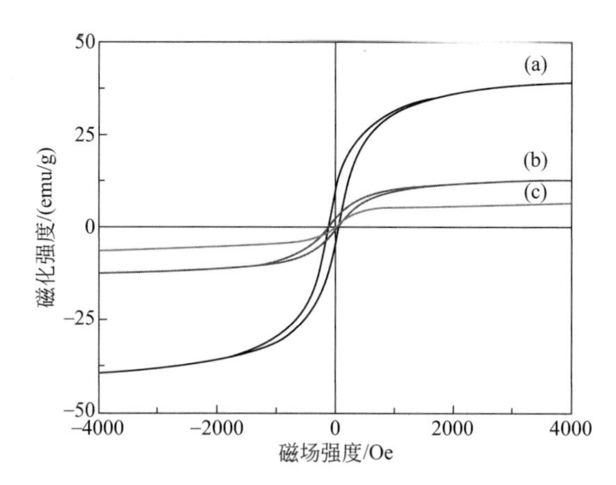

图 2-35　NZFO NPs（a）、PANI/NZFO-2 NCs（b）和 PANI/NZFO-1 NCs（c）的磁滞回线

PANI/NZFO NCs 随着 NZFO NPs 含量降低而降低，表明 NZFO NPs 使纳米复合材料具有磁性；此外，由于在 NZFO 表面和 PANI 之间的可能的电荷转移，PANI/NZFO NC 的 MS 的值与类似于通过腐蚀沉积 PANI 保护金属的结果一样，不与 PANI/NZFO NC 中的磁性组分的质量分数成比例。

对磁性材料观察到的磁性性质是许多各向异性机理的组合，例如磁晶各向异性，表面各向异性和颗粒间相互作用。有效各向异性常数 K_{eff} 表示为：

$$K_{eff}=K_{s}+K_{sh}+K_{in} \tag{2-4}$$

式中，K_{s} 为表面各向异性的常数；K_{sh} 为形状各向异性的常数；K_{in} 为反映纳米晶相互作用的补充各向异性的（正）常数。

表面各向异性是由于纳米颗粒表面处的自旋轨道耦合的低配位对称性所引起，并且在涂布时降低；此外，当磁性颗粒涂覆于非磁性基质时，由于颗粒-颗粒分离的增加而使颗粒间相互作用减小。在本研究的情况下，由于 NZFO 和 PANI/NZFO NC 是球形形态，用 PANI 涂覆后的 NZFO NP 的 K_{sh} 的变化可以忽略。因此，根据公式（2-4），由于 PANI 涂覆之后表面各向异性和颗粒间相互作用的减少，K_{eff} 可以减小。基于上述讨论，预期 PANI 涂覆后 NZFO NP 的矫顽力降低。

2.4.8　锂电池正极材料 $LiFePO_4$

橄榄石型 $LiFePO_4$，由于其低毒性、良好的热稳定性和相对高的理论容量的优势，被 Padhi 等首次引入锂电池作为阴极材料，使其成为下一代锂离子电池中用作正极材料的潜在候选物。

制备过程使用化学计量用的 $LiOH \cdot H_2O$、$FePO_4 \cdot 4H_2O$ 和聚乙二醇（PEG；平均分子量为 10000，250g PEG/mol $FePO_4$）粉末作为原料。合成过程流程图如图 2-36 所示，研磨混合 10min 后加入适量的去离子水得到流变体。最后将所得前体在管式炉中氩气保护下加热，700℃下焙烧 12h，获得 $LiFePO_4$—C 粉末，合成 $LiFePO_4$ 发生以下反应的：

$$2n\mathrm{LiOH}\cdot\mathrm{H_2O}+2n\mathrm{FePO_4}\cdot4\mathrm{H_2O}+\mathrm{HO(C_2H_4O)}_n\mathrm{H}\longrightarrow 2n\mathrm{LiFePO_4}+2n\mathrm{C}+(13n+1)\mathrm{H_2O} \tag{2-5}$$

在加热含 PEG 前体时，由 PEG 的分解产生的氢和碳作为还原剂，产生强的还原气氛，Fe^{3+} 还原为 Fe^{2+}，所制备的 $LiFePO_4$-C 复合材料的 X 射线衍射图谱如图 2-37 所示。所有峰可以被标记为具有有序橄榄石结构和 Pnma 空间群的纯结晶 $LiFePO_4$ 相（JCPDS 卡号 83-2092）。以前报道了通过使用 Fe（Ⅱ）原料，常规固态反应制备的 $LiFePO_4$ 中，已经鉴定出一些可检测到的杂质如 Li_3PO_4。相比之下，本研究中没有检测到任何杂质，表明此 RPR 过程使用 Fe（Ⅲ）原料制备纯 $LiFePO_4$，是一个可行的方法来。在衍射图案中没有出现结晶碳（石墨）的衍射峰，这表明由 PEG 产生的碳是无定形碳，并且其的存在不影响 $LiFePO_4$ 的结构。基于 Scherrer $d=0.9\lambda/\beta_{1/2}\cos\theta$ 方程，可以知道随着衍射峰的全半峰全宽（FWHM）（$\beta_{1/2}$）（以衍射角 2θ 为标度）减小，晶粒尺寸的增加。图 2-37 中发现 $\beta_{1/2}$ 稍宽，表明晶粒小。根据 D111、D121、D131 值和 Scherrer 方程，计算的晶粒尺寸约为 23nm。结果表明 RPR 过程和在加热期间，从 PEG 分解减少的碳有效地抑制了 $LiFePO_4$ 晶粒的生长，通过元素分析（EA），$LiFePO_4$—C 复合物中的碳含量约为 6.13%，换句话说，C 与 $LiFePO_4$ 的摩尔比为约 0.86。

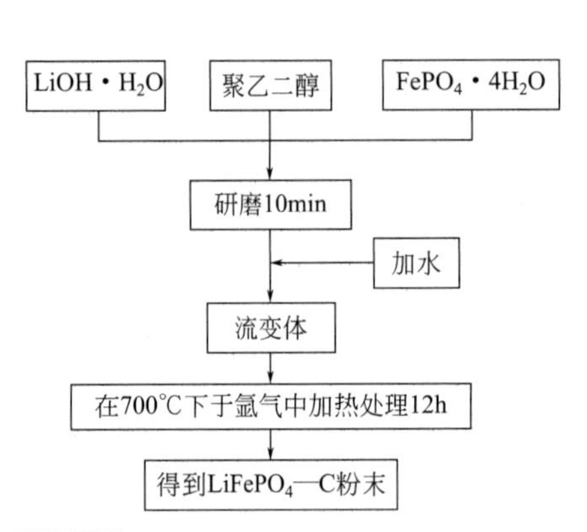

图 2-36　$LiFePO_4$—C 合成过程的流程图

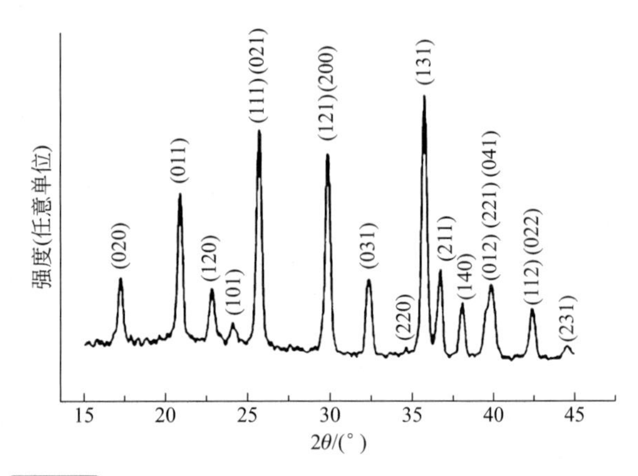

图 2-37　所制备的 $LiFePO_4$—C 复合材料的 X 衍射图谱

为了检查 $LiFePO_4$—C 粉末的表面元素含量，进行 XPS（X 射线光电子能谱）分析，如图 2-38 所示，观察到在约 285.3eV 出现 的尖峰，对应于具有高强度的 C 1s、Fe 2p、O 1s 和 P 2p 的结合能分别为 711.4eV、532.5eV 和 133.9eV。然而，Lee 等报道，Li 1s 发射峰没有被清楚地看到，因为它叠加在约 56 eV 的 Fe 3p 峰，妨碍了其结合能的精确测定和元素含量的估计。在 $LiFePO_4$—C 粉末表面，根据 XPS 分析得到的 C∶P 摩尔比约为 19∶1，这表明表面组成主要是碳和被涂覆在 $LiFePO_4$ 颗粒上的碳。此外，XPS 分析的结果表明，所制备的材料包括 $LiFePO_4$ 的所有构成元素。

在 SEM 上观察 $LiFePO_4$—C 粉末的形貌，如图 2-39 所示。我们可以看到，大量的独立颗粒紧密地包在碳的多孔结构之间，平均粒径约为 0.8μm［见图 2-39（a）］。随机选择的一个颗粒的图像如图 2-39（a）、图 2-39（b）所示。可以清楚地看出，该颗粒是一种由小尺

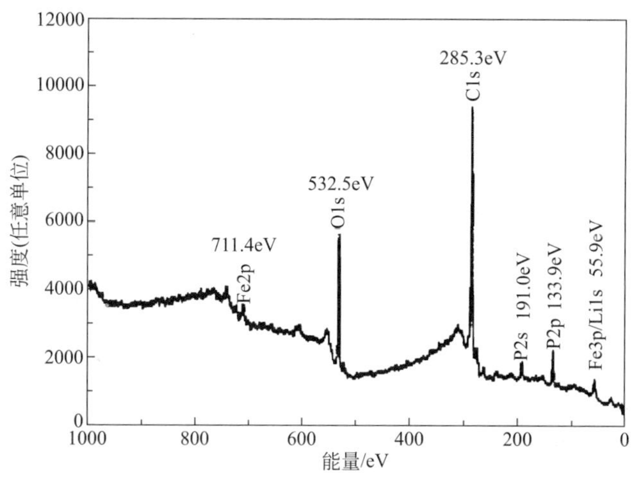

图 2-38 制备的 $LiFePO_4$—C 粉末的 XPS 光谱

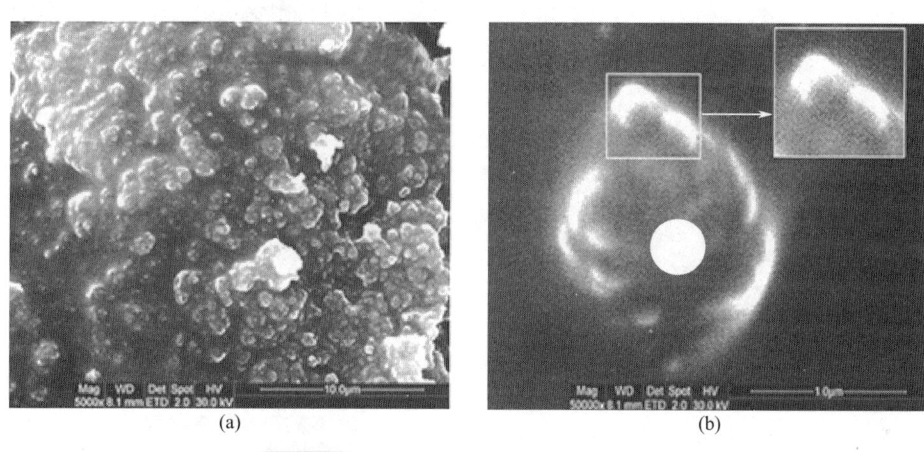

图 2-39 所制备的样品的扫描电镜图像

(a) $LiFePO_4$—C 的总体形态；(b) 图像 (a) 中的一个粒子，插图为所选区域的放大

寸颗粒（约 200nm）组成的二次颗粒。为了进一步理解这个研究，我们对样品进行粒度分布分析，如图 2-40 所示，用 50% 累积总数（$d_{50\%}$）的值代表平均粒度。所制备的 $LiFePO_4$—C 粉末的平均粒径为 216nm，结果与 SEM 形貌结果一致。然而，颗粒分布具有两个区域，围绕较小颗粒尺寸的峰应该归因于 $LiFePO_4$—C 粉末，而在较大粒度区域处的另一个峰可归因于未完全分散的团聚大颗粒。注意，合成的 $LiFePO_4$ 的平均粒度大于由 XRD 图案计算的晶粒尺寸，这意味着该粒子由几个晶粒的聚集形成，这通过 TEM（透射电镜）图像证实，如图 2-41 所示。从 TEM 图像中可以清楚地看出，均匀的细小 $LiFePO_4$ 晶粒（<50nm）分散在碳网中，大部分晶粒被包裹并与碳连接。SEM 和 TEM 图像的观察符合 XRD 和 XPS 分析的结果。基于上述分析，得出加热过程中 $LiFePO_4$—C 粉末的形成过程：首先，大量非常小的纳米 $LiFePO_4$ 晶粒在碳网络中生长，然后晶粒聚集在一起并形成纳米 $LiFePO_4$ 颗粒，然后，通过几个纳米 $LiFePO_4$ 颗粒的聚集形成次生 $LiFePO_4$ 颗粒，其紧密通过碳连接。由于晶粒 $LiFePO_4$ 颗粒之间的碳的存在以及通过碳网络的二次颗粒的紧密连接，$LiFePO_4$—C 化合物的导电性将增强。

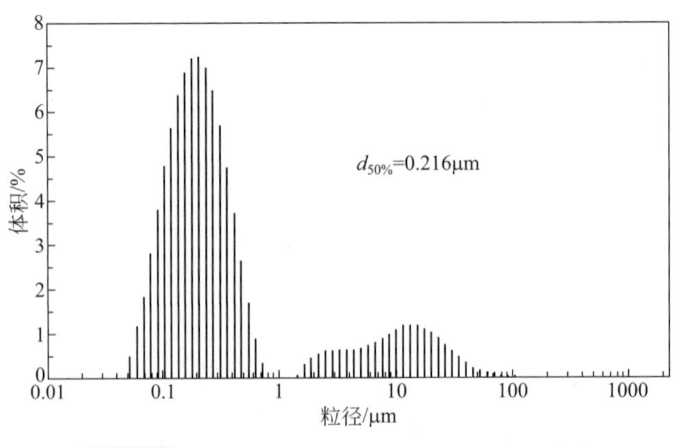

图 2-40 制备的 $LiFePO_4$—C 样品的粒度分布

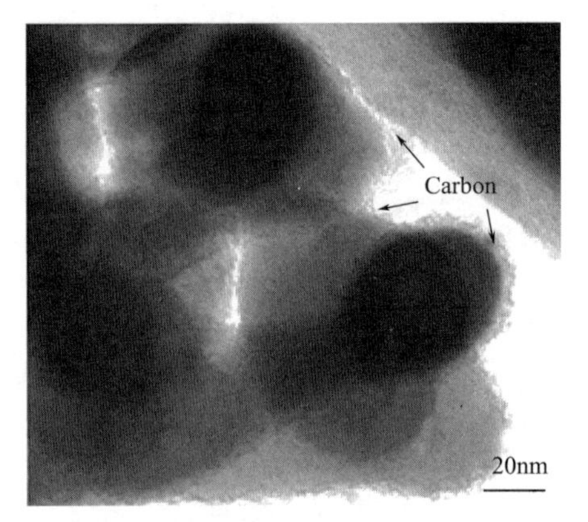

图 2-41 制备的 $LiFePO_4$—C 样品的投射电镜图像

2.5 使用流变相反应法需要注意的事项

用流变相反应法制备纳米材料的反应设计是非常重要的，例如采用什么反应物质、反应物的比例、溶剂的选择和反应副产物的分离等，应该预先进行全面分析和计算。

随着制备纳米材料流变相过程的进行，流变相系统过程的控制因素如混合方法、混合时间、混合速度会直接决定成品的质量；洗涤过程中的洗涤方式和方法，直接影响洗涤液纳米材料的性能、粒径；干燥条件，如干燥温度和时间控制影响其纳米材料稳定性、活性、溶解性等。

在现有文献中，一些研究者更关心加热反应。对于流变学相反应溶解扩散部分较少有关注，而对流相反应提供的机械研磨过程可能的影响还没有报道。现有研究结果表明合成化学中的流变相反应方法，特别是在具有新型结构和功能材料的化合物中将发挥更重要的作用，因此进一步研究流变相反应原理中的流动化学状态和反应阶段反应特性对于合成化学和材料科学发展将具有重大的科学意义。

随着对流变相反应法的进一步研究，越来越多的研究人员不断地使用流变相反应制备各种新材料，流变相法将越来越复杂和成熟，其应用将更加广泛。

参考文献

[1] Anastas P T, Warner J C. Green chemistry: theory and practice Oxford University Press Inc, New York: 1998.

[2] 尹明彩．芳香羧酸配合物的合成、结构及性能表征［D］．武汉大学，2004.

[3] Manafi S A, Amin M H, Rahimipour M R, et al. High-yield Synthesis of Multiwalled Carbon Nanotube by Mechanothermal Method. Nanoscale Res Lett, 2009, 4: 296-298.

[4] Kanel SR, Nepal D, Manning B. Choi II Transport of surface modified iron nanoparticle in porous media and application to arsenic (Ⅲ) remediation. J Nanopart Res, 2007, 9 (5): 725-735.

[5] Janisch R, Gopal P, Spaldin N A. Transition metal-doped TiO_2 and ZnO—present status of the field, J Phys: Condens. Matter, 2005, 17: 657.

[6] Wolf S A, Chtchelkanova A Y, Treger D M, Spintronics-A retrospective and perspective, IBM J Res Dev, 2006, 50: 101-109.

[7] Fitzgerald C B, Venkatesan M. Magnetism in dilute magnetic oxide thin films based on SnO_2, Phys Rev B, 2006, 74 (11): 115307 (1-10).

[8] Chambers S A. Ferromagnetism in doped thin-film oxide and nitride semiconductors and dielectrics, Surf Sci Rep, 2006, 61 (8): 345-381.

[9] Philip J, Punnoose A, Kim B I, et al. Carrier-controlled ferromagnetism in transparent oxide semiconductors. Nat. Mater, 2006, 5: 298-304.

[10] Coey J M D, Dilute magnetic oxides, Curr Opin. Solid State Mater Sci. 2006, 10 (2): 83-92.

[11] 曹明澈，李大光，郭清泉，等．流变相反应制备纳米 ZnO 及其表征，广东工业大学学报，2007，24（4）：6-9.

[12] Alemi A A, Khandar A A, Ekhtiary Koshky F. Radiation Effects & Defects in Solids, 162 (5) (2007) 345.

[13] 周享春，李良超．用流变相-前驱物热分解法制备 R_2O_3（R＝La、Y、Gd）纳米粉体．武汉理工大学学报（理学版），2004，50（6）：669-672.

[14] Rezlescu N, Rezlescu E, Popa P D, et al. Compounds, 1998, 275: 657.

[15] 付真金，廖其龙，卢忠远，等．流变相-前驱物法制备纳米镍铁氧体粉末，精细化工，2007，24（3）：217-220.

[16] 胡波．银钒氧化物一维纳米材料制备及气敏性能研究［M］．武汉理工大学，2008.

[17] Zhang Guo-Qing, Zhang Sheng-Tao, Wu Xing-Fa. Preparation of lithium indium oxide via a rheological phase route and its electrochemical characteristics in LiOH and Li_2SO_4 solutions, Phys Status Solidi A, 2010, 207 (1): 101-104.

[18] Zhou Y N, Zhang H, Xue M Z, et al. The electrochemistry of nanostructured In_2O_3 with lithium. J. Power Sources, 2006, 162 (2): 1373-1378.

[19] Chang J, Lee W, Mane R S, Cho B W, et al. Morphology-Dependent Electrochemical Supercapacitor Properties of Indium Oxide, Electrochem. Solid-State Lett, 2008, 11 (1): A9.

[20] Prasad K R, Koga K, Miura N. Electrochemical Deposition of Nanostructured Indium Oxide: High-Performance Electrode Material for Redox Supercapacitors. Chem Mater, 2004, 16 (10): 1845-1847.

[21] 雷太鸣，周新文，宗红星，等．正交结构 Li_xMnO_2 正极材料的合成及其电化学性能研究．无机化学学报，2005，21（2）：261-264＋148.

[22] 何则强，熊利芝，吴显明，等．流变相法制备 $LiNi_{0.5}Mn_{1.5}O_4$ 锂离子电池正极材料及其电化学性质．无机化学学报，2007，23（5）：875-878.

[23] 李志光，黄可龙，刘素琴，等．流变相法合成尖晶石型 $Li_xMn_2O_4$ 及其电化学性能．中南工业大学学报（自然科学版），2002，33（3）：250-253.

[24] Han X Y, Zhang F, Xiang J F, et al. Preparation and electrochemical performance of micro-nanostructured nickel. Electrochimica Acta, 2009, 54 (26): 6161-6165.

[25] Cheng Y, Lu M, Jiao C, et al. Preparation of stabilized nano zero-valent iron particles via a rheological phase reaction method and its use in dye decolorization. Environmental Technology, 2013, 34 (4): 445-451.

[26] He F，Zhao D，Liu J，et al. Stabilization of Fe-Pd nanoparticles with sodium carboxymethyl cellulose for enhanced transport and dechlorination of trichloroethylene in soil and groundwater Ind Eng Chem Res，2007，46：29-34.

[27] Schrick B，Blough J L，Jones A D，et al. Hydrodechlorination of Trichloroethylene to Hydrocarbons Using Bimetallic Nickel-Iron Nanoparticles. Chem Mater，2002，14（2）：5140-5147.

[28] Choi H，Agarwal S，Al-Abed S R. Adsorption and Simultaneous Dechlorination of PCBs on GAC/Fe/Pd：Mechanistic Aspects and Reactive Capping Barrier Concept [J] . Environ Sci Technol，2009，43（2）：488-493.

[29] Ghosh CK，Malkhandi S，Chattopadhyay KK. Effect of Cu doping on the static dielectric constant of nanocrystalline ZnO. Philosophical Magazine，2008，88（13）：1423-1435.

[30] Kanade K G，Kale B B，Aiyer R C，et al. Effect of solvents on the synthesis of nano-size zinc oxide and its properties. Mater Res Bull，2006，41（3）：590-600.

[31] Pillai S C，Kelly J M，McCormack D E，et al.，J The effect of processing conditions on varistors prepared from nanocrystalline ZnO. Mater Chem，2003，13：2586-2590.

[32] 沈茹娟，贾殿赠，乔永民，等．纳米 ZnO 的固相合成及其气敏特性．无机材料学报，2001，16（4）：625-629.

[33] Guo L，Ji Y，Xu H，et al. Synthesis and evolution of rod-like nano-scaled $ZnC_2O_4 * 2H_2O$ whiskers to ZnO nanoparticles. *J. Mater. Chem*，2003，13（4）：754-757.

[34] Cullity B D. Elements of X-ray Diffraction，2nd ed，Addison-Wesley：Reading，MA，1978.

[35] Krill C E，Birringerm R. Estımatıng grain-size distributions in nanocrystalline materials from X-ray diffraction profile analysis. Philos Mag A，1998，77（3）：621-640.

[36] Chakraborti D，Narayan J，Prater J T. Room temperature ferromagnetism in $Zn_{1-x}Cu_xO$ thin film. Appl Phys Lett，2007，90（6）：062504-062504-3.

[37] Wang X，Xu J B，Cheung W Y，et al. Aggregation-based growth and magnetic properties of inhomogeneous Cu-doped ZnO nanocrystals. Appl Phys Lett，2007，90（21）：212502-212502-3.

[38] Xu C X，Sun X W，Zhang X H，et al. Photoluminescent properties of copper-doped zinc oxide nanowires. Nanotechnology，2004，15（7）：856-861.

[39] Moulder J F，Stickle W F，Sobol P E，et al. J Chastain（ed）Handbook of X-Ray Photoelectron Spectroscopy，Perkin-Elmer，Eden Prairie. Minnesota，1992，87.

[40] Jiang J，Chen C C，Lu H A. Preparation and structural characterization of nanocrystalline Zn-Cu-Cr ferrites with Gd substitution. International Journal of Modern Physics B，2012，24（27）：5409-5416.

[41] Sun J T，Xie W，Yuan L J，et al. Preparation and luminescence properties of Tb^{3+}-doped zinc salicylates. Materials Science and Engineering B，1999，64（3）：157-160.

[42] Yao J C，Zhang B Y，Wang J H，et al. Preparation of $Ni_{0.9}Mn_{2.1-x}Mg_xO_4$（$0 \leqslant x \leqslant 0.3$）negative temperature coefficient ceramic materials by a rheological phase reaction method. Mater Lett，2013，112（12）：69-71.

[43] Jiang J，Ai L H. Conducting Polymeric Nanocomposites：Preparation and Evaluation of Structural and Electromagnetic Properties. Mol Cryst Liq Cryst，2010，524（1）：179-187.

[44] Sathiyanarayanan S，Azim S S，Venkatachari G. A new corrosion protection coating with polyaniline-TiO_2 composite for steel. Electrochim Acta，2007，52（5）：2068-2074.

[45] Geng L，Zhao Y，Huang X，et al. Characterization and gas sensitivity study of polyaniline/SnO_2 hybrid material prepared by hydrothermal route. Sensors and Actuators B：Chemical，2007，120（2）：568-572.

[46] Bhat S V，Vivekchand S R C. Optical spectroscopic studies of composites of conducting PANI with CdSe and ZnO nanocrystals. Chem Phys Lett，2006，433（1-3）：154-158.

[47] Lu X，Mao H，Chao D，et al. Ultrasonic synthesis of polyaniline nanotubes containing Fe_3O_4 nanoparticles. J Solid State Chem，2006，179（8）：2609-2615.

[48] He Y J. Synthesis of polyaniline/nano-CeO_2 composite microspheres via a solid-stabilized emulsion route. Mater Chem Phys，2005，9（2）：134-137.

[49] Wang S X，Sun L X，Tan Z C，et al. J. Synthesis characterization andthermal analysis of polyaniline（PANI）/Co_3O_4 composotes. Therm Anal，2007，89（2）：609-612.

[50] Wuang S C, Neoh K G, Kang E T, et al. Synthesis and functionalization of polypyrrole-Fe_3O_4 nanoparticles for applications in biomedicine. J Mater Chem, 2007, 17 (31): 3354-3362.

[51] Yang C, Chen C, Synthesis. characterization and properties of polyanilines containing transition metal ions. Synthetic Met, 2005, 153 (1-3): 133-136.

[52] Fahlman M, Jasty S, Epstein A J. Corrosion protection of iron/steel by emeraldine base polyaniline: an X-ray photoelectron spectroscopy study. Synthetic Met, 1997, 85 (1): 1323-1326.

[53] Caizer C, Stefanescu M. Magnetic characterization of nanocrystalline Ni-Zn ferrite powder prepared by the glyoxylate precursor method. J Phys Appl Phys, 2002, 35 (23): 3035-3040.

[54] Wang L N, Zhang K L, Zhang Z G. A simple, cheap soft synthesis routine for $LiFePO_4$ using iron (Ⅲ) raw material, Journal of Power Sources, 2007, 167 (1): 200-205.

[55] Lee J, Teja A S. J Characteristics insubcriticaland synthesized supercritical water [J] . Supercrit Fluids, 2005, 35: 83-90.

[56] Ying J R, Lei M, Jiang C Y, et al. Preparation and characterization of high-density spherical $Li_{0.97}Cr_{0.01}FePO_4/C$ cathode material for lithium ion batteries. J Power Sources, 2006, 158 (158): 543-549.

3

包裹型纳米零价铁的制备与表征

纳米零价铁（NZVI）技术是目前最具潜力的环境修复方法之一，为环境修复提供了一个新的技术手段。该技术可还原去除多种卤代烷烃、卤代烯烃、卤代芳香烃、有机氯农药等难降解有机污染物，将其转化为无毒或低毒的化合物，同时提高了其可生化性，同时还可有效去除重金属离子、染料、高氯酸盐、抗生素等，该技术有着广阔的发展前景。由于纳米零价铁粒度小、比表面积大、表面能高且自身存在磁性，易产生严重团聚，从而使其与污染物的接触面积减少，并且纳米铁易因被氧化失去反应活性，导致对污染物的去除率降低。另外，当物质在微米级时可能是安全的，而当其处于纳米级时可能变成有害性物质。纳米级尺寸颗粒比微米级颗粒可溶性增加而更易被吸收，因此目前越来越多的人开始研究关注于纳米零价铁对环境的影响。

传统纳米零价铁制备技术主要分为物理法和化学法，如高能机械球磨法、真空溅射法和气相热分解法等，其中液相化学沉积法，即由铁盐（三氯化铁或硫酸亚铁）与硼氢盐（硼氢化钠或硼氢化钾）合成纳米零价铁的方法是使用最为普遍的化学合成方法。然而上述物理和化学合成方法均存在严重局限性和缺点，如需特殊的设备或较高能量，大大增加了制备成本。而硼氢盐或有机溶剂的使用又可能产生新的环境问题进而导致无法大规模原位修复。因此，如何降低纳米铁制备成本并广泛应用于污染水体的原位修复，且不产生二次污染，是当前纳米技术研究热点之一。绿色合成与传统方法相比，操作工艺更简单、成本低廉、并可再生，因此研究者已经开始将绿色化学原则应用到纳米零价铁的合成上。

目前，纳米零价铁的合成方法比较多，液相还原法由于合成工艺相对简单，反应条件温和，被较多地应用于试验室。然而，该方法在制备过程中需要惰性气体进行保护，大大增加了制备的难度和成本。此外由于需将药品配制成溶液，当使用量大后必将造成资源的浪费，并对反应容器体积要求过大。

流变相反应，是指反应体系中有流变相参与的化学反应。流变相体系是指具有流变性质的物质的一种存在状态。处于流变态的物质一般在组成或结构上较为复杂，在力学上既显示出固体的性质又显示出液体的性质，或者说似固非固，似液非液。目前该方法已成功用于研究制备锂离子电池电极材料。在流变相反应中，反应能够进行得很充分，且产物纯度高，这是因为固体微粒紧密接触且分布均匀，表面能够得到充分有效的利用。同时由于产物与反应器的体积比非常大，从而可以避免了大量废弃物的产生，是一种高效、节能、经济、环保的绿色化学反应，而且用流变相反应技术很容易获得纳米材料和非晶态功能材料。

3.1 有机物包裹纳米零价铁的制备与表征

本章采用流变相反应法，以廉价无害的羧甲基纤维素钠（CMC）、琼脂（Agar）和水溶性淀粉（Starch）为表面修饰剂制备包裹型纳米零价铁，并利用不同的测试手段对合成样品进行表征分析，找出最优的合成方案。

3.1.1 主要试剂和仪器设备

试验原料及化学试剂见表 3-1，试验仪器见表 3-2。

表 3-1 试验原料及化学试剂

药品名称	分子式	规格	产地
七水硫酸亚铁	$FeSO_4 \cdot 7H_2O$	分析纯	上海久亿化学试剂有限公司
硼氢化钠	$NaBH_4$	分析纯	国药集团化学有限公司
羧甲基纤维素钠	$C_8H_{11}O_5Na$	分析纯	天津市大茂化学试剂厂
水溶性淀粉	$(C_6H_{10}O_5)_n$	分析纯	北京康普汇维科技有限公司
琼脂	$(C_{12}H_{18}O_9)_n$	分析纯	上海山浦化工有限公司
高纯氮气	N_2	99.99%	江西特种气体有限公司
去离子水	H_2O	—	自制

表 3-2 试验仪器

设备名称	型号	生产厂家
分析天平	AUY 220	上海天平仪器厂
真空干燥箱	DZF6050	广州市康恒仪器有限公司
循环水多用真空泵	SHB-3	郑州杜甫仪器厂
数显恒温磁力搅拌器	HJ-3	江苏荣华仪器制造有限公司
纯水机	Exceed Cd-08	成都唐氏康宁科技发展有限公司

3.1.2 样品的合成

3.1.2.1 未包裹纳米零价铁的制备

未包裹纳米零价铁的制备采用液相还原法，具体方法如下：

a. 将 8.34g $FeSO_4 \cdot 7H_2O$ 溶于 4∶1 的乙醇水溶液（80mL 无水乙醇和 20mL 去离子水）中，搅拌均匀备用。

b. 配制 1mol/L 的硼氢化钠溶液 100mL（将 3.78g $NaBH_4$ 溶解于 100mL 去离子水中），使反应过程中 $BH_4^-/Fe^{2+}=3$。

c. 将 $FeSO_4$ 混合溶液置于装有磁力搅拌子的三口烧瓶中，通入高纯氮气去除体系中的氧（通氮气 20min），并在整个合成的过程中持续向体系中通入氮气保持无氧环境。

d. 开动磁力搅拌器，将 1mol/L 的 $NaBH_4$ 溶液放入分液漏斗中，然后逐滴缓慢加入搅拌均匀的硫酸亚铁溶液中，当出现黑色固体时，迅速加入剩余的 $NaBH_4$ 溶液，再继续反应 20min。体系反应如下：

$$Fe^{2+}+2BH_4^-+6H_2O \longrightarrow Fe+2B(OH)_3+7H_2\uparrow$$

e. 将制备的样品进行固液分离，然后分别用无氧去离子和无水乙醇洗涤三次，每次用量为 50mL，最后将洗涤后的样品放于真空干燥箱中 60℃烘干。

f. 分别在 200℃和 400℃下，将干燥后的纳米零价铁放入管式炉中进行晶化，获得样品记为 NZVI。

3.1.2.2 包裹型纳米零价铁的制备

（1）探索研究

由于纳米粒子直径小，表面原子占总原子的百分数急剧增加，表面积及表面能也迅速增大。因此，纳米级零价铁比表面积与铁粉的比表面积相差高达几十倍之多，这使得纳米铁材料具有优良的表面吸附能力和较高的化学反应活性。近年来，将纳米零价铁用于污染环境的治理已成为一种备受关注的污染控制技术。但铁粒子比表面积大因而易团聚，表面能量高导致纳米铁粒子易被氧化等技术难题限制了它的应用。流变相反应法因其热交换好，反应条件温和，是一种高效、节能、经济而绿色的化学反应，因而被应用于纳米材料的合成之中。利用流变相反应法制备包裹型纳米铁有效地降低了制备的复杂性及难度，同时较大程度地提高了其分散性和在空气中的稳定度。

① 包裹型纳米铁的制备方法及工艺。

称取一定质量的 $FeSO_4 \cdot 7H_2O$ 和 KBH_4（摩尔比为 1∶2）于研钵中研磨一定时间作为固体介质，配制一定浓度的 CMC 水溶液作为液体介质，然后将两者按照相应比例调配成流变相体系，体系中反应为：$Fe^{2+}+2BH_4^-+6H_2O \longrightarrow Fe+2B(OH)_3+7H_2\uparrow$ 在室温下反应一段时间后，分别用去离子水和无水乙醇洗涤数次，真空烘干，即得包裹型纳米铁颗粒，流变相法制备包裹型纳米零价铁工艺流程图如图 3-1 所示。

② 流变相法正交实验的设计。

采用正交实验法确定制备包裹型纳米零价铁的最佳工艺条件，进行包裹型纳米零价铁制备的工艺研究。根据文献将硫酸亚铁与硼酸氢钾的摩尔比定为 1∶2；根据单因素预备实验以及调浆过程中有无出现分层、液体介质的流动性等实验现象，确定了与本实验有关的四个主要因素：*A* 研磨时间、*B* 液体介质浓度、*C* 固液比、*D* 反应时间的各个水平值。不考虑各个因素之间的相互作用，在此基础上作四因素三水平的正交实验表，以探索包裹型纳米零价铁的最佳制备条件。本试验的目的在于得到活性大、抗氧化性强的包裹型纳米铁粒子，故选定对六价铬去除率、抗氧化性作为考察指标。通过单因素预备实验确定各个因素的水平及正交试验设计表见表 3-3。

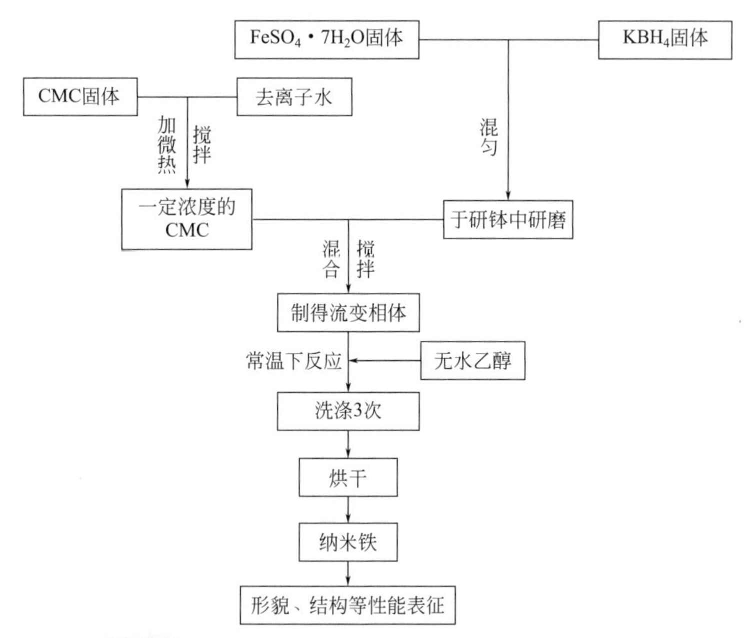

图 3-1 流变相法制备包裹型纳米零价铁工艺流程图

表 3-3 通过单因素预备实验确定各个因素的水平及正交试验设计表

试验号	研磨时间/min（A）	液体介质浓度/(g/mL)（B）	固液比（C）	反应时间/h（D）
1	1（5）	1（0.02）	1（1∶2）	1（1）
2	1	2（0.04）	2（1∶4）	2（2）
3	1	3（0.06）	3（1∶6）	3（3）
4	2（10）	1	2	3
5	2	2	3	1
6	2	3	1	2
7	3（15）	1	3	2
8	3	2	1	3
9	3	3	2	1

③ 性能测试与表征分析。

a. 活性测试　用制备出的包裹型纳米零价铁处理浓度为 40mg/L 的六价铬模拟废水。量取 100mL 该模拟废水，加入 0.1g 包裹型纳米零价铁，于锥形瓶中震荡反应 1h 后采用二苯碳酰二肼比色法测定处理溶液的六价铬浓度并计算相应的去除率。

b. 抗氧化性评价　将制备出的包裹型纳米零价铁暴露在空气中 3d 后，观察其相应的现象；并根据现象给予打分。

（2）验证试验

包裹型纳米零价铁的制备采用流变相反应法，具体方法如下：

① 称取一定重量的硫酸亚铁及相应硼氢化钠［$FeSO_4 \cdot 7H_2O$ ∶ $NaBH_4$ = 1 ∶ 3（摩尔比）］于研钵中研磨 10min，获得固相介质。

② 分别配制一定浓度的羧甲基纤维素钠（CMC）、琼脂（Agar）、水溶性淀粉（Starch）

的水溶液作为液相介质。

③ 根据适当的固液比，将液相介质加入固相介质中，搅拌均匀调配成流变相体。

④ 将③中的流变相体在室温下反应 2h，反应结束后，用无水乙醇洗涤反应产物三次，每次用量 50mL，然后在真空烘箱中烘干，获得的样品分别为 CMC-NZVI，Agar-NZVI 和 Starch-NZVI。

3.1.3 测试与表征

3.1.3.1 X 射线衍射分析（XRD）

纳米零价铁的物相分析采用德国布鲁克 AXS 有限公司（Bruke AXS GmbH）生产的 D8 ADVANCE 粉末 X 射线衍射仪进行 XRD 分析，管电压为 40kV，以 CuKα 为辐射源，管电流为 40mA，扫描步长 0.02°/s，扫描范围 5°～40°。样品相对结晶度采用文献报道的方法，根据样品在 2θ 为 6°～10°和 24°～26°之间的谱峰的峰面积与最好的样品的比值来确定。

3.1.3.2 扫描电镜（SEM）

纳米零价铁的形貌在日本电子 JEOL-JMS-6700F 型场发射扫描电镜上进行测定，电镜加速电压 10～30kV。取少量样品用乙醇作分散剂分散，超声振荡 10min 后，用滴管滴在导电胶带上，干燥，进行真空蒸涂 Pt 金属导电层，处理后进行观察。

3.1.3.3 透射电子显微镜（TEM）

微观结构采用日本电子公司生产的 JEM-2010 型透射电子显微镜分析，加速电压为 200kV。

3.1.4 结果与讨论

3.1.4.1 探索试验

（1）正交实验结果分析

按正交设计进行试验，考察指标不同因素条件下包裹型纳米零价铁的抗氧化性的强弱。通过将其暴露于空气中 3d 观察其颜色的变化，然后根据零价铁被氧化的多少予以打分（表面全是灰黑色为最高 0.9 分，表面全是黄色的为最低 0.1 分），抗氧化性评价结果见表 3-4。所得包裹型纳米铁对六价铬处理正交实验结果综合分析见表 3-5。

表 3-4 抗氧化性评价结果

实验号	现象	得分 y
1	表层出现零星的浅黄色固体，整体力度较细	0.8
2	略微被氧化，表面出现一定量的黄色固体	0.6
3	氧化程度较为严重，且出现氧化时间较快，近三分之二被氧化	0.2
4	整体出现黄色粉末，几乎全部被氧化	0.1
5	表面有一定量的分布不均的黄色固体，底层已有一定量的黄色固体	0.4
6	未出现氧化现象，与制备出时颜色较为一致，偏灰黑色	0.9
7	整体粒度较大，大部分固体呈黄褐色	0.5
8	整体呈灰偏黄色	0.7
9	整体呈红褐色	0.3

表 3-5　正交实验结果综合分析

实验号	A	B	C	D	去除率（q）	得分（y）	综合（$q+y$）
1	5	0.02	1∶2	1	0.87	0.8	1.67
2	5	0.04	1∶4	2	0.56	0.6	1.16
3	5	0.06	1∶6	3	0.49	0.2	0.69
4	10	0.02	1∶4	3	0.64	0.1	0.74
5	10	0.04	1∶6	1	0.61	0.4	1.01
6	10	0.06	1∶2	2	0.92	0.9	1.82
7	15	0.02	1∶6	2	0.68	0.5	1.18
8	15	0.04	1∶2	3	0.70	0.7	1.40
9	15	0.06	1∶4	1	0.78	0.3	1.08
K_1	3.5180	3.5853	4.9014	3.7657			
K_2	3.5691	3.5701	2.9767	4.1573			
K_3	3.6655	3.5971	2.8744	2.8295			
$\bar{K}_1$	1.1727	1.1951	1.6338	1.2552			
$\bar{K}_2$	1.1897	1.1900	0.9922	1.3858			
$\bar{K}_3$	1.2218	1.1990	0.9581	0.9432			
R	0.0492	0.0090	0.6757	0.4426			

表 3-5 中，K_i 表示任意列上水平号为 i 时所对应的试验结果之和；R 表示极差，用最大的 K 减去最小的 K。

由表 3-5 可以看出，研磨时间、液体介质浓度、固液比、反应时间对包裹型纳米铁的活性（对六价铬的去除率）、抗氧化性强弱的综合评价的影响，极差 R 从大到小分别为 C、D、A、B。由此可知各因素对指标影响的主次顺序如下：固液比（C）、反应时间（D）、研磨时间（A）、液体介质浓度（B）。

用直观的图形描述指标与因素之间的关系，如图 3-2 所示。随着因素（A）研磨时间的延长其综合得分 K 逐渐增大；随着因素（B）浓度的增加其综合得分先减小后增大；随着因素（C）固液比的增大其综合得分减小，随着因素（D）反应时间的增加其综合得分先增大再减小。

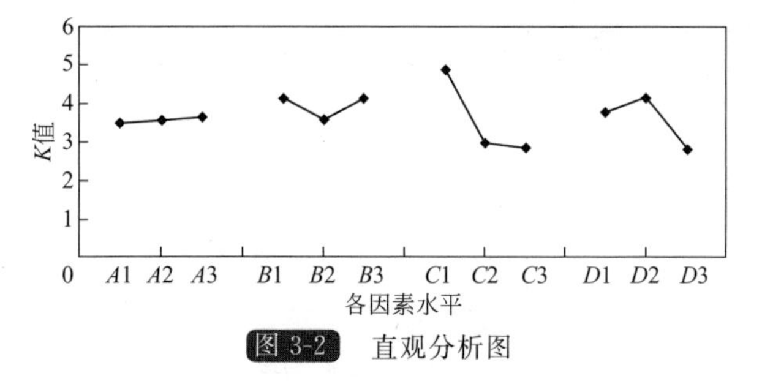

图 3-2　直观分析图

因为本试验希望得到活性高、稳定性好的包裹型纳米零价铁，所以应选择 K_{1j}、K_{2j}、K_{3j} 中的最大水平，由此可得到流变相法制备包裹型纳米铁粉末的最佳因素水平组合 $A1\ B3\ C1\ D2$，即研磨时间 10min、液体介质浓度 0.06g/mL、固液比 1∶2、反应时间 2h。

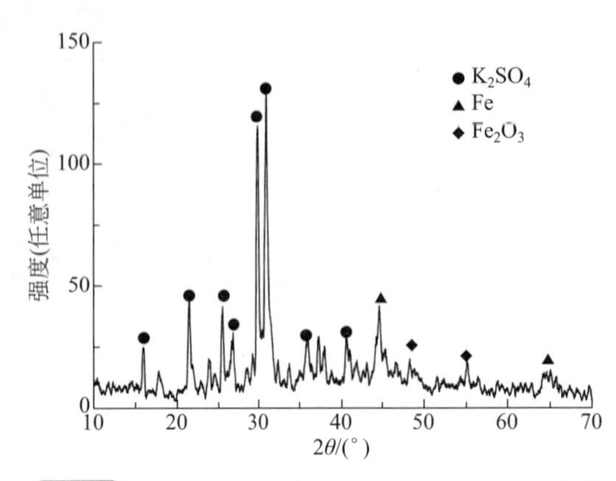

图 3-3 包裹型纳米铁 CMC-NZVI 的 XRD 图谱

(2) CMC-NZVI 的 XRD 表征

制备的包裹型纳米铁 CMC-NZVI 的 XRD 图谱见图 3-3。从图中可以看到，出现了与体心立方的 α-Fe 的 110 衍射较为接近的 44.8°衍射和与体心立方的 α-Fe 的 200 衍射接近的 65.16°衍射；除了 Fe 的衍射外还出现了 K^+ 的衍射（30.1°和 31.2°衍射），这是因为所用的硼酸氢钾带入的 K^+ 与 CMC 结合而未清洗掉的缘故。而在图谱中并没有出现较强的 Fe_3O_4 衍射峰（2θ = 35.46°、43.12°、53.50°、56.98°、62.64°），只出现了很弱的 Fe_2O_3 的峰。因此可知，包裹型铁并未出现严重的氧化现象。

(3) CMC-NZVI 的形貌 TEM 分析

图 3-4 为包裹型零价铁 CMC NZVI 的透射电镜照片，从图片中可清晰看出，CMC 将纳米铁颗粒包裹成球形并将它们相互隔离开，呈离散状态而未相互连接，说明表面分散剂 CMC 的存在减弱了纳米铁颗粒之间的磁性吸引力，纳米铁颗粒表面被一层带负电荷的 CMC 分子层包裹（包裹示意图见图 3-5）。由于 CMC 分子之间的静电斥力和空间位阻效应，使纳米铁颗粒之间不会因磁吸引力而聚集在一起，较好地克服了因纳米粒子的小尺寸效应、表面效应、表面电子效应和近距离效应所产生的软团聚，因此纳米铁的分散性得到提高。

图 3-4 包裹型纳米零价铁 CMC-NZVI 的透射电镜照片

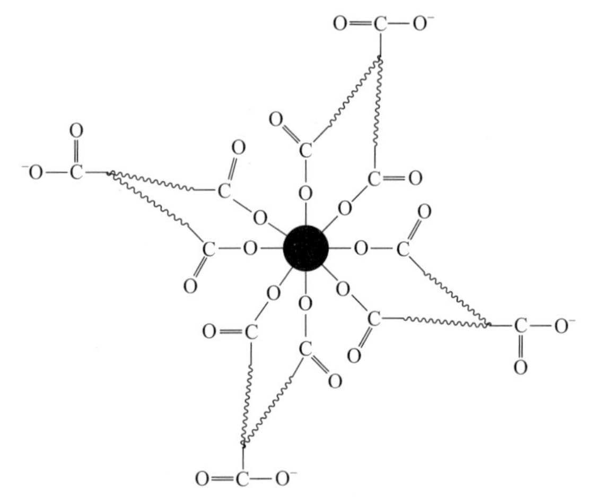

图 3-5 羧甲基纤维素包裹纳米铁的示意图

此外，还原剂（硼酸氢钾）与原料（硫酸亚铁）通过研磨混合，在进入流变相体系反应之前已形成极细的粉末态，再加入液体介质（羧甲基纤维素溶液）配制成流变相体系后，由于处于流变态的物质一般在化学上具有复杂的组成或结构，在力学上既显示出固体的性质又显示出液体的性质，或者说似固非固，似液非液；在物理组成上可以是既包含固体颗粒又包含液体的物质，可以流动或缓慢流动，形成了宏观均匀的一种复杂体系，较好地克服了在湿法等其他制备过程中因毛细管效应、化学键、晶桥、氢键等力所产生的硬团聚而进一步提高了纳米铁的分散性。

3.1.4.2 验证试验结果分析

(1) X射线衍射(XRD)分析

液相还原法制备的未包裹的纳米零价铁(NZVI)在不同温度(60℃、200℃、400℃)下在氮气保护下煅烧2h后的XRD测试结果如图3-6所示。从衍射图谱中可以看出,在60℃煅烧后,出现一个宽化衍射峰,位置正好对应Fe的(110)晶面,但是峰的强度非常弱,可见该温度下液相还原法制备的纳米零价铁的结晶度非常低,为非晶态。在200℃煅烧后,其衍射峰增强,晶化程度提高,但是其衍射峰仍然较低,因此200℃并没有达到零价铁的理想晶化温度,样品只得到了部分晶化。在400℃煅烧后,衍射峰明显增强,可以看出,Fe的晶化程度有了一定的提高,通过谢氏(Scherrer)公式初步计算,样品的粒径大小为25nm。

室温下利用流变相反应法合成的未包裹的纳米零价铁(NZVI)[图3-7(a)]和不同表面修复剂包裹的纳米零价铁的XRD测试结果(图3-7)。从衍射图谱中可以看出,四个样品在$2\theta=44.8°$处附近都存在NZVI衍射峰,没有出现Fe氧化物的衍射峰,因此说明样品中Fe氧化物的含量非常少,纯度较高。

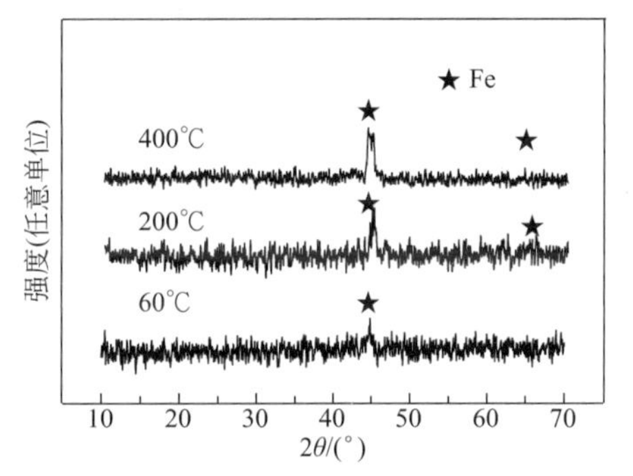

图3-6 不同晶化温度(60℃、200℃、400℃)下液相还原法制备的NZVI的XRD图谱

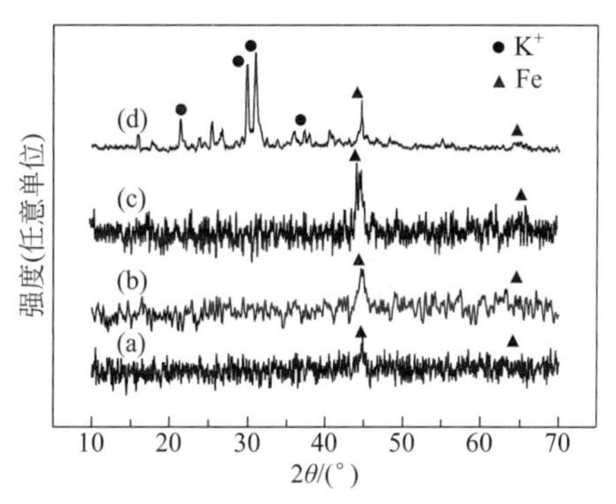

图3-7 利用流变相反应法制备的不同种类的纳米零价铁的XRD图谱

(a) NZVI;(b) Agar-NZVI;(c) Starch-NZVI;(d) CMC-NZVI

图3-7中(b)、(c)分别为琼脂包裹型纳米零价铁(Agar-NZVI)和淀粉包裹型纳米零价铁(Starch-NZVI)。从铁的标准衍射图样可知,2θ为44.67°及65.3°衍射峰代表了体心立方晶格(bcc)铁的(110)面及(200)面。由图3-7(b)、(c)可见,在$2\theta=44.8°$和65.3°处附近,都出现了衍射峰,与标准的体心立方晶格(bcc)铁衍射锋位置正好相吻合。另外,图谱中没有其他的杂峰出现,说明该方法制备的产品纯度较高。

图3-7中(d)为羧甲基纤维素钠包裹型纳米零价铁(CMC-NZVI)。在其衍射图谱中,出现了与体心立方α-Fe的(110)衍射较为接近的44.8°衍射和与体心立方的α-Fe的(200)衍射接近的65.16°衍射;除了NZVI的衍射外还出现了K^+的衍射(30.1°和31.2°衍射),根据同族元素性质相似性原理,由于羧甲基纤维素钠的存在,那么钾离子与羧甲基纤维素也就可以结合,又因为K^+不溶于酒精,因此样品中会出现K^+。而在图谱中并没有出现较强的Fe_3O_4衍射峰($2\theta=35.46°$、43.12°、53.50°、56.98°、62.64°);由此可知,包裹型铁并未出现严重的氧化现象。

(2) 扫描电镜(SEM)分析

图3-8中,图3-8(a)为液相还原法制备的NZVI(60℃真空干燥)的SEM图像,由图

3-8可以看出，未包裹的纳米零价铁平均粒径约为50～100nm，呈球形或椭球形颗粒，颗粒聚集成链状，这主要是因为受地磁力、小粒子间的静磁力及表面张力三者的共同作用，导致磁性纳米粒子容易发生团聚。图3-8（b）为流变相反应法制备的纳米零价铁（60℃真空干燥）的SEM图像，从图中可以看出制备的样品平均粒径约为30～50nm，呈球形或椭球形，颗粒均匀，大量的颗粒聚集成堆，其原因与图3-8（a）相同。

图3-8 未包裹NZVI的SEM图像

不同放大倍数下，流变相反应法制备的琼脂包裹型纳米零价铁（Agar-NZVI）的SEM图谱如图3-9（a）所示。从图中可以看出，白色的亮点为被琼脂包裹的纳米零价铁颗粒，这些颗粒与图3-9（b）相比，平均粒径较大，约为60～120nm，但是颗粒分布均匀，有较好的分散性，没有发生团聚现象。这可能是因为包裹剂琼脂层对纳米铁粒子具有较好的分散功能，另外由于琼脂层包裹在了纳米铁颗粒表面，使其粒径增大。

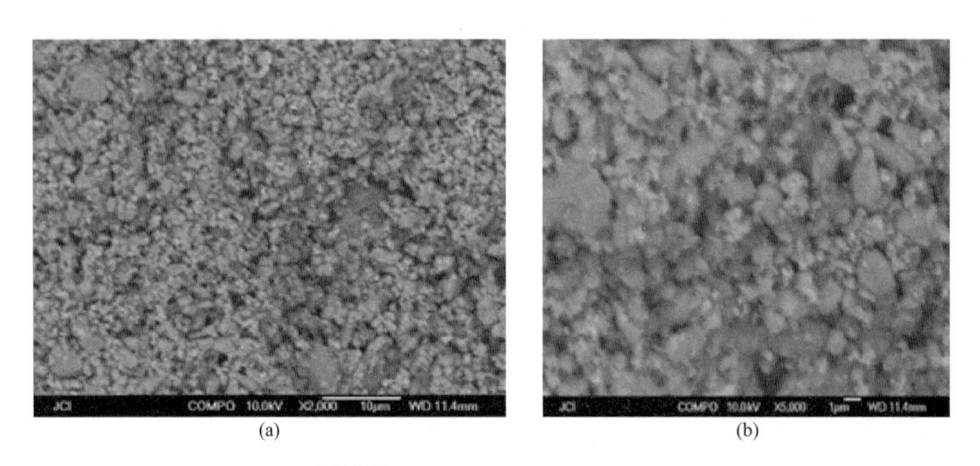

图3-9 Agar-NZVI的SEM图谱

不同放大倍数下，流变相反应法制备的淀粉包裹型纳米零价铁（Starch-NZVI）的SEM图谱如图3-10所示。从图中可以看出，白色的亮点为被淀粉包裹的纳米零价铁颗粒，平均粒径约为8～20nm，并且颗粒具有较好的分散性，没有发生团聚现象。这可能是因为包裹剂淀粉对纳米铁离子具有较好的分散功能。

图 3-10　Starch-NZVI 的 SEM 图像

不同放大倍数下，流变相反应法制备的羧甲基纤维素钠包裹型纳米零价铁（CMC-NZVI）的 SEM 图像如图 3-11 所示。从图中可以看出，白色的亮点为被 CMC 包裹的纳米零价铁颗粒，平均粒径约为 50～100nm，但是颗粒具有较好的分散性，没有发生团聚现象。

图 3-11　CMC-NZVI 的 SEM 图像

（3）透射电子显微镜（TEM）分析

液相还原法制备纳米零价铁（60℃真空干燥）的透射电镜照片如图 3-12（a）所示。从图中可以看出，颗粒的粒径在 50～100nm，个体呈球形或者椭球形，整体呈链状。流变相反应法制备的纳米零价铁（60℃真空干燥）的透射电镜照片如图 3-12（b）所示。从图中可以看出，颗粒个体仍为球形或者椭球形，粒径约为 30～50nm，整体呈链状或团聚成堆。主要因为有磁性的纳米颗粒受地磁力、小颗粒间的静磁力、表面张力以及超微颗粒的表面效应等共同作用，致使颗粒易于团聚。

不同放大倍数下，琼脂包裹的纳米零价铁 Agar-NZVI 的透射电镜照片如图 3-13 所示。从图片中可清晰地看出，纳米粒子呈球形或椭球形，平均粒径约为 50～100nm，在其周围形成了灰白色的包裹层——琼脂，将纳米铁颗粒包裹成球形或椭球形并被相互隔离开，有效地阻止了纳米铁粒子的团聚。这主要是由于纳米铁颗粒表面被一层带电的琼脂层包裹，琼脂分子之间的静电斥力和空间位阻效应，使纳米铁颗粒之间不会因磁吸引力而聚集在一起，较

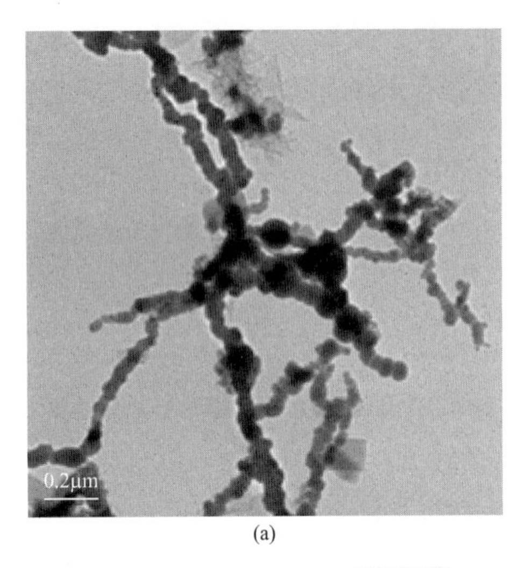

(a)

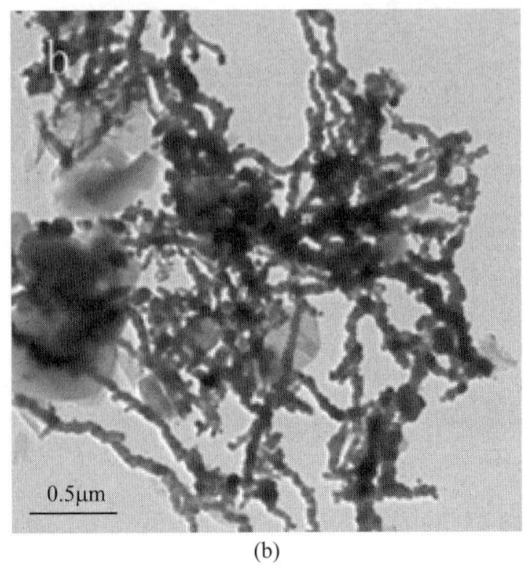

(b)

图 3-12 NZVI 的 TEM 图像

(a)

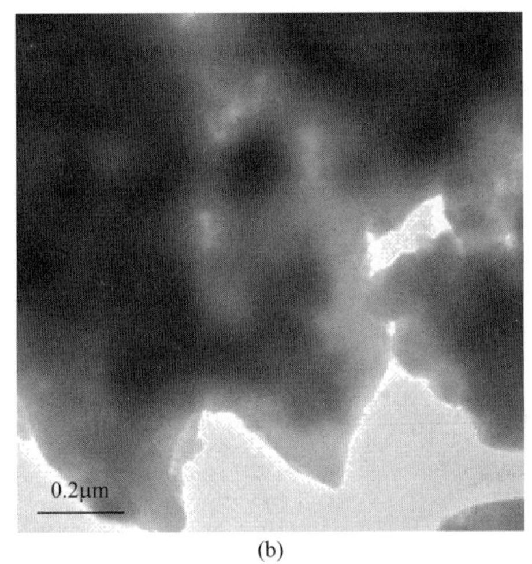

(b)

图 3-13 Agar-NZVI 的 TEM 图像

好地克服了因纳米铁粒子的小尺寸效应、表面效应、表面电子效应和近距离效应所产生的软团聚，因此纳米铁的分散性得到了提高。

不同放大倍数下，水溶性淀粉包裹的纳米零价铁 Starch-NZVI 的透射电镜照片如图 3-14 所示，从图片中可清晰地看出，淀粉包裹型纳米铁粒子粒径约 8～20nm，铁粒子周围有呈灰白色的淀粉包裹层，其厚度比较均匀；包裹后的纳米铁粒子呈现出明显的核壳结构，核壳粒子外形为圆形；视野中不存在链状或者团聚成堆的复合粒子，因此制备的纳米颗粒具有较好的分散性。

不同放大倍数下，羧甲基纤维素包裹的纳米零价铁 CMC-NZVI 的透射电镜照片如图 3-15 所示，从图片中可清晰地看出，羧甲基纤维素将纳米铁颗粒包裹成球形并将它们相互隔离开，呈离散状态而未相互连接，这说明表面分散剂羧甲基纤维素的存在减弱了纳米铁颗粒之间的磁性吸引力；因纳米铁颗粒表面被一层带负电荷的羧甲基纤维素分子层包裹，羧甲基纤

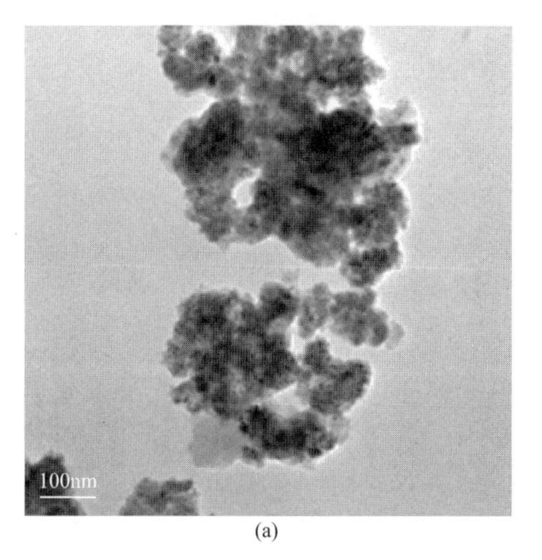

(a)

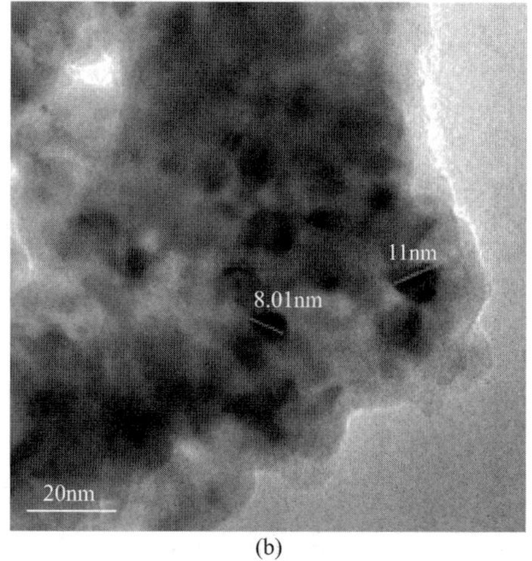

(b)

图 3-14 Starch-NZVI 的 TEM 图像

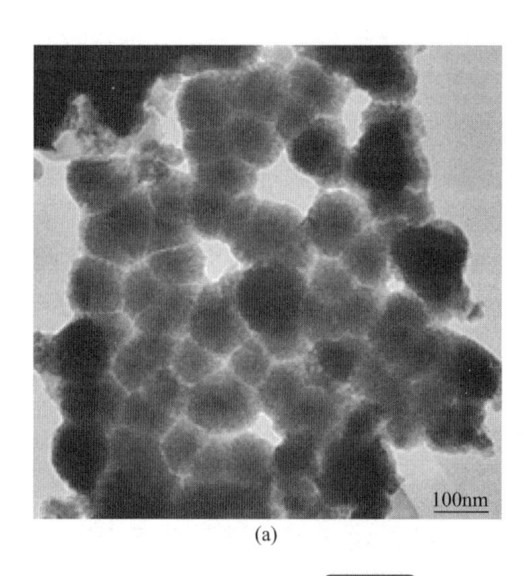

(a)

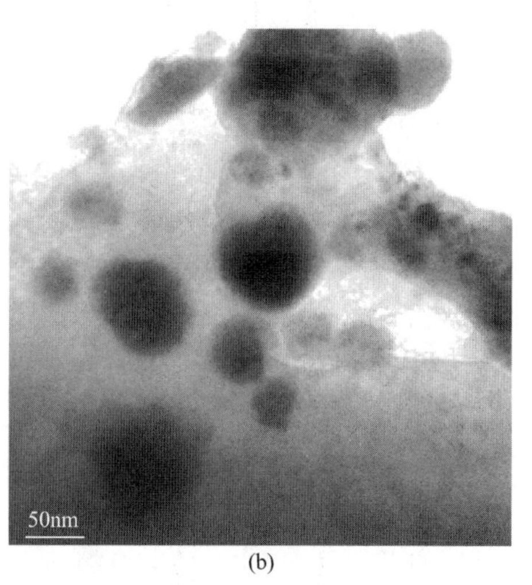

(b)

图 3-15 CMC-NZVI 的 TEM 图像

维素分子之间的静电斥力和空间位阻效应，使纳米铁颗粒之间不会因磁吸引力而聚集在一起，较好地克服了因纳米粒子的小尺寸效应、表面效应、表面电子效应和近距离效应所产生的软团聚，因此纳米铁的分散性得到提高。

另外，还原剂（硼酸氢钾）与原料（硫酸亚铁）通过研磨混合，在进入流变相体系反应之前已形成极细的粉末态，再加入液体介质（羧甲基纤维素溶液）配制成流变相体系后，由于处于流变态的物质一般在化学上具有复杂的组成或结构；在力学上既显示出固体的性质又显示出液体的性质，或者说似固非固、似液非液；在物理组成上是宏观均匀的一种复杂体系，可以是既包含固体颗粒又包含液体的物质；很好地克服了在湿法等其他制备过程中所产生的硬团聚而进一步提高了纳米铁的分散性。

3.2 矿物包裹纳米零价铁的制备

纳米零价铁粒子比普通铁粉的粒径小、比表面积大，因此纳米零价铁粒子的表面能量高、吸附能力强，能通过吸附作用去除水中的一些重金属离子。纳米零价铁因其本身有很强的还原性，所以适合处理污水中的微量有害物质，但因其自身比表面积大、还原性强，很容易被空气氧化而失去处理效果。所以本实验就采用高岭土、膨润土、沸石矿物包裹制备纳米零价铁。

3.2.1 包裹型纳米零价铁的制备

具体方法：配制 0.06g/mL 的包裹剂（kaolin、bentonite、zeolite）水溶液作为液体介质，称取 4.1703 g $FeSO_4 \cdot 7H_2O$ 和 1.6182g KBH_4 于玛瑙研钵中研磨后作为固体介质，然后将两者放在一起磁力搅拌，体系反应如下：

$$Fe^{2+} + 2BH_4^- + 6H_2O \longrightarrow Fe^0 \downarrow + 2B(OH)_3 + 7H_2 \uparrow \tag{3-1}$$

一段时间后，利用磁选法将固液分离，分别用去离子水和无水乙醇洗涤得到的黑色固体物质，真空下烘干，即可得高岭土包裹纳米零价铁、膨润土包裹纳米零价铁和沸石包裹纳米零价铁（K-NZVI、B-NZVI 和 Z-NZVI）。

普通纳米零价铁的制备，具体方法如下：将 4.1703g $FeSO_4 \cdot 7H_2O$ 溶于乙醇的水溶液后置于三口烧瓶内，放在磁力搅拌器上搅拌。将 1.6182g KBH_4 溶解于去离子水后倒入分液漏斗，逐滴缓慢加入到硫酸亚铁溶液中，反应式如式（3-1）。在合成的过程中持续向三口烧瓶中通入氮气以避免生成的零价铁被氧化。固液分离后用去离子水和无水乙醇洗涤并烘干，即得纳米零价铁材料（NZVI）。

3.2.2 表征分析

（1）XRD 分析

NZVI 及矿物包裹型 NZVI 的 XRD 分析如图 3-16 所示。XRD 测试结果表明：在扫描衍射角度（2θ）为 5°～70°时，如图 3-16（a）所示，曲线都在 $2\theta=44.8$ 和 65.06°附近出现明显衍射峰，分别与体心立方结构（110 和 200）晶面衍射峰相对应；晶粒的细化造成衍射峰出现一定的宽化现象。但是没有出现非晶态的展宽峰，说明是尺寸很小的微晶，而不是非晶，衍射峰的增宽与微晶大小有关。图 3-16（a）图谱中并没有出现较强的四氧化三铁衍射峰（$2\theta=35.46°$、43.12°、53.50°、56.98°和 62.64°）。由此可知，矿物包裹型纳米零价铁并未出现严重的氧化现象。对比图 3-16（b）、（c）和（d）三条不同的曲线可知，图中曲线主峰（44.8°）突出杂峰很小，说明该方法制备的包裹型 NZVI 纯度比较高，所以以沸石作为包裹剂对 NZVI 的包裹程度较高，发生氧化的程度较低，不影响 NZVI 的活性。

（2）TEM 分析

NZVI 因为其本身表面缺少临近配位电子而有很高的活性，且具有磁性，在水溶液中易发生团聚，从而影响了使用效果。透射电子显微镜（TEM）拍摄的 NZVI 及矿物包裹型 NZVI 的照片如图 3-17 所示。由图 3-17（a）可知，NZVI 为球状体，粒径分布均匀，但存

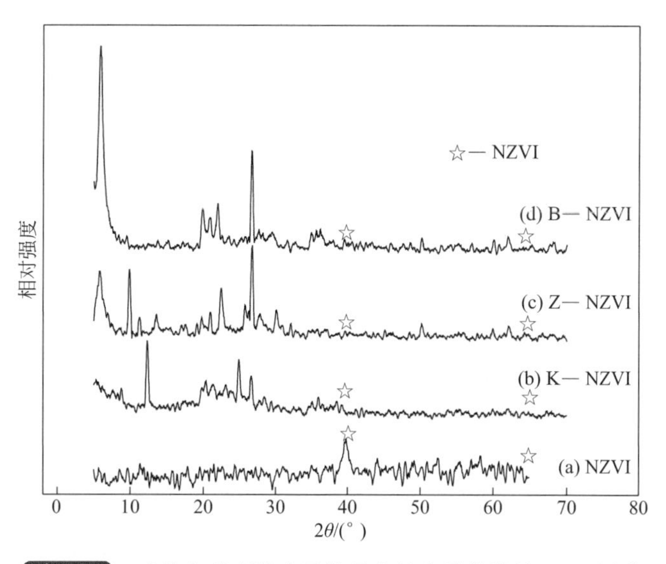

图 3-16 矿物包裹型纳米零价铁和纳米零价铁的 XRD 图谱

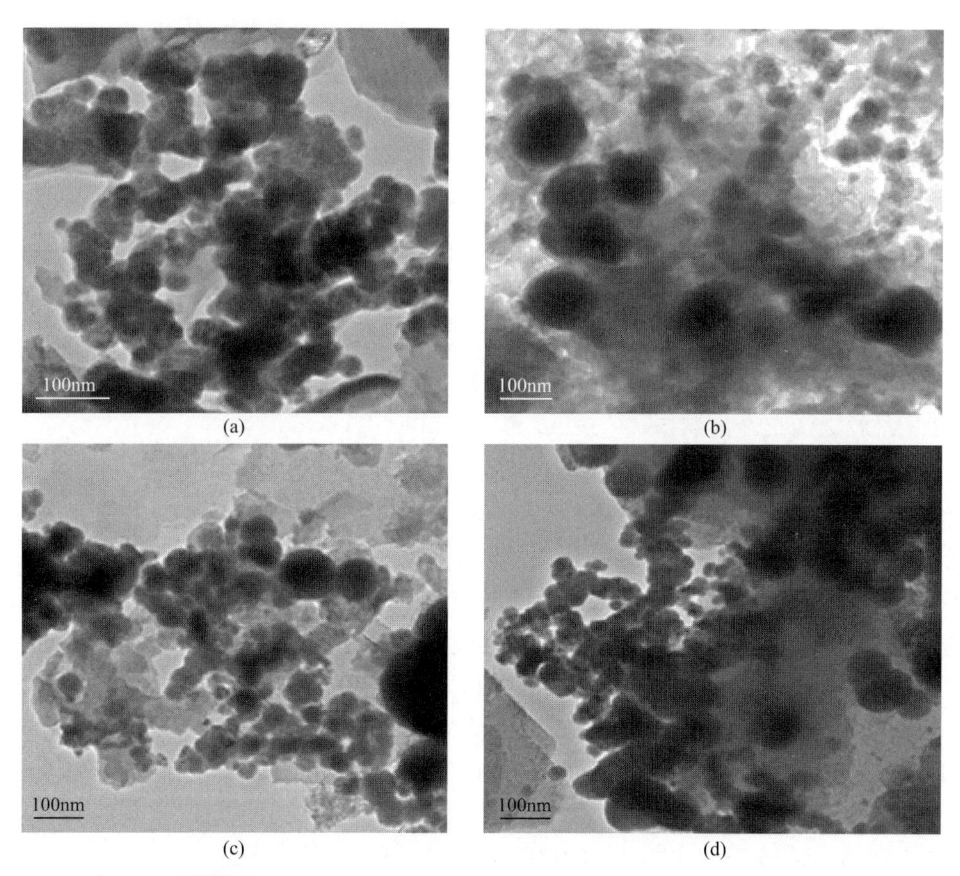

图 3-17 矿物包裹型纳米零价铁和纳米零价铁的 TEM 图像

(a) NZVI；(b) K-NZVI；(c) B-NZVI；(d) Z-NZVI

在一定的团聚现象。由图 3-17（b）～图 3-17（d）可知，矿物包裹型 NZVI 为球状体，包裹剂很好地包裹或附着在纳米零价铁表面，平均粒径在 80nm 左右，粒径分布均匀，分散性很好，且沸石包裹型 NZVI 粒径最小，分散性最高。出现一部分 NZVI 粒径增大的原因是：分散度高的 NZVI 微粒均由包裹剂所包裹，一定程度上增加了粒径的大小，在磁选过程中，由于磁力的作用从而促使粒径很小的纳米零价铁颗粒发生团聚。

3.3 分子筛包裹纳米零价铁的制备

3.3.1 MCM-22/NZVI 的制备

MCM-22 分子筛是 Mobil 公司于近年来开发的具有 MWW 拓扑结构的新型高硅分子筛。由于 MCM-22 分子筛具有一系列独有的特性，比如规整的孔道结构、稳定的固体酸性、高比表面积和能筛分特定分子的特性，是一种高效的吸附剂和催化材料。本研究以 MCM-22 分子筛为载体将纳米铁离子均匀地负载到其表面，制备出了一种新型复合材料 MCM-22/NZVI。利用 X 射线粉末衍射仪（XRD）和扫描电子显微镜（SEM）对样品的结构、形貌、组成进行表征。

3.3.1.1 MCM-22 的制备

控制原料配比为 SiO_2 ∶ HMI ∶ Al_2O_3 ∶ NaOH ∶ H_2O = 1 ∶ 0.3 ∶ 0.035 ∶ 0.2 ∶ 20。制备流程如下：在去离子水中按上述摩尔比放入 2.2954g 偏铝酸钠、2.08g 氢氧化钠使之充分溶解，再向其中加入 37mL 硅溶胶、13.5mL HMI（六亚甲基胺），搅拌至混合均匀，将混合物转移到带有聚四氟乙烯内衬的不锈钢反应釜中。首先于 50℃下老化 24h，然后升温至 100℃晶化 24h，然后升温至 150℃晶化 24h，接着取出反应釜，冷却至室温，将产品倒入烧杯，用去离子水洗涤至 pH 值为 7 左右，再用真空泵抽滤，将滤饼转移到干燥箱，于 100℃干燥，即得 MCM-22 分子筛原粉。将 MCM-22 原粉置于坩埚后放入电阻炉中，以 2℃/min 的升温速率升温，于 800℃下焙烧 8h，除去模板剂后，即得到 MCM-22 分子筛。

3.3.1.2 MCM-22/NZVI 的制备

先将 3.73g 的 $FeSO_4 \cdot 7H_2O$ 溶于 50mL 乙醇/水 [V(醇)/V(水)=4 ∶ 1] 溶液中，加入一定量的 MCM-22 分子筛 [MCM-22/Fe=5 ∶ 1（质量比）]，然后整体转移到 250mL 的三口烧瓶中，机械搅拌 2h，然后超声振荡 0.5h，使 Fe^{2+} 均匀分散到分子筛中去。然后在剧烈搅拌下，向该混合溶液中缓慢滴加 50mL 1mol/L 的新配制的 KBH_4 溶液，充分搅拌，待有黑色固体出现时，迅速滴加剩余的 KBH_4 溶液。体系反应为：$Fe^{2+} + 2BH_4^- + 6H_2O \longrightarrow Fe + 2B(OH)_3 + 7H_2$。反应 10min 后，利用磁选法进行固液分离，将黑色固体分别用去离子水和无水乙醇洗涤三次，真空干燥，即得 MCM-22/NZVI 复合材料。

3.3.1.3 表征与分析

（1）XRD 分析

MCM-22 和 MCM-22/NZVI 的 XRD 图谱如图 3-18 所示。从图 3-18（a）中可以看出：MCM-22 分子筛样品的 XRD 衍射峰在 6.6°、7.1°、8.0°、9.7°、13.5°、22.5°、26.0°处出现衍射特征峰（和峰强度与文献报道的结果相一致），而且峰形尖锐，强度较大，表明所有样品均为高纯度和高结晶度的 MCM-22 分子筛晶体。从图 3-18（b）中可以看出：

MCM-22/Fe^0 复合材料仍然保持了 MCM-22 分子筛的主要特征峰，但峰的强度变弱，可能是由于零价铁的存在，使 MCM-22 分子筛的结构遭到一定的破坏，但总体结构保持良好。在 $2\theta=44.8°$附近存在一个弱的且稍微宽化了的衍射峰，比对标准衍射峰可以确认，这个峰位置与（bcc）铁的标准衍射图样中的最强峰——（110）面衍射峰相吻合。图中并没有看到任何铁的氧化物的衍射峰出现。由此可见，负载的零价铁并没有破坏 MCM-22 分子筛的层状有序结构，而且由于有 MCM-22 分子筛的保护，零价铁也没有发生氧化现象。

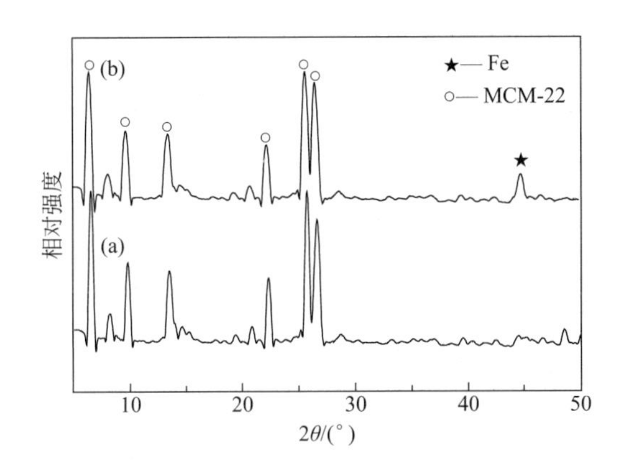

图 3-18　MCM-22 和 MCM-22/NZVI 的 XRD 图谱
（a）MCM-22；（b）MCM-22/NZVI

（2）SEM 分析

制备的 MCM-22 分子筛、纳米零价铁和 MCM-22/NZVI 复合材料的 SEM 图像如图 3-19 所示。在图 3-19（a）和图 3-19（b）中可以看到，合成的 MCM-22 分子筛都为薄片状，这些薄片有规则的聚集在一起，主要形成 2 种形态，一种是以一个圆心向同一方向朝外生长，叠加成一个直径大概为 12μm 的圆盘；另一种是薄片相互穿插，形成一个六边或多边的空间立体结构。这也证明了 MCM-22 分子筛的层状结构。在图 3-19（c）中可以看到，单独的纳米零价铁平均粒径约为 30～50nm，呈球形或椭球形颗粒，大量的颗粒聚集成堆，这主要是由于磁性纳米粒子受地磁力、小粒子间的静磁力及表面张力的共同作用，导致其容易发生团聚。在图 3-19（d）中可以看到，MCM-22/NZVI 复合材料基本保持了 MCM-22 分子筛的薄片状结构，这些薄片有规则的聚集在一起，而且紧凑有序。另外，纳米铁颗粒均匀地分散负载在薄片上，颗粒呈球形或椭球形，粒径约为 50～80nm，其团聚明显减少，这是由于大部分的纳米铁颗粒进入了 MCM-22 分子筛的孔道当中，从而阻止了其团聚。这与上文中 XRD 图谱的分析结果相一致。

（3）EDS 分析

EDS 分析如图 3-20 所示。MCM-22/NZVI 复合材料主要存在的元素为：Si、O、Na、Al、Fe。其中，Si、O、Na、Al 为 MCM-22 分子筛中的主要元素。由 X 射线能谱（EDS）元素含量分析结果（见表 3-6），可以看出铁元素的百分含量大约为 20.07%，说明有铁粒子负载于 MCM-22 分子筛之上。

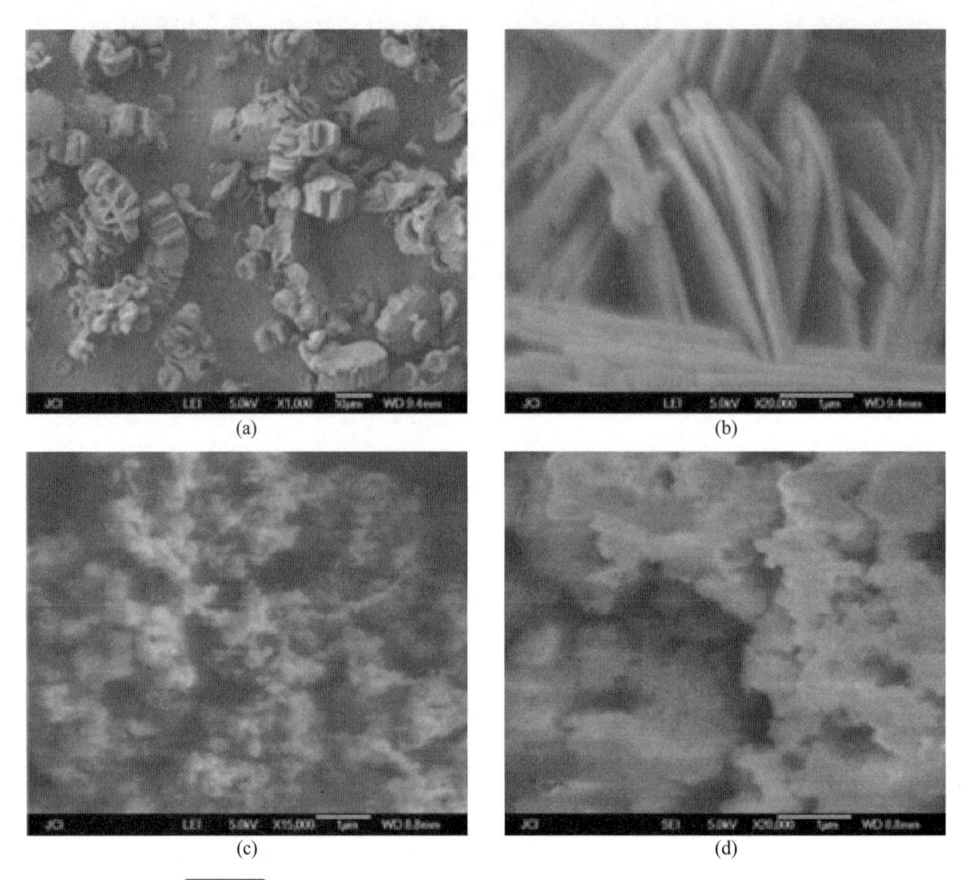

图 3-19 MCM-22、NZVI 和 MCM-22/NZVI 的 SEM 图像

(a)、(b) MCM-22；(c) NZVI；(d) MCM-22/NZVI

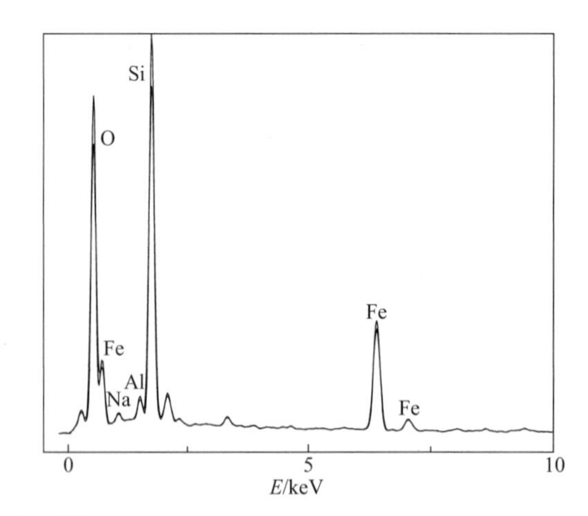

图 3-20 MCM-22/NZVI 复合材料局部的 EDS 图谱

表 3-6 EDS 元素含量分析结果

元素	O	Na	Al	Si	Fe	总计
质量/%	46.33	1.24	1.27	31.09	20.07	100.00
原子/%	64.88	1.21	1.06	24.80	8.05	100.00

3.3.2 MCM-41/NZVI的制备

3.3.2.1 MCM-41的合成

称取2.184g十六烷基三甲基溴化铵（CTAB），使其溶解于54mL的去离子水中，再加入0.48g NaOH，搅拌的同时逐滴滴加硅溶胶到CTAB溶液中，使合成体系的摩尔比为$n(SiO_2):n(CTAB):n(NaOH):n(H_2O)=1:0.12:0.24:70$。滴加完毕后，在磁力加热搅拌器上继续搅拌2h，过夜老化。然后将原料转入带聚四氟乙烯内衬的不锈钢反应釜中，在85℃下水热晶化48h。取出过滤，洗涤至中性，然后在80℃下干燥2h，并在550℃焙烧6h除去有机模板剂，从而得到介孔分子筛MCM-41。

3.3.2.2 MCM-41/NZVI的制备

在氮气保护下，将一定质量的MCM-41分子筛加入到一定浓度的$FeSO_4$溶液中，机械搅拌2h，然后缓慢滴加预先配好的KBH_4溶液，充分搅拌，待有黑色固体出现时，迅速滴加完剩余的KBH_4溶液，再反应10min。利用磁选法进行固液分离，去除上清液，将黑色固体用去离子水和无水乙醇各洗涤三遍，然后放入真空干燥箱于60℃低温烘干，获得MCM-41/NZVI复合材料。

3.3.2.3 表征与分析

（1）XRD分析

典型的MCM-41分子筛的XRD图谱如图3-21所示。在2°～3°（2θ）有一个很强的衍射峰，对应着MCM-41的特征（100）峰，在3°～6°还有2～3个小的衍射峰出现，分别对应着材料的（100）、（110）、（200）和（210）晶面。MCM-41的特征（100）衍射峰对应的2θ角的位置不同，表明MCM-41分子筛（100）晶面的晶面间距不同。

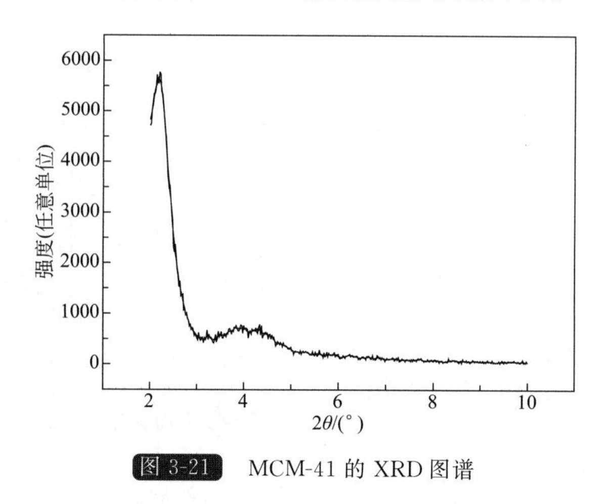

图3-21 MCM-41的XRD图谱

MCM-41/NZVI不同质量比的XRD衍射图谱如图3-22所示。从衍射图谱中可以看出，当MCM-41/NZVI=5∶1时，其小角衍射出现了MCM-41介孔分子筛典型的特征衍射峰，这与文献报道的纯硅MCM-41图谱基本一致，表明该样品具有较好的有序性介孔结构。对应的广角衍射结果表明：样品的XRD只有在44.68°处有一个较弱的衍射峰。对照铁的标准 PDF 卡片发现，刚好对应零价铁的（110）晶面衍射。图中没有观察到明显的氧化铁的衍射峰，说明有序介孔 MCM-41 的存在能够保护零价铁在室温下不被空气氧化。当 MCM-41/NZVI＝2∶1 和 MCM-41/NZVI＝1∶1 时，其小角衍射处的特征峰消失，表明 MCM-41 的结构遭到了破坏，这可能是由于过多的零价铁的存在致使它的有序介孔结构遭到了破坏。

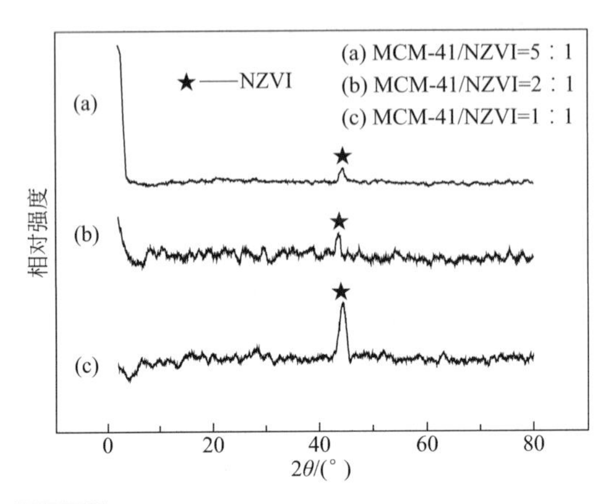

图 3-22 MCM-41/NZVI 不同质量比的 XRD 图谱

（2）SEM 分析

MCM-41、MCM-41/NZVI 的 SEM 显微结构见图 3-23（a）和图 3-23（b），由图 3-23（a）可以看到样品的介孔分子筛 MCM-41 包裹在 NZVI 颗粒表面，形成分布均一、表面疏松且粗糙的颗粒，且可以看出复合分子筛的颗粒度大于在同一放大倍数下的 MCM-41/NZVI，并且从图中分辨不出单独的 NZVI 和 MCM-41，说明利用机械混合法合成的复合分析筛的微孔分子筛 NZVI 完全被 MCM-41 包裹。

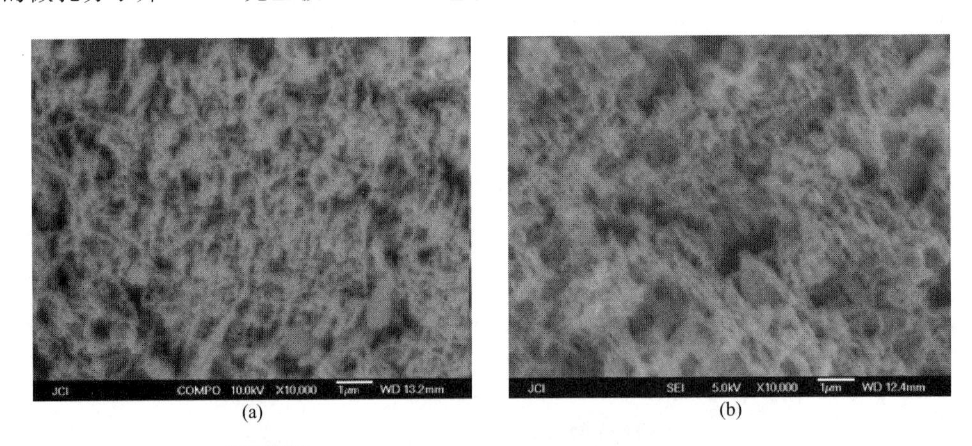

图 3-23 MCM-41 和 MCM-41/NZVI 的扫描电镜图
（a）MCM-41；（b）MCM-41/NZVI

（3）TEM 分析

试验合成的 MCM-41、MCM-41/NZVI 的 TEM 图如图 3-24（a）、图 3-24（b）所示，图 3-24（a）表明具有典型的按照六方对称性排列的介孔结构特征，有良好的长程有序性。

结合 XRD 和 TEM 结果，可以认为在纳米尺寸上具有颗粒结构的介孔材料实际上是由具有纳米尺寸的孔道规则定向排列组成的。图 3-24（b）表明 NZVI 附着在 MCM-41 表面，粒度大小在 20～70nm，分散性很好。

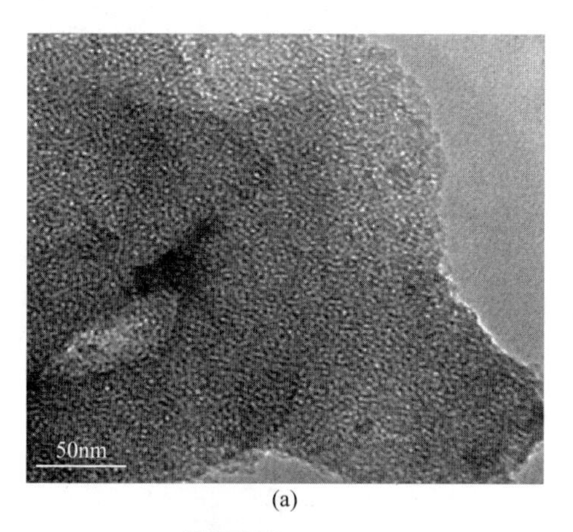

(a)

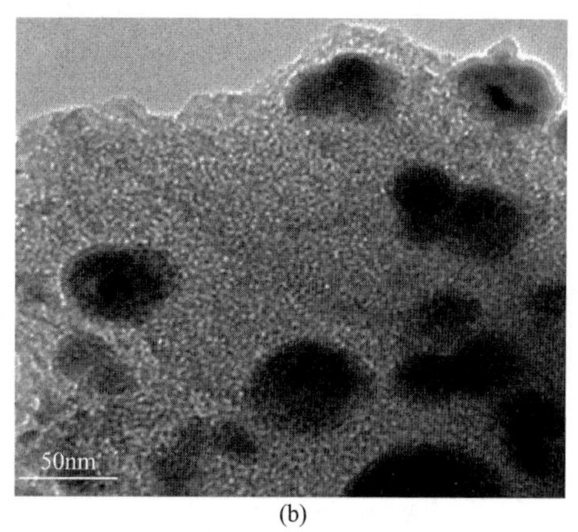

(b)

图 3-24 MCM-41 介孔分子筛和 MCM-41/NZVI 的透射电镜图
（a）MCM-41 介孔分子筛；（b）MCM-41/NZVI

3.3.3 MCM-48/NZVI 的制备

由于三维立方相的 MCM-48 具有两条相互缠绕且满足镜面对称的三维孔道结构，所以有优良的物料传输性能、吸附和催化性能。研究将 MCM-48 介孔分子筛与零价铁相结合来降低废水中染料的浓度，目的在于拓展零价铁还原法在废水处理领域的应用，并探索出一条处理染料废水的新途径。通过查阅资料，可推测纳米零价铁颗粒在有序介孔 MCM-48 分子筛基体中可能形成的机制。当加入铁源到混合物中后，具有双亲基团的表面活性剂十六烷基三甲基溴化胺（CTAB）在水中达到一定浓度时可形成棒状胶束，并规则排列形成液晶结构。其憎水基团向里，带电的亲水基团头部伸向水中，复合材料中的 CTAB 在氮气保护下于 500～600℃下会产生碳将铁从三价状态还原为零价。本小节采用一步水热合成 MCM-48/NZVI 复合材料，用 XRD、SEM 和 TEM（EDS）等方法，进行表征分析。

3.3.3.1 MCM-48/NZVI 介孔分子筛的制备

a. 称取 0.96g NaOH 溶解于 54.00g 去离子水中，再加入 8.20g 十六烷基三甲基溴化铵（CTAB），并维持体系于 35℃下恒温磁力搅拌至 CTAB 完全溶解；稍微冷却后，用移液管缓慢滴加 10.6mL 硅溶胶（SiO_2），激烈搅拌 30min，得到 $n(SiO_2):n(CTAB):n(H_2O):n(NaOH)=1:0.45:60:0.48$ 的合成液。将反应液转入聚四氟乙烯内胆的不锈钢反应釜中，在 100℃烘箱中，静止晶化 4d 后过滤，用去离子水洗涤至中性后，在 80℃下干燥，得到 MCM-48 原粉。将样品置于箱式电阻炉中，升温速度为 2℃/min，在 550℃下保温 6h，去除模板剂，煅烧后得 MCM-48，装袋备用。

b. 在氮气保护下，将计算好的一定质量的 MCM-48 分子筛加入到一定浓度和体积的

$FeSO_4$ 溶液中，机械搅拌 2h，然后缓慢滴加预先配好的 KBH_4 溶液；充分搅拌，待有黑色固体出现时，迅速滴加完剩余的 KBH_4 溶液，再反应 10min。

c. 将 b. 中的溶液利用磁选法进行固液分离，去除上清液，将黑色固体用去离子水和无水乙醇各洗涤三遍，然后放入真空干燥箱于 60℃低温烘干，可以获得不同 Fe/Si 摩尔比的 MCM-48/NZVI 介孔分子筛样品。

3.3.3.2 MCM-48/NZVI 介孔分子筛的表征

（1）MCM-48/NZVI 介孔分子筛的 XRD 分析

不同 Fe/Si 摩尔比的 MCM-48 担载纳米零价铁复合材料在氮气保护下于 800℃下焙烧 3h 的小角和广角 XRD 结果如图 3-25 所示。小角和广角 XRD 相比，小角能得到更大尺度的有序结构信息。介孔材料基本属于非晶形态，只有在 20°以内才能确认材料的真实晶型，故用小角，而且有序介孔在小角范围内有规律的衍射峰。

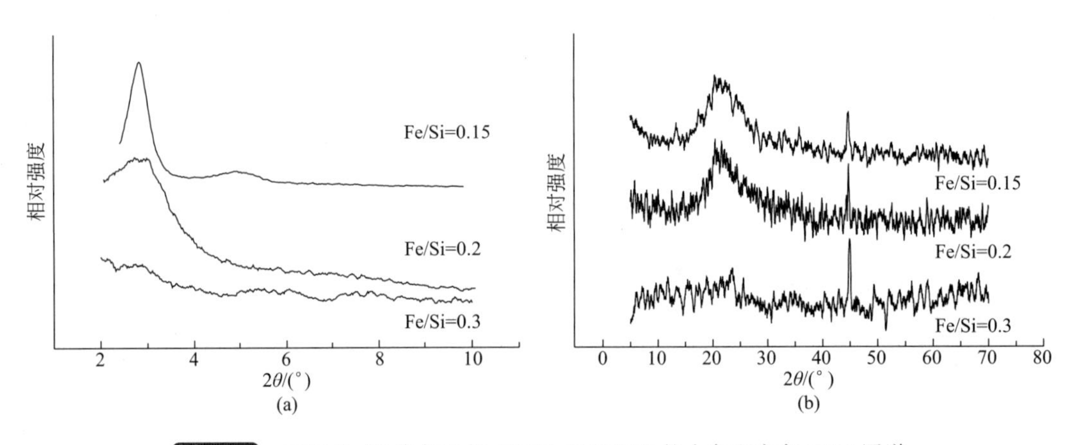

图 3-25 不同 Fe/Si 摩尔比的 MCM-48/NZVI 的小角和广角 XRD 图谱
（a）小角 XRD 图；（b）广角 XRD 图

从小角 XRD 图 3-25（a）中可看出，Fe/Si 摩尔比为 0.15 和 0.20 的样品，具有 MCM-48 介孔分子筛典型的特征衍射峰，这与文献的纯硅 MCM-48 图谱基本一致，表明该样品具有极好的立方结构和有序性。当 Fe/Si 摩尔比超过 0.20 时，随着铁担载量的增加，衍射峰不断的减弱，说明铁担载量的增加导致材料的有序结构被一定程度的破坏。对应的广角 XRD 为图 3-25（b），表明 Fe/Si 摩尔比为 0.15 和 0.20 的样品位于 44.68°只有一个弱而较宽的衍射峰，这说明铁在有序介孔氧化硅孔道中形成了许多较小的晶体。随着铁担载量的增加，出现了更多的衍射峰。Fe/Si 摩尔比高于 0.20 样品的广角 XRD 图中，在 44.68°有一个尖锐的衍射峰。对照铁的标准 PDF 卡片发现，刚好对应零价铁的（110）晶面衍射（44.68°），且峰形尖锐、规则，说明零价铁的晶化程度较高。图中没有观察到明显的氧化铁的衍射峰，说明有序介孔 MCM-48 的存在能够保护零价铁在室温下不被空气中的氧气氧化。

（2）MCM-48/NZVI 介孔分子筛的 SEM 分析

所制得的 Fe/Si 摩尔比分别为 0.15、0.20、0.30 的负载型纳米铁在电子扫描电镜下的微观形貌如图 3-26 所示。从图 3-26 中可以看出，样品主要由块状晶体组成，形貌没有规则，大小不一。随着纳米零价铁的负载量增加，晶体粒径变大，直径约为 30～50nm。

(a) (b) (c)

图 3-26 不同 Fe/Si 摩尔比样品的扫描电镜图

(a) Fe/Si=0.15；(b) Fe/Si=0.20；(c) Fe/Si=0.30

(3) MCM-48/NZVI 介孔分子筛的局部 EDS 分析

MCM-48/NZVI 介孔分子筛的局部 EDS 分析如图 3-27 (a)、图 3-27 (b)、图 3-27 (c) 所示，结果分析见表 3-7。

表 3-7 **MCM-48/NZVI 的 EDS 分析**

种类	元素	O	Na	Si	Fe
Fe/Si=0.15	原子/%	57.32	0.26	42.15	0.34
	重量/%	70.59	0.31	40.94	0.75
Fe/Si=0.2	原子/%	57.26	0.28	42.10	0.44
	重量/%	70.51	0.33	40.89	1.26
Fe/Si=0.3	原子/%	71.84	0.24	27.22	0.68
	重量/%	58.68	0.28	39.03	1.95

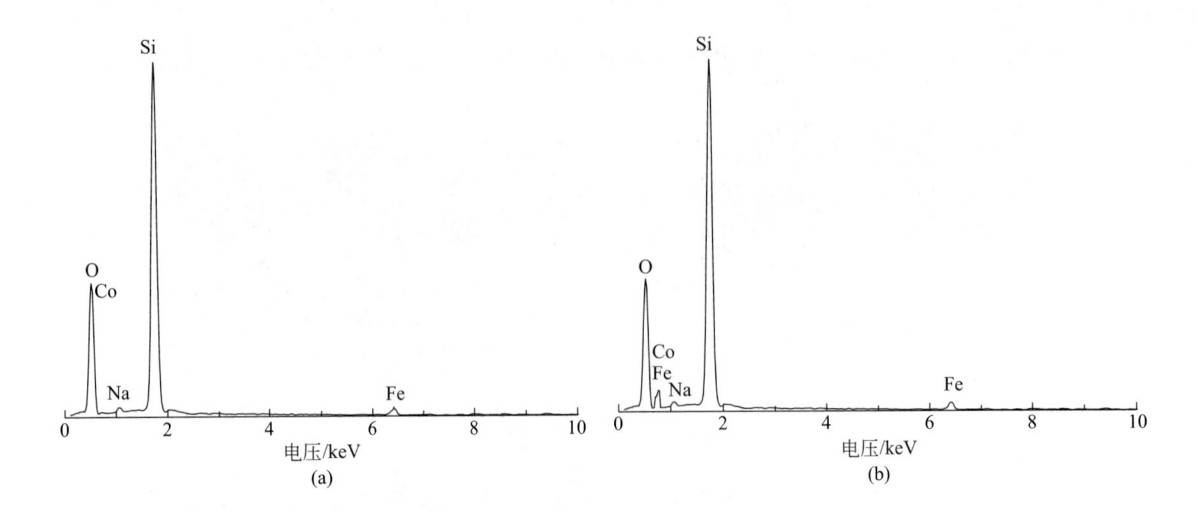

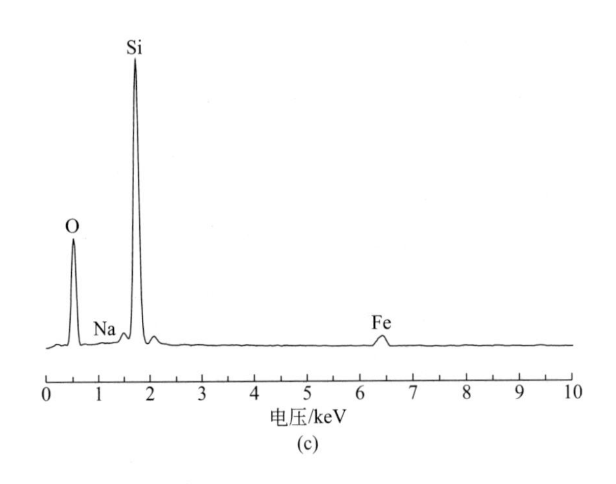

图 3-27 MCM-48/NZVI 的 EDS 图谱

(a) $Fe^0/Si=0.15$；(b) $Fe^0/Si=0.20$；(c) $Fe^0/Si=0.30$

通过表 3-7 可以看到复合材料的主要元素为 Si、Fe、O、Na 四种。其中 Si、O、Na 为 MCM-48 的主要元素，当 Fe/Si 的值分别为 0.15、0.2、0.3 时，Fe 的质量百分数分别为 0.75%、1.26%、1.95%。

(4) MCM-48/NZVI 介孔分子筛的 TEM 分析

经过碳热处理的不同 Fe/Si 摩尔比的 MCM-48 担载纳米零价铁复合材料的 TEM 照片如图 3-28 所示。按照文献和观察的小角 XRD 结果（见图 3-25），明显地观察到 Fe/Si 摩尔比为 0.15 和 0.2 时，材料出现了有序结构。随着担载铁量的增加，复合材料的有序性降低。为了更好地观察材料的结构，将图 3-28（a)、(b）照片的 20nm 变成图 3-28（c）照片的 50nm，当 Fe/Si 摩尔比为 0.3 时，可以观察到其结构被破坏。同时，从图 3-28（a）和图 3-28（b）中也能观察到纳米铁颗粒（黑色）高度分散在 MCM-48 中，在图 3-28（c）中由于分子筛的结构被破坏，纳米铁颗粒被其包裹在其中。

图 3-28 不同 Fe/Si 摩尔比的 MCM-48/NZVI 的透射电镜图

(a) Fe/Si=0.15；(b) Fe/Si=0.20；(c) Fe/Si=0.30

3.4 绿色合成纳米零价铁

目前，科学家们已经研发新型合成和改性方法来解决上述问题。传统的纳米铁合成和改性方法如果化学试剂和改性剂选用不当可能会对环境造成二次污染，同时也增加了应用成本。为了尽可能减小这种风险，目前针对纳米零价铁颗粒合成技术研究重点放在绿色生物材料的利用上，既实现了“变废为宝”，也符合绿色化学发展趋势。通过各种表面改性使 NZVI 在水体中更均匀地分散，增强它的反应活性。

目前使用较多的绿色合成原材料主要有绿茶、桉树叶、薄荷叶、维生素、咖啡、柠檬等，通过借助上述植物提取液中所含多酚、咖啡因等生物活性还原剂能够将铁离子或亚铁离子还原为零价铁，同时合成原料在纳米铁制备过程中可作为还原剂，还可起到分散剂和稳定剂的作用。因无需使用 KBH_4 或 $NaBH_4$ 等还原剂，故绿色合成的铁纳米材料主要优势体现在降低成本、对环境的危害减至最低程度、增加了大规模应用的可行性等方面。

本节用紫叶小檗树叶提取液绿色合成纳米零价铁，考察乙醇浓度、液固比、浸提时间和浸提温度对提取液中茶多酚的量多少的影响，以及对合成纳米零价铁的影响。

3.4.1 紫叶小檗树叶提取液绿色合成纳米零价铁

3.4.1.1 材料、设备和分析测试

试验用药品见表3-8，仪器设备见表3-9。

表 3-8 试验用药品

药品名称	化学式	纯度	生产厂家
没食子酸	$C_7H_6O_5$	分析纯	天津市科密欧化学试剂有限公司
酒石酸钾钠	$C_4H_4KNaO_6 \cdot 4H_2O$	分析纯	郑州康源化工产品有限公司
磷酸氢二钠	$Na_2HPO_4 \cdot 12H_2O$	分析纯	广东汕头西陇化工厂
盐酸	HCl	分析纯	山东言赫化工有限公司
氢氧化钠	NaOH	分析纯	天津鹏坤化工有限公司
磷酸氢二钾	$KH_2PO_4 \cdot 3H_2O$	分析纯	广东汕头市西陇化工厂

表 3-9 试验仪器设备

仪器名称	仪器型号	数量	生产厂家
旋转蒸发器	WS-10-13	1	江苏丁山电器保护厂
台式离心机	80-2	1	上海和欣科教设备有限公司
高速组织捣碎机	JJ-2	1	无锡沃信仪器有限公司

3.4.1.2 纳米零价铁的绿色合成的流程图

纳米零价铁绿色合成流程图如图3-29所示。具体步骤：准确称取2g树叶于250mL烧杯中，加入一定浓度的乙醇60mL，放入微波炉中微波30s，微波后于25℃水浴中浸提30min。将浸提后的液体在转速4000r/min下离心5min，取上清液于烧杯中备用。称

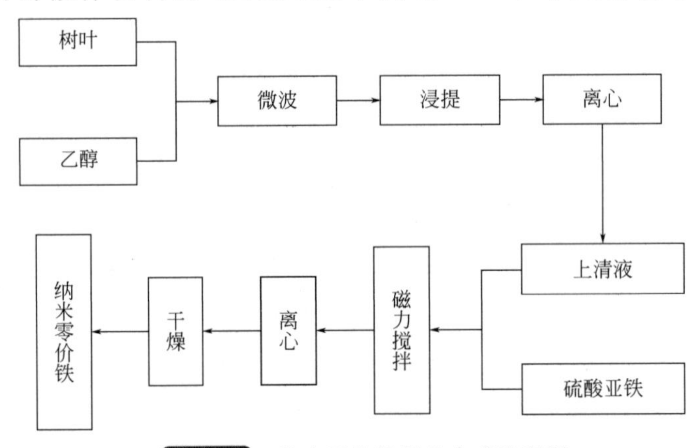

图 3-29 纳米零价铁绿色合成流程图

2.78g 的 $FeSO_4 \cdot 7H_2O$，搅拌溶解后定容在 100mL 的容量瓶中配置成 0.1 mol/L 的溶液。将紫叶小檗提取液和 0.1 mol/L 的 $FeSO_4 \cdot 7H_2O$ 溶液以 2∶1 的比例混合，通过磁力搅拌器搅拌 1h 得到纳米零价铁悬浮液。将悬浮液在 4000r/min 的转速下，离心 5min。倒出上清液得到纳米零价铁，放入真空干燥箱中干燥 12h。

3.4.1.3 树叶提取液中多酚含量的测定

取 1mL 的上述提取液于 25mL 容量瓶中，加入 4mL 蒸馏水，再加入酒石酸亚铁 5mL，静置 5min，用配置好的 pH 值为 7.5 的磷酸盐缓冲溶液定容至刻度线，摇匀。用 1cm 比色皿，在 540nm 处，以空白试剂作参比，测定吸光度。

3.4.1.4 纳米零价铁绿色合成的正交试验

(1) 因素水平的确定

采用紫叶小檗树叶提取多酚的正交试验中，选用了乙醇浓度、液固比、浸提时间和浸提温度四个因素作为考察因素。正交试验因素水平表见表 3-10。

表 3-10 正交试验因素水平表

因素位级	乙醇浓度 (A)/%	液固比 (B)/(mL/g)	浸提时间 (C)/min	浸提温度 (D)/℃
1	40	30∶1	30	25
2	70	60∶1	60	50
3	100	90∶1	90	75

(2) 正交试验表及结果

为优化紫叶小檗树叶提取多酚的实验条件，取 2g 树叶，采用正交试验法考察乙醇浓度、液固比、浸提时间和浸提温度四个因素，并选用 4 因素 3 水平 9 次试验的正交试验表，对紫叶小檗树叶提取多酚进行试验，记为 $L_9(3^4)$。每组试验平行进行三次，以多酚含量作为参考指标，正交试验的结果见表 3-11。采用极差分析法来确定影响紫叶小檗提取多酚含量的主要因素。根据极差 R 的大小，判断各因素对试验指标的影响主次。R 的值越大，表示因素对指标的影响较大，因素越重要；R 值越小，表示因素的影响较小。

表 3-11 正交试验结果

实验号	A	B	C	D	吸光度 (A)	多酚含量/(mg/L)
1	1	1	1	1	1.618	82.28
2	1	2	2	2	1.744	88.65
3	1	3	3	3	1.673	85.06
4	2	1	2	3	1.652	84.00
5	2	2	3	1	1.604	81.58
6	2	3	1	2	1.726	87.74
7	3	1	3	2	1.732	93.13

续表

实验号	A	B	C	D	吸光度（A）	多酚含量/(mg/L)
8	3	2	1	3	1.746	88.75
9	3	3	2	1	1.467	74.66
K_1	255.99	259.41	252.61	238.52		
K_2	253.32	258.98	247.31	269.52		
K_3	256.54	247.46	259.77	257.81		
$\overline{K}_1$	85.33	86.47	84.20	79.51		
$\overline{K}_2$	84.44	86.33	82.44	89.84		
$\overline{K}_3$	85.51	82.49	86.59	85.94		
R	1.07	3.98	4.15	10.33		

因素的重要性依次为：$D>C>B>A$，即浸提温度>浸提时间>固液比>乙醇浓度。最佳试验组合为 $A3B1C3D2$，即树叶在浸提温度为 50℃，乙醇和树叶的液固比为 30∶1mL/g，浸提时间为 90min，乙醇浓度为 100%的条件下提取效果最佳。

（3）SEM 和 TEM 表征分析

为观察紫叶小檗树叶提取液绿色合成纳米零价铁的形貌和显微结构，采用 SEM 和 TEM 对其进行表征，NZVI 的 SEM 和 TEM 图如图 3-30 所示。从 SEM 和 TEM 图可以看出它呈现出较规整的球状结构，但部分也存在团聚现象，通过对颗粒粒径的统计，其平均粒径为 20～50nm，说明通过绿色合成的方法制备的是纳米零价铁颗粒。

(a)

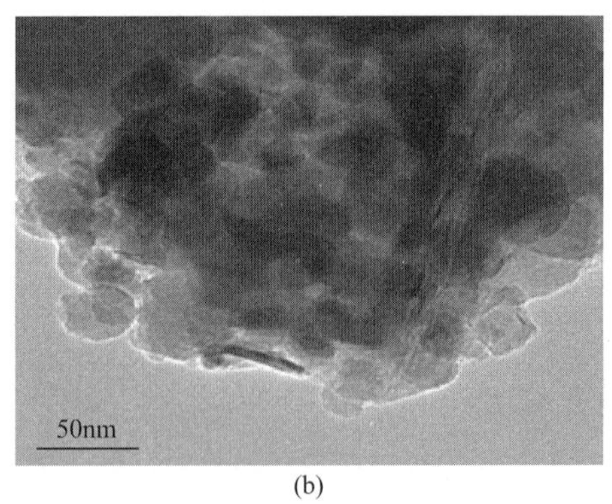

(b)

图 3-30　绿色合成纳米零价铁扫描（a）和透射电镜（b）图

（4）红外光谱（FTIR）分析

紫叶小檗提取液、紫叶小檗提取液制备的 NZVI 的红外光谱图如图 3-31 所示。从图 3-31（a）可知，3351cm^{-1}左右的吸收峰是羟基自由基的振动吸收峰，1693cm^{-1}处的强吸收峰为 C═O 伸缩振动峰，1603cm^{-1}、1515cm^{-1}和 1446cm^{-1}处的吸收峰为紫叶小檗树叶中苯环或杂芳环的骨架振动峰，在 1377cm^{-1}处的吸收峰为紫叶小檗提取液的特征峰，$1058cm^{-1}$处的吸收峰为C—O—C的对称伸缩吸收峰，$615cm^{-1}$处的吸收峰为紫叶小檗树叶提取液在指纹区的吸收峰。比较图3-31（a）和3-31（b）可知，NZVI的红外光谱图与紫叶小檗提取液的各个官能团的特征吸收峰的变化不大，这可能是NZVI的表面被紫叶小檗提取液中的有机物包裹，这些有机物如多酚是纳米零价铁的掩蔽剂和稳定剂。

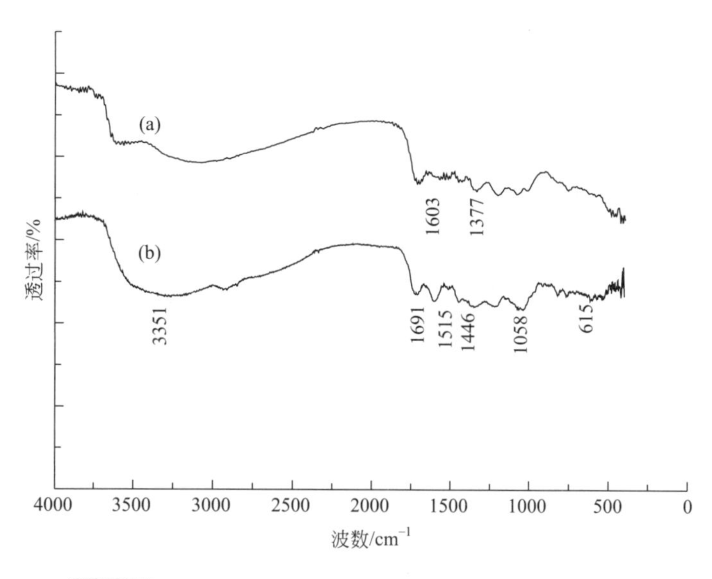

图3-31 树叶提取液与绿色合成纳米零价铁红外光谱图

（a）树叶提取液；（b）纳米零价铁

3.4.2 茶叶提取液制备纳米零价铁

本节利用茶叶提取液制备的纳米零价铁来去除废水中的铅离子做相关研究，同时也为今后重金属污染的去除研究提供一些有利参考，也使其发展成为一种具有开发潜力的新型纳米修复材料。

3.4.2.1 试剂及仪器

① 试剂 乙醇（C_2H_5OH），氯化铁（$FeCl_3$），硝酸铅［$Pb(NO_3)_2$］，二甲酚橙（$C_{31}H_{32}Na_4N_2O_{13}S$），去离子水。

② 仪器 XMTA-808真空干燥箱，D8-ADVANCE红外光谱仪，JEM-2010透射电镜，TD-2002电子天平，WS-10-13旋转蒸发器，JB-2磁力搅拌器，TDZ5-WS台式离心机，JJ-2高速组织捣碎机，HH-6恒温水浴振荡器，722分光光度计，AKDL-Ⅱ-16型超纯水机。

3.4.2.2 实验方法

采用正交试验方法，选择$L_9(3^4)$正交表进行试验。选择了4个可能会影响试验结果的因素：茶叶种类、乙醇质量浓度、$FeCl_3$与茶叶用量比、磁力搅拌时间（min）。各因素水平见表3-12。

表 3-12　因素水平表

位级因素	茶叶种类 (A)	乙醇浓度 (B)/%	$FeCl_3$ 与茶叶质量比 (C)	磁力搅拌时间 (D)/min
1	婺源绿茶	50	2∶1	25
2	宜春大毛山绿茶	70	1∶1	30
3	福建铁观音	100	1∶2	45

取一定量的茶叶，放入电热鼓风干燥箱中脱水干燥后放入高速组织捣碎机内捣碎成粉末状，用 40 目筛过筛，装好备用。称取一定量的茶叶粉末，置于洁净的烧杯中，加入一定量的体积浓度为 50% 的乙醇溶液，放入微波炉中微波浸提 30s，待冷却沉降后，将上清液倒入备用的烧杯。按上述方法重复提取三次，将溶液倒入同一烧杯中，将提取出来的溶液用抽滤机抽滤，取滤液待用。将上述滤液放入旋转蒸发器中，对提取液中的茶多酚进行浓缩，蒸发 20min 后，倒入洁净锥形瓶中，冷却。取一定量的 $FeCl_3$ 固体溶解于茶叶提取液里，静止一段时间后，磁力搅拌 45min。取反应后的溶液置于高速离心机内离心 5min 后，缓慢倒去上层溶液，之后用无水乙醇将离心管壁上的纳米零价铁洗净，倒入坩埚中。这样的试验进行 2 次，其中一次的样品用磁铁吸出其中的纳米零价铁，再放入真空干燥烘箱中 65℃下烘干，计算出纳米零价铁的产率，另外一次将烘干后的样品研磨成粉末状，装入封口袋中备用。

3.4.2.3　结果与讨论

（1）不同茶叶提取液制备纳米零价铁的正交试验

$L_9(3^4)$ 正交试验结果见表 3-13。

表 3-13　$L_9(3^4)$ 正交试验结果

实验号	A	B	C	D	纳米零价铁产率/%
1	1	1	1	1	6.65
2	1	2	2	2	5.08
3	1	3	3	3	1.55
4	2	1	2	3	14
5	2	2	3	1	10.4
6	2	3	1	2	1.78
7	3	1	3	2	6.32
8	3	2	1	3	5.52
9	3	3	2	1	3.9
$\overline{K}_1$	4.43	8.99	4.65	6.98	

续表

实验号	A	B	C	D	纳米零价铁产率/%
$\overline{K}_2$	8.73	7.00	6.46	4.39	
$\overline{K}_3$	5.25	2.44	7.29	7.02	
R	4.3	4.54	2.64	2.63	

通过极差分析结果可以看出：R_B(4.54)＞R_A(4.3)＞R_C(2.64)≈R_D(2.63)。四个因素对纳米零价铁影响程度依次为：乙醇体积浓度（B）＞茶叶种类（A）＞$FeCl_3$ 与茶叶质量（C）≈磁力搅拌时间（D）。根据表 3-13 可得茶叶提取液制备纳米零价铁最佳试验组合为 $A2B1C3D3$，即纳米零价铁的最佳制备工艺为选用大毛山茶、乙醇体积浓度为 50%、$FeCl_3$ 与茶叶用量比为 1∶2、磁力搅拌时间 45min 条件下提取效果最佳，将用大毛山绿茶提取液制备的纳米铁命名为 MT-FeNPs。

(2) XRD、TEM 和 FTIR 表征分析

MT-FeNPs 真空干燥碾磨后得到的粉末的 XRD 和 TEM 图如图 3-32 所示。图 3-32（a）中 $2\theta=18.1°$为大毛山绿茶叶提取液中有机成分茶多酚/咖啡因的主要衍射峰，说明绿茶叶合成的 MT-FeNPs 表面被有机物包裹。制备过程中 MT-FeNPs 容易被氧化。$2\theta=32.8°$为磁赤铁矿（γ-Fe_2O_3），$2\theta=34.22°$为磁铁矿（Fe_3O_4），$2\theta=20°\sim30°$为铁氢氧化物的特征峰。$2\theta=44.9°$为 Fe 的特征峰，其衍射峰比较弱，可能是由于 MT-FeNPs 表面被绿茶提取液中茶多酚/咖啡因包裹或者生成的纳米铁颗粒为无定形形态所致。由图 3-32（b）可知，茶叶提取液制备的 MT-FeNPs 呈现出比较规则的椭球状与蚕茧状，且较均匀地分布在茶叶提取液上，积聚现象明显，MT-FeNPs 的直径在 50～100nm，比表面积较大，有利于纳米零价铁处理含铅废水，很好地防止了纳米零价铁被氧化。

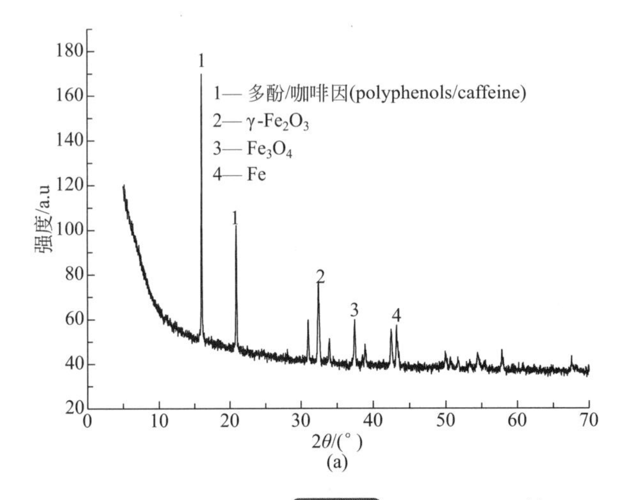

(a)

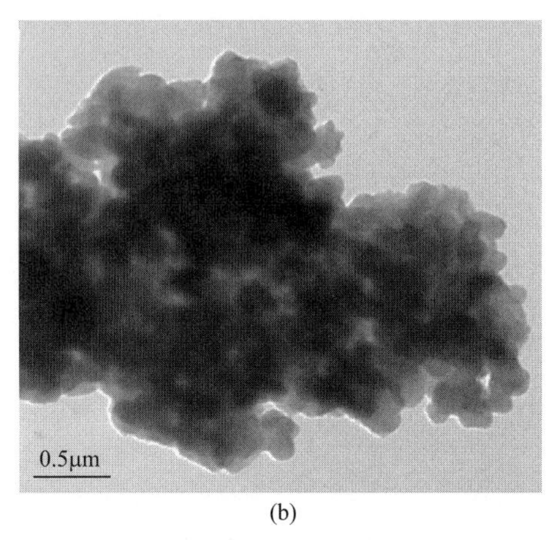

(b)

图 3-32 MT-FeNPs 的 XRD（a）和 TEM（b）图

绿茶提取液和 MT-FeNPs 真空干燥碾磨后得到的粉末在 400～4000cm^{-1}的红外扫描如图 3-33 所示。从图 3-33 可见，MT-FeNPs 及绿茶提取液在 3600～3200cm^{-1}、1800～1000cm^{-1}等处均存在特征吸收峰：3290cm^{-1}处有—OH，—NH_2 等基团的伸缩振动宽峰；

2910cm^{-1}处有—CH_2 和—CH_3 的较弱吸收峰；1616cm^{-1}处是 C ═O 的伸缩振动峰；1480cm^{-1}处为C—C键的骨架振动，1357cm^{-1}处有—CH_2 和—CH_3 的弯曲振动吸收峰以及C ═N 的伸缩振动峰；1234cm^{-1}为C—C骨架振动峰，1041cm^{-1}处为C—O—C的对称伸缩吸收峰。在图3-33（b）中，MT-FeNPs颗粒和绿茶提取液所包含的官能团基本一致，从而证明了MT-FeNPs颗粒的表面包裹了绿茶提取液中所含的多元酚、多元醇的有机基团。在460cm^{-1}、546cm^{-1}出现了Fe和Fe—O的吸收峰，但是未出现纳米零价铁的吸收峰，可能是茶叶提取物包裹了纳米零价铁，并且部分的纳米零价铁是被氧化了的。从而进一步证明了MT-FeNPs纳米颗粒中的铁主要以铁氧化物、氢氧化物及Fe—O形式存在的。

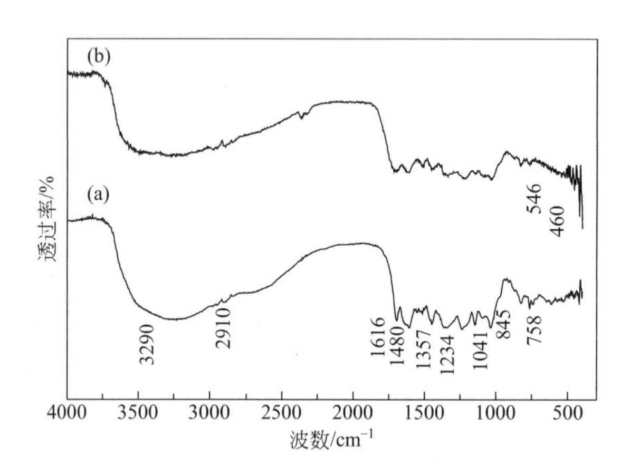

图3-33 绿茶提取液（a）与MT-FeNPs（b）的红外光谱图

本试验采用的是绿色原料制备纳米零价铁，减少了环境污染。

参考文献

[1] 王薇．包覆型纳米铁的制备及用于地下水污染修复的试验研究［D］．天津：南开大学，2008.

[2] 何则强，熊利芝，吴显明，等．流变相法制备 $LiNi_{0.5}Mn_{1.5}O_4$ 锂离子电池正极材料及其电化学性质［J］．无机化学学报，2007，23（5）：875-878.

[3] 梁震，王焰新．纳米级零价铁的制备及其用于污水处理的机理研究［J］．环境保护，2002，1（4）：14-16.

[4] 刘小虹，颜肖慈，李伟．纳米铁微粒制备的新进展［J］．金属功能材料，2002，9（2）：2-5.

[5] 李素君，卫建军，余江，等．羧甲基纤维素包覆纳米铁的制备及其分散性研究［J］，环境科学与技术，2010，33（9）：15-18.

[6] 王翠英，陈祖耀，程彬，等．金属铁纳米粒子的液相制备、表面修饰及其结构表征［J］．化学物理学报，1999，12（6）：670-674.

[7] Fang li，Cumaraswamy V，Kishoore K. Microemulsion and solution approaches tonanoparticle iron production for degradation of trichloroethylene［J］. Colloids and surfaces A：Physiochemical and Engineering Aspects，2003，223（1）：103-112.

[8] Pileni M P. The role of soft colloidal templates in conrolling the size and shape of inorganic nanocrystals［J］. Nature Materials，2003，(2)：145-150.

[9] 付真金，廖其龙，卢忠远，等．流变相-前驱物法制备纳米镍铁氧体粉末：精细化工［J］，2007，24（3）：217-220.

[10] 何则强，熊利芝，吴显明，等．流变相法制备 $LiNi_{0.5}Mn_{1.5}O_4$ 锂离子电池正极材料及其电化学性质［J］．无机化学学报，2007，23（5）：875-878.

[11] 高树梅，王晓栋，秦良，等，改进液相还原法制备纳米零价铁颗粒［J］．环境科学，2007，43（4）：358-363.

［12］ 钱慧静.CMC对纳米零价铁去除污染水体中六价铬的影响［D］. 杭州：浙江大学，2008.
［13］ 庞涛涛，杜黎明，苑戎. 红外光谱法直接鉴别苦丁茶的研究［J］. 分析科学学报，2007，23：213-215.
［14］ Njagi E C，Huang H，Stafford L，et al. Biosynthesis of iron and silver nanoparticles at room temperature using aqueous sorghum bran extracts［J］. Langmuir，2011，27（1）：264-271.
［15］ Kumar K M，Mandal B K，Kumar K S，et al. Biobased green method synthesise palladium Iron nano particles using terminalia chebula aqueous extract［J］. Spectrochim Acta Part，2013，102：128-133.
［16］ Marijan Gotić，Svetozar Musić，Mössbauer，FT-IR and FE SEM investigation of iron oxides precipitated from $FeSO_4$ solutions，Journal of Molecular Structure，2007，834-836：445-453.

4

包裹型纳米零价铁去除水中重金属离子的研究

4.1 Cu^{2+} 的处理研究

铜是水体中较常见的金属元素之一，也是人体必不可少的微量元素。发电、电镀、采矿、冶炼、化工等行业生产过程中都会产生高浓度的铜离子废水。我国规定：工业废水中的铜及其化合物最高允许排放浓度为1mg/L；地表水允许浓度为0.1mg/L；渔业用水为0.01mg/L；生活饮用水不得超过1.0mg/L；车间空气中Cu^{2+}允许浓度为0.2mg/m^3。

含铜废水的传统处理方法主要有：离子交换、电解、化学沉淀、吸附、反渗透等。在众多处理方法中，寻求一个操作简单、成本低廉、见效较快且满足排放标准，同时还能避免对环境造成二次污染的方法势在必行。

纳米零价铁还原重金属时具有反应快、用量少、效果好等优点，且制备工艺简单、成本较低、操作方便，是极具前景的环境材料。目前，将纳米零价铁应用于去除水溶液中各种金属离子的研究在不断深入，如纳米铁去除水中U（Ⅵ）、Cd（Ⅱ）、Pb（Ⅱ）、Hg（Ⅱ）、Cu（Ⅱ）和Ni（Ⅱ）等。

本节以Cu^{2+}作为废水处理的污染物，将制备出包裹型纳米零价铁及普通纳米零价铁，考察其对水中铜离子的去除效果。以$CuSO_4\cdot 5H_2O$溶液作为模拟废水研究对象，研究反应时间、零价铁投加量、铜离子初始浓度、溶液pH值等因素对去除效果的影响。

试验是在250mL具塞磨口锥形瓶中进行的，配制不同初始浓度的Cu^{2+}溶液倒入锥形瓶，调节模拟废水的pH值，然后加入不同质量的纳米零价铁。常温、常压下，将锥形瓶放在恒温水浴振荡箱中振荡。间隔一定时间取样，水样经0.22μm滤膜过滤，然后取适当滤液分析。采用二乙基二硫代氨基甲酸钠分光光度法（DDTC）测定水中铜的含量，其原理为铜与二乙胺基二硫代甲酸钠在碱性溶液中（pH值为9～10）生成的黄棕色络合物可被四氯化碳萃取，其最大的吸收波长为440nm。按下式计算铜的去除率：

$$去除率(\%)=(C_0-C)/C_0\times 100\% \qquad (4\text{-}1)$$

式中，C_0 为初始废水中铜的浓度，mg/L；C 为处理后铜的浓度，mg/L。

实验所测 Cu^{2+} 标准曲线如图 4-1 所示。

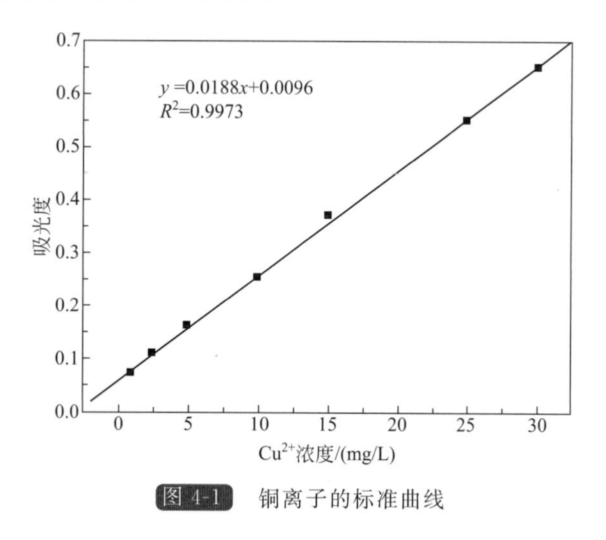

图 4-1 铜离子的标准曲线

4.1.1 NZVI 对废水中 Cu^{2+} 的去除效果

4.1.1.1 振荡时间对 Cu^{2+} 去除率的影响

配制两份 200mL 初始浓度均为 10mg/L 的 Cu^{2+} 模拟废水，NZVI 投加量分别为 0.30g/L 和 0.40g/L，温度为 25℃，pH 值均为 7。选择振荡时刻分别为 0.5h、1.0h、1.5h、2.0h、2.5h、3.0h、3.5h、4.0h、4.5h，测定 Cu^{2+} 去除率。

如图 4-2 所示，在 pH 值、温度、Cu^{2+} 初始浓度、投加量均一定的条件下，去除率随时间而升高，且 NZVI 对 Cu^{2+} 的去除率比包裹型的纳米零价铁稍低。投加量为 0.10g/L 和 0.25g/L 时，到 0.5h 时去除率分别为 77.5%和 80.81%；到 4.0h 时，去除效率分别为 82.51%和 86.13%。

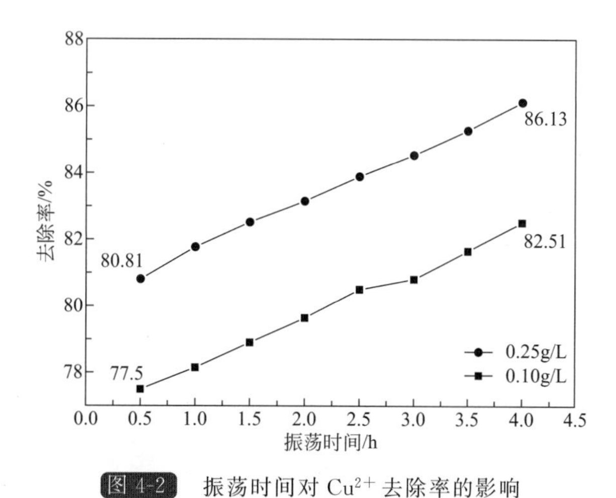

图 4-2 振荡时间对 Cu^{2+} 去除率的影响

4.1.1.2 NZVI 投加量对 Cu^{2+} 去除率的影响

配制 10 份 100mL 初始浓度均为 10mg/L 的 Cu^{2+} 模拟废水，温度为 25℃，pH 值均为

7，振荡 3.5h。设定 NZVI 投加量依次为 0.10g/L、0.20g/L、0.30g/L、0.40g/L、0.50g/L、0.60g/L、0.70g/L、0.80g/L、0.90g/L、1.0g/L，进行比较研究。

如图 4 3 所示，NZVI 投加量对 Cu^{2+} 的去除率影响程度较大，Cu^{2+} 去除率随投加量的增加而升高。在 pH 值、温度、Cu^{2+} 初始浓度、振荡时间均一定的条件下，NZVI 投加量从 0.10g/L 增加到 1.00g/L 过程中，去除率从 81.62%升高到 86.24%。NZVI 的投加量增加，相当于增大 NZVI 的表面积浓度，表面积浓度越高，去除率也就越高。

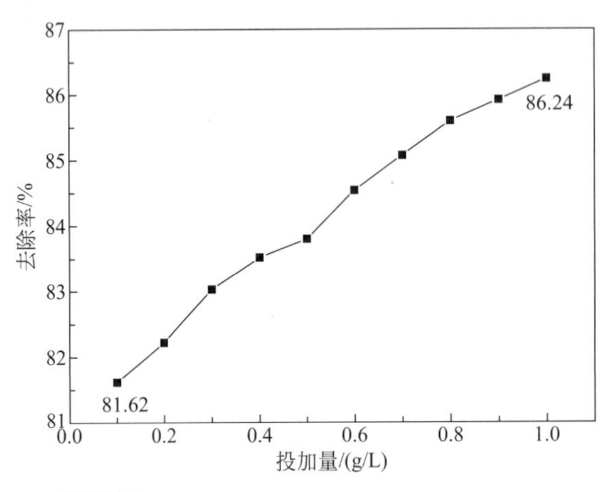

图 4-3 NZVI 投加量对 Cu^{2+} 去除率的影响

4.1.1.3 Cu^{2+} 初始浓度对 Cu^{2+} 去除率的影响

配制 5 份 100mL 的 NZVI 投加量均为 0.30g/L 的模拟废水，温度为 25℃，pH 值均为 7，振荡 3.5h。设定 Cu^{2+} 初始浓度分别为 5.0mg/L、10.0mg/L、20.0mg/L、30.0mg/L、40.0mg/L、50.0mg/L，进行比较研究。

如图 4-4 所示，在 pH 值、温度、投加量、振荡时间均一定的条件下，NZVI 对 Cu^{2+} 的去除率随 Cu^{2+} 初始浓度的增加而降低，Cu^{2+} 初始浓度越高，去除效果越差。初始浓度从 5mg/L 增加到 50mg/L 过程中，去除率由 90.87%逐渐降低到 5.98%，且去除率的降低由慢变快。

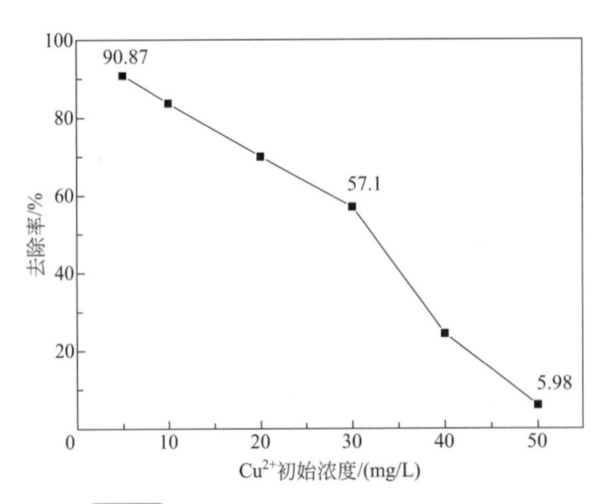

图 4-4 初始浓度对 Cu^{2+} 去除率的影响

4.1.1.4 pH 值对 Cu^{2+} 去除率的影响

配制 9 组 100mL 初始浓度均为 10mg/L 的 Cu^{2+} 模拟废水，温度为 25℃，NZVI 投加量为 0.30g/L，振荡 3.5h。设定 pH 值依次为 3、4、5、6、7、8、9、10、11。进行比较研究。

如图 4-5 所示，在其他因素均一定的条件下，去除率较大程度依赖于 pH 值。在 pH=4 时，去除率最高，为 85.07%。pH=3 时去除率只有 76.24%，是因为在低 pH 值条件下，H^+ 与零价铁发生反应，相当于与 Cu^{2+} 竞争，所以降低了 Cu^{2+} 被还原的效率。pH=6、7、8 时，去除率相差不大。pH>8 时，随 pH 升高 Cu^{2+} 的去除率反而下降，可能是因为生成的沉淀量逐渐增多而覆盖在 NZVI 表面，导致 Cu^{2+} 去除率下降。

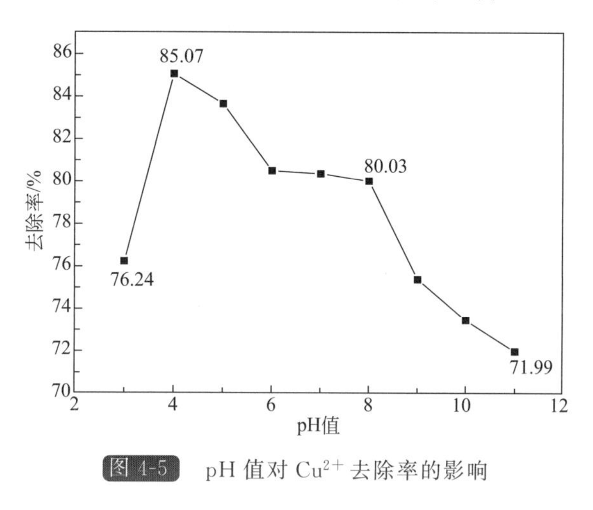

图 4-5 pH 值对 Cu^{2+} 去除率的影响

4.1.2 Agar-NZVI 对废水中 Cu^{2+} 的去除效果

4.1.2.1 振荡时间对 Cu^{2+} 去除率的影响

配制两份 200mL 浓度均为 10mg/L 的 Cu^{2+} 模拟废水，Agar-NZVI 投加量分别为 0.2g/L 和 0.4g/L，温度为 25℃，pH 值均为 7。选择振荡时间分别为 0.5h、1.0h、1.5h、2.0h、2.5h、3.0h、3.5h、4.0h，测定 Cu^{2+} 去除率。

如图 4-6 所示，在 pH 值、温度、Cu^{2+} 初始浓度、投加量均一定的条件下，去除率随时间增加而升高。投加量为 0.2g/L 和 0.4g/L 时，0.5h 的去除率分别为 86.79%和 92.00%；

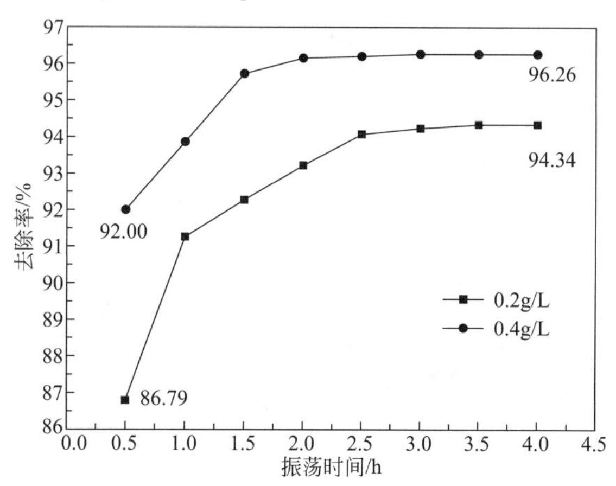

图 4-6 振荡时间对 Cu^{2+} 去除率的影响

到了 4.0h 时，去除率分别为 94.34%和 96.26%。在 1.5h 前，去除率随时间迅速升高，之后升高较缓慢。2.5h 后去除率保持稳定，表明反应已基本进行彻底，继续增加振荡时间对去除效果无明显影响。

4.1.2.2 Agar-NZVI 投加量对 Cu^{2+} 去除率的影响

为了研究 Agar-NZVI 投加量对去除溶液中 Cu^{2+} 反应的影响，配制 10 份 100mL 初始浓度均为 10mg/L 的 Cu^{2+} 模拟废水，温度为 25℃，pH 值均为 7，振荡 3.0h，Agar-NZVI 投加量依次为 0.10g/L、0.20g/L、0.30g/L、0.40g/L、0.50g/L、0.60g/L、0.70g/L、0.80g/L、0.90g/L、1.0g/L，进行比较研究。

如图 4-7 所示，Agar-NZVI 的投加量对 Cu^{2+} 的去除影响较大，Cu^{2+} 的去除率随 Agar-NZVI 投加量的增加而升高。在其他因素均一定的条件下，Agar-NZVI 投加量从 0.10g/L 增大到 1.0g/L 的过程中，去除率从 85.19%升高到 99.71%。这是因为增大 Agar-NZVI 浓度，相应地增多了反应的活性位点，有利于还原反应的进行。继续增加 Agar-NZVI 的量，Cu^{2+} 的去除效果变化不明显。

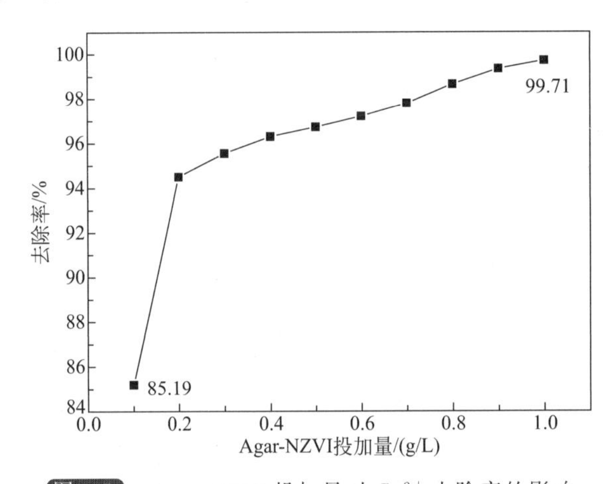

图 4-7 Agar-NZVI 投加量对 Cu^{2+} 去除率的影响

4.1.2.3 Cu^{2+} 初始浓度对 Cu^{2+} 去除率的影响

为研究 Cu^{2+} 初始浓度对 Agar-NZVI 还原去除溶液中 Cu^{2+} 反应的影响，配制 5 份 100mL Agar-NZVI 投加量均为 0.30g/L 的模拟废水，Cu^{2+} 初始浓度分别为 5.0mg/L、10.0mg/L、20.0mg/L、30.0mg/L、40.0mg/L、50.0mg/L，温度为 25℃，pH 值均为 7，振荡 3h，进行比较研究。

如图 4-8 所示，在 pH 值、温度、Agar-NZVI 投加量、振荡时间一定的条件下，Agar-NZVI 对 Cu^{2+} 的去除率随 Cu^{2+} 初始浓度的增大而降低。Cu^{2+} 初始浓度越高，去除效果越差。初始浓度自 5.0mg/L 增加到 50mg/L 过程中，去除率由 99.68%降低到 16.72%。在 Cu^{2+} 浓度小于 30mg/L 时，去除率下降的速度比较慢（从 99.68%降低到 90.38%），且去除效率均大于 90%；Cu^{2+} 初始浓度从 30mg/L 增加到 50mg/L 过程中，去除率降低得很快（从 90.38%下降到 16.72%）。这说明在反应中 Cu^{2+} 浓度越高，Cu^{2+} 同 Agar-NZVI 颗粒的表面活性接触位点越少，从而影响反应的去除率。

4.1.2.4 pH 值对 Cu^{2+} 去除率的影响

配制 9 份 100mL Cu^{2+} 初始浓度均为 10mg/L 的模拟废水，温度为 25℃，Agar-NZVI 投加

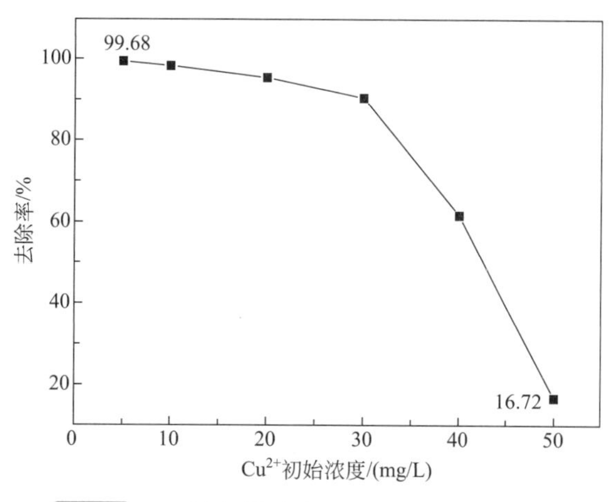

图 4-8 Cu^{2+} 初始浓度对 Cu^{2+} 去除率的影响

量为 0.30g/L，振荡 3h。调节 pH 值依次为 3、4、5、6、7、8、9、10、11，进行比较研究。

如图 4-9 所示，pH 值对去除率的影响很明显。pH 值由 3 增大到 11 的过程中，去除率在 90.83%至 99.65%间变化，此过程 Agar-NZVI 对 Cu^{2+} 的去除效果比较好。pH=7 时，去除率为 99.65%。pH 值为 4、5、6、8 时，去除率均在较高的水平，Cu^{2+} 几乎可以完全被 Agar-NZVI 去除，表明 Agar-NZVI 去除 Cu^{2+} 能在较大 pH 值范围内保持较高的去除率。而 pH=3 时去除率低至 90.83%，可能是因为在低 pH 值条件下，溶液中 H^+ 浓度较大，可以和部分 Agar-NZVI 发生反应，消耗了一定量的 Agar-NZVI，降低了 Cu^{2+} 被还原的效率。当 pH 值大于 8 时去除率下降，可能是因为在碱性条件下，溶液中 OH^- 浓度较大，可以和部分 Agar-NZVI 发生反应生成 $Fe(OH)_3$，覆盖在 Agar-NZVI 表面，阻碍了 NZVI 与 Cu^{2+} 的氧化还原反应的继续进行，使得 Cu^{2+} 去除率下降。

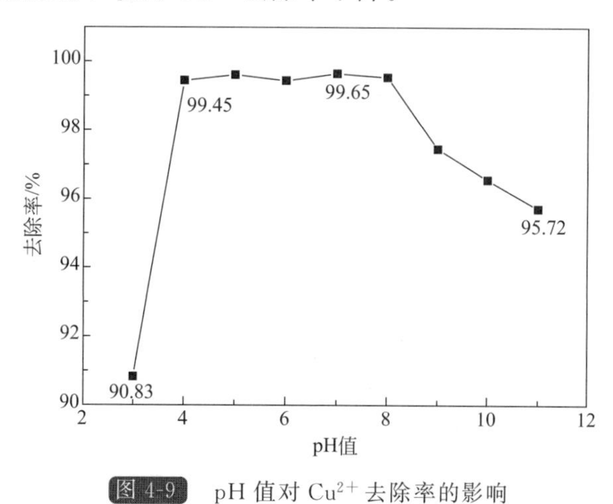

图 4-9 pH 值对 Cu^{2+} 去除率的影响

4.1.3 CMC-NZVI 对废水中 Cu^{2+} 的去除效果

4.1.3.1 振荡时间对 Cu^{2+} 去除率的影响

配制两份 200mL Cu^2 初始浓度均为 10mg/L 的模拟废水，CMC-NZVI 投加量分别为 0.225g/L 和 0.30g/L，温度为 25℃，pH 值均为 7。选择振荡时间 0.5h、1.0h、1.5h、

2.0h、2.5h、3.0h、3.5h、4.0h 分别测定 Cu^{2+} 去除率。

如图 4-10 所示，在 pH 值、温度、Cu^{2+} 初始浓度、投加量均一定的条件下，去除率随时间的延长而升高。当投加量分别为 0.225g 和 0.30g 时，振荡 0.5h 去除率分别为 83.91% 和 87.48%；振荡 4h，去除率分别为 92.80% 和 93.60%。1.5h 前，去除率随时间而升高的速度较快，此后缓慢升高。2.5h 后基本不变，说明反应已经基本进行彻底，继续振荡对去除率无明显影响。

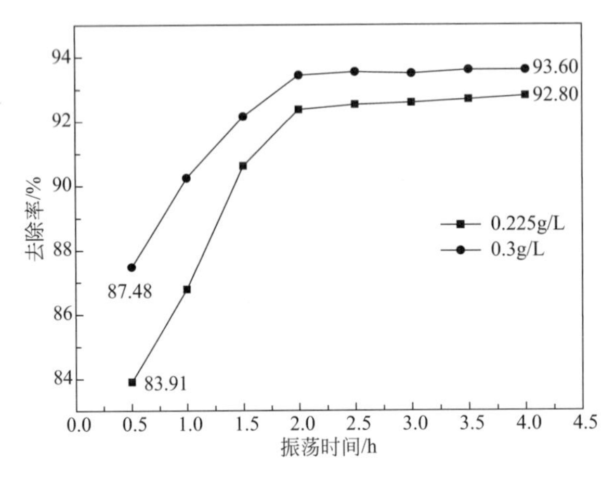

图 4-10 振荡时间对 Cu^{2+} 去除率的影响

4.1.3.2 CMC-NZVI 投加量对 Cu^{2+} 去除率的影响

配制 10 份 100mL 初始浓度均为 10mg/L 的 Cu^{2+} 模拟废水，温度为 25℃，pH 值均为 7，振荡 3h。设定 CMC-NZVI 投加量依次为 0.10g/L、0.20g/L、0.30g/L、0.40g/L、0.50g/L、0.60g/L、0.70g/L、0.80g/L、0.90g/L、1.0g/L，进行比较研究。

如图 4-11 所示，CMC-NZVI 对 Cu^{2+} 的去除率随投加量的增加而升高。在 pH 值、温度、Cu^{2+} 初始浓度、振荡时间均一定的条件下，CMC-NZVI 投加量从 0.10g/L 增加到 1.0g/L 过程中，去除率从 89.45%升高到 96.20%。由于零价铁对铜离子的还原去除反应发生在零价铁的表面，增加 CMC-NZVI 投加量相当于增大零价铁的表面积浓度，表面积浓度越高，去除率也就越高。

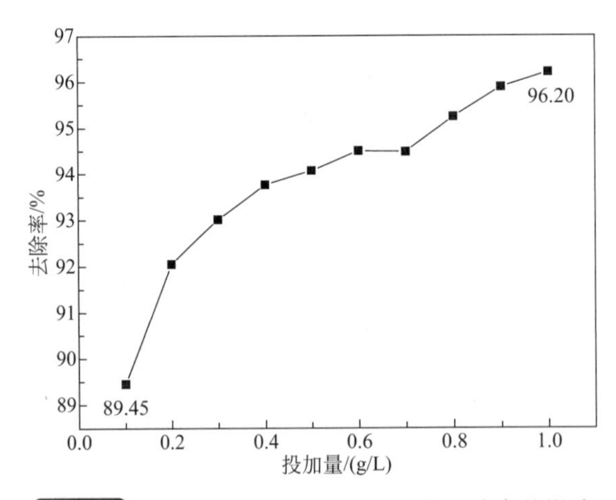

图 4-11 CMC-NZVI 投加量对 Cu^{2+} 去除率的影响

4.1.3.3 Cu^{2+}初始浓度对Cu^{2+}去除率的影响

配制5份100mL CMC-NZVI投加量均为0.30g/L的Cu^{2+}模拟废水，温度为25℃，pH值均为7，振荡时间3h。设定Cu^{2+}初始浓度分别为5.0mg/L、10.0mg/L、20.0mg/L、30.0mg/L、40.0mg/L、50.0mg/L，进行比较研究。

如图4-12所示，在pH值、温度、投加量、振荡时间一定条件下，CMC-NZVI对Cu^{2+}的去除率随Cu^{2+}初始浓度的增加而降低，较高的Cu^{2+}初始浓度对去除效果不利。初始浓度自5mg/L增加到50mg/L过程中，去除率由99.39%逐渐降低到30.13%。在Cu^{2+}浓度小于30mg/L时，去除率降低较慢（从99.39%下降到87.40%）。Cu^{2+}初始浓度从30mg/L增加到50mg/L过程中，去除率降低很快（从87.40%下降到30.13%），去除效果较差。

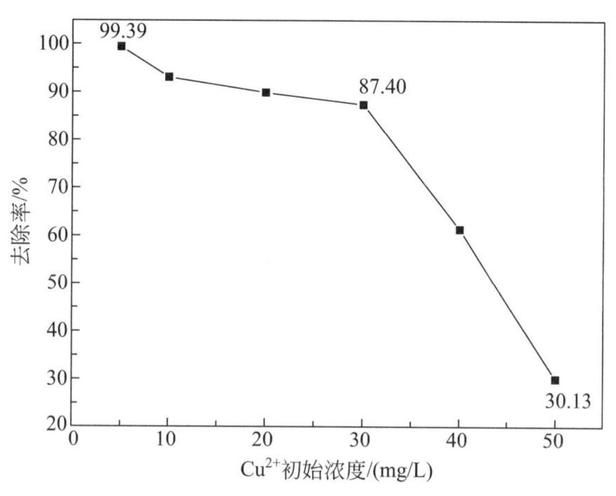

图4-12 初始浓度对Cu^{2+}去除率的影响

4.1.3.4 pH值对Cu^{2+}去除率的影响

配制9份100mL Cu^{2+}初始浓度均为10mg/L的模拟废水，温度为25℃，CMC-NZVI投加量0.30g/L，振荡3h。调节pH值依次为3、4、5、6、7、8、9、10、11，进行比较研究。

如图4-13所示，在振荡时间、Cu^{2+}初始浓度、温度、投加量均一定条件下，去除率较大程度依赖于pH值。在pH值为7时，去除率很高，达到了97.74%。此后随pH值增大

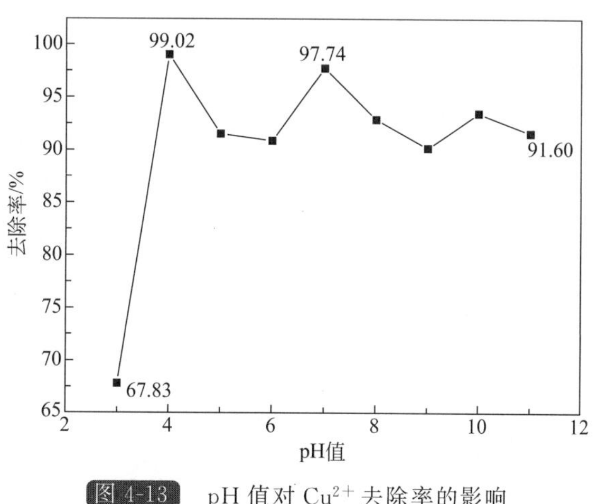

图4-13 pH值对Cu^{2+}去除率的影响

去除率降低，可能是因为生成的 $Cu(OH)_2$、$Fe(OH)_3$ 等沉淀覆盖在 CMC-NZVI 表面，阻碍了零价铁对 Cu^{2+} 的还原去除。在 pH 值为 3 时去除率只有 67.83%，可能是因为在强酸性条件下，溶液中高浓度的 H^+ 与零价铁发生反应，消耗掉部分 CMC-NZVI，从而降低了 Cu^{2+} 被还原的效率。

4.1.4 Starch-NZVI 对废水中 Cu^{2+} 的去除效果

4.1.4.1 振荡时间对 Cu^{2+} 去除率的影响

配制两份 200mL Cu^{2+} 的初始浓度均为 10mg/L 的模拟废水，Starch-NZVI 投加量分别为 0.30g/L 和 0.40g/L，温度为 25℃，pH 值均为 7。选择振荡时刻分别为 0.5h、1.0h、1.5h、2.0h、2.5h、3.0h、3.5h、4.0h、4.5h，测定 Cu^{2+} 去除率。

如图 4-14 所示，在 pH 值、温度、Cu^{2+} 初始浓度、投加量均一定的条件下，去除率随时间而升高。投加量分别为 0.30g/L 和 0.40g/L 时，0.4h 时去除率分别为 81.79% 和 82.11%；4.0h 时，去除率分别为 90.62% 和 91.79%。在 1.5h 之前，去除率随时间升高很快，此后升高缓慢，到了 3.0h 后基本不变，表明反应已基本进行彻底，增加振荡时间对去除率无明显影响。

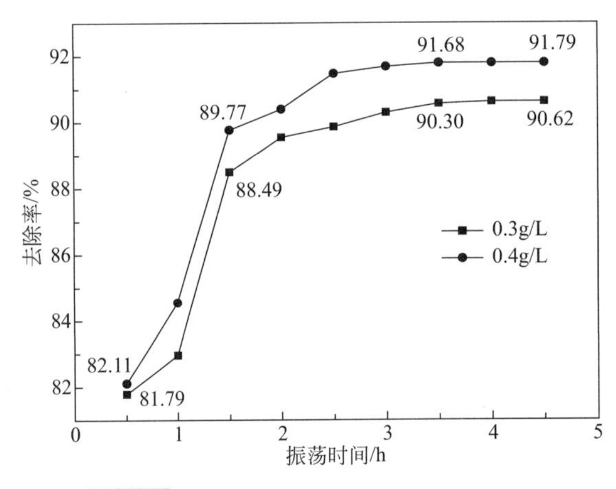

图 4-14 振荡时间对 Cu^{2+} 去除率的影响

4.1.4.2 Starch-NZVI 投加量对 Cu^{2+} 去除率的影响

配制 10 份 100mL Cu^{2+} 初始浓度均为 10mg/L 的模拟废水，温度为 25℃，pH 值均为 7，振荡 3h。设定 Starch-NZVI 投加量依次为 0.10g/L、0.20g/L、0.30g/L、0.40g/L、0.50g/L、0.60g/L、0.70g/L、0.80g/L、0.90g/L、1.0g/L，进行比较研究。

如图 4-15 所示，Cu^{2+} 的去除率随 Starch-NZVI 投加量的增加而升高。在 pH 值、温度、Cu^{2+} 初始浓度、振荡时间均一定的条件下，Starch-NZVI 投加量从 0.10g/L 增加到 1.0g/L 过程中，去除率从 87.96% 升高到 94.88%。零价铁与铜离子的还原反应的场所主要是在零价铁的表面，增加 Starch-NZVI 投加量，相当于增大零价铁的表面积浓度，因而去除率也就会变高。

4.1.4.3 Cu^{2+} 初始浓度对 Cu^{2+} 去除率的影响

配制 5 份 100mL Starch-NZVI 投加量均为 0.30g/L 的模拟废水，温度为 25℃，pH 值均为 7，振荡 3h。设定 Cu^{2+} 初始浓度分别为 5.0mg/L、10.0mg/L、20.0mg/L、30.0mg/L、40.0mg/L、50.0mg/L，进行比较研究。

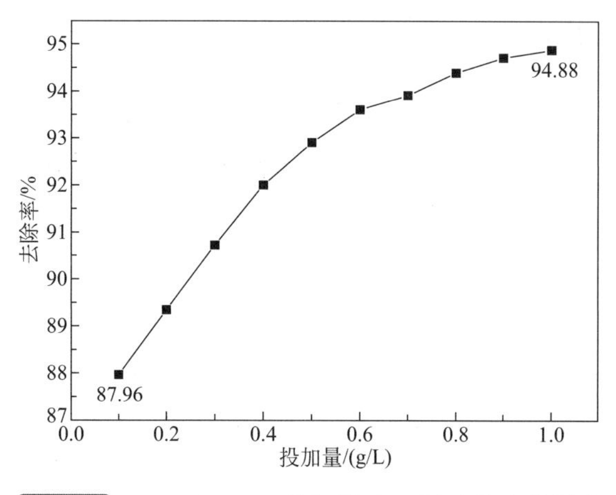

图 4-15 Starch-NZVI 投加量对 Cu^{2+} 去除率的影响

如图 4-16 所示，在 pH 值、温度、投加量、振荡时间均一定的条件下，Starch-NZVI 对 Cu^{2+} 的去除率随 Cu^{2+} 初始浓度的增加而降低，Cu^{2+} 初始浓度越高，去除效果越不好。初始浓度自 5mg/L 增加到 50mg/L 过程中，去除率由 95.88%逐渐降低到 7.57%，且去除率的下降速率先慢后快。

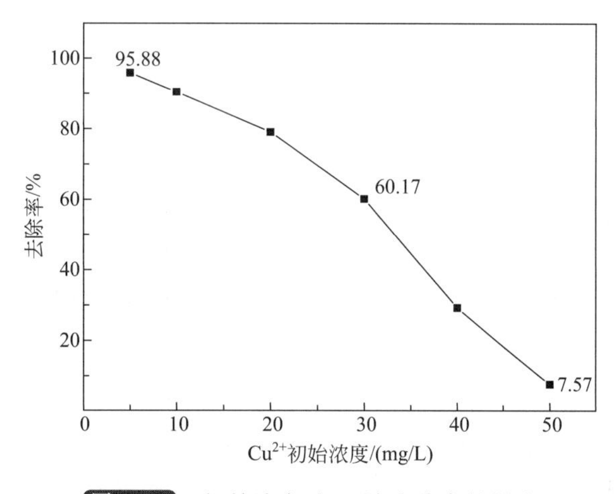

图 4-16 初始浓度对 Cu^{2+} 去除率的影响

4.1.4.4 pH 值对 Cu^{2+} 去除率的影响

配制 9 份 100mL Cu^{2+} 初始浓度均为 10mg/L 的模拟废水，温度为 25℃，Starch-NZVI 投加量 0.30g/L，振荡 3h。设定 pH 值依次为 3、4、5、6、7、8、9、10、11。进行比较研究。

如图 4-17 所示，pH 值对去除率的影响程度很大，在其他因素一定的情况下，pH 值由 3 增大到 11 的过程中，去除率依次为 72.85%、91.79%、93.6%、93.91%、94.23%、94.83%、94.15%、92.60%、90.44%。在 pH<8 时，去除率随 pH 值的增大而升高；在 pH>8 时，去除率随 pH 值的增大而减小。在 pH=7、8、9 时，去除率相差不大。pH=3 时去除率较低，原因是酸性溶液中 H^+ 与纳米零价铁发生反应，相当于与 Cu^{2+} 竞争，降低了 Cu^{2+} 被还原的效率。

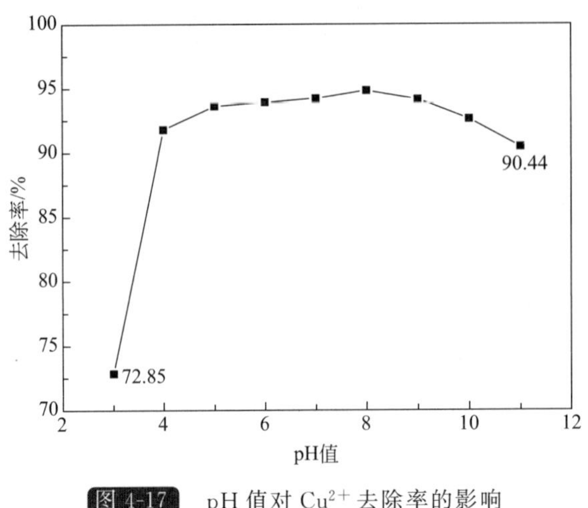

图 4-17 pH 值对 Cu^{2+} 去除率的影响

4.1.5 包裹型纳米零价铁去除 Cu^{2+} 的反应机理

在包裹型纳米零价铁去除 Cu^{2+} 的反应过程中，纳米铁颗粒均匀的分散在溶液中，经过一段时间后表面的包裹剂开始溶解，零价铁慢慢地暴露出来，一部分同水和溶解氧发生反应，过程如下：

$$\text{包裹剂-Fe} \longrightarrow \text{包裹剂} + \text{Fe(释放)} \tag{4-2}$$

$$2Fe + 4H^{+} + O_2 \longrightarrow 2Fe^{2+} + 2H_2O\text{(酸性溶液)} \tag{4-3}$$

$$Fe + 2H_2O \longrightarrow Fe^{2+} + H_2 + 2OH^{-} \tag{4-4}$$

由于包裹型纳米零价铁比表面积较大，对 Cu^{2+} 具有较强的吸附能力，因此一部分包裹型纳米零价铁可以将溶液中大量的 Cu^{2+} 吸附表面，然后发生氧化还原反应，反应过程如下：

$$Cu^{2+} + \text{包裹剂-Fe} \longrightarrow Cu^{2+}\text{-包裹剂-Fe(吸附)} \tag{4-5}$$

$$Fe + Cu^{2+} \longrightarrow Fe^{2+} + Cu \tag{4-6}$$

$$Fe + 2Cu^{2+} + H_2O \longrightarrow Fe^{2+} + Cu_2O + 2H^{+} \tag{4-7}$$

Fe 首先生成 Fe^{2+}，但在水溶液中 Fe^{2+} 被迅速氧化为 Fe^{3+}，Fe^{3+} 继续与水溶液中 OH^{-} 或 H_2O 反应，生成 Fe（OH）$_3$，Cu^{2+} 被还原为 Cu 和 Cu_2O。Duygu Karabelli 等证实了纳米零价铁能快速去除初始浓度 200mg/L 的 Cu^{2+}，且 1g 纳米铁能吸收 250mgCu^{2+}。

4.2 Cr（Ⅵ）处理试验研究

铬及其化合物在工业上的应用十分广泛，例如轻工纺织、化工、制药、电镀、颜料、铬盐及铬化物的生产等许多行业，都会产生大量的含铬废水。通常，铬的化合物以二价、三价和六价的形式存在，但水体中主要以 Cr（Ⅲ）和 Cr（Ⅵ）两种形态存在。其中，Cr（Ⅵ）具有致癌、致畸和致突变作用，毒性约为 Cr（Ⅲ）的一百倍，并且其溶解度和迁移性较大。处理重金属废水传统方法有化学沉淀法、吸附法、生物吸附法、离子交换法、渗透法、电解法、膜分离法等。纳米零价铁（NZVI）作为一种高比表面、高活性的还原剂，近年来已被广泛用于 Cr（Ⅵ）的降解研究中。但是，纳米零价铁易团聚、易被氧化，影响了其实际应用效果．因此，用负载物或包裹物来解决上述问题已成为纳米零价铁应用的研究热点。本节以 Cr（Ⅵ）作为废水处理中典型的无机污染物，考察包裹后的纳米铁颗粒的性能。本试验以重铬酸钾溶液为模拟废水进行研究，其分子式为 $K_2Cr_2O_7$，使用 3.2 中合成的纳米零价铁样品对其进行降解去除试验，探讨纳米零价铁用量、重铬酸钾初始浓度、反应时间、溶液 pH 值等因素对去除效果的影响。

Cr（Ⅵ）的去除试验是在 500mL 的具塞磨口锥形瓶中进行。将 200mL 不同初始浓度的 Cr（Ⅵ）溶液加入锥形瓶中，调 pH 值，然后加入不同质量的纳米零价铁样品，在常温、常压下，将锥形瓶放入搅拌器中搅拌。根据设定时间取样，通过 0.22μm 滤膜过滤后，采用 GB 7267—2015 标准对水质六价铬进行测定（二苯碳酰二肼分光光度法）。试验所测 Cr（Ⅵ）标准曲线如图 4-18 所示。

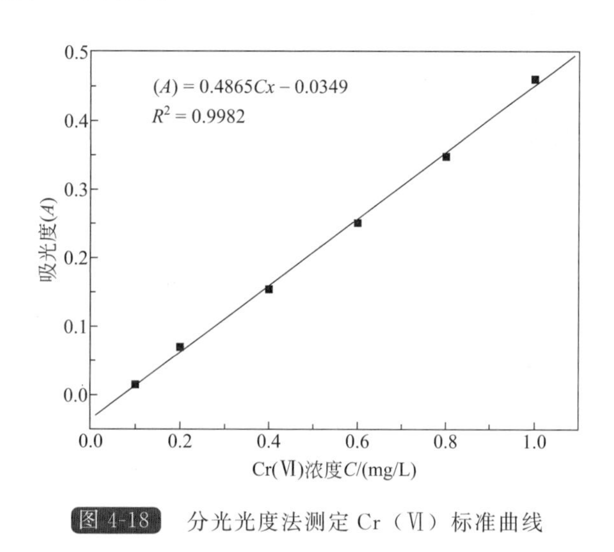

图 4-18　分光光度法测定 Cr（Ⅵ）标准曲线

4.2.1　Agar-NZVI 对水中 Cr（Ⅵ）的去除效果

4.2.1.1　Agar-NZVI 和未包裹型纳米零价铁去除 Cr（Ⅵ）效果的比较

纳米零价铁作为与 Cr（Ⅵ）反应的还原剂和吸附剂，它的性质对 Cr（Ⅵ）的去除效果有着非常大的影响。为了比较包裹型和未包裹型纳米零价铁与 Cr（Ⅵ）反应的活性，试验采用液相还原法制备的纳米零价铁、流变相反应法制备的纳米零价铁和流变相反应法制备的琼脂包裹型纳米零价铁与 Cr（Ⅵ）进行反应。四种材料的投加量都为 0.75g/L，Cr（Ⅵ）浓度为 20mg/L，pH 值为 5，常温下搅拌反应。间隔一定时间采样，测定 Cr（Ⅵ）浓度，比较反应效果。

如图 4-19 所示，单独琼脂对 Cr（Ⅵ）的去除率小于 2%，这说明包裹材料对 Cr（Ⅵ）的去除影响非常小，可以忽略。琼脂包裹型纳米零价铁（Agar-NZVI）对 Cr（Ⅵ）的去除率最高，可以全部去除，流变相法制备的纳米零价铁对 Cr（Ⅵ）的去除率大约为 90%，液相还原法制备的纳米零价铁对 Cr（Ⅵ）的去除率较低，仅仅为 80%。这是由于 Agar-NZVI 中的纳米铁颗粒被琼脂均匀包裹，使其较好的分散，具有了更强的活性，才具有较好的去除率。而未包裹型的纳米铁颗粒呈链状或者聚集成堆，不利于与污染物充分接触。

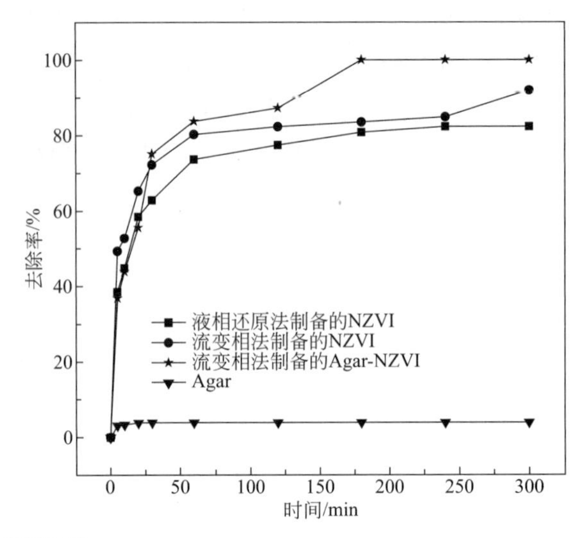

图 4-19 包裹和未包裹的 NZVI 对 Cr（Ⅵ）的去除效果

4.2.1.2 pH 值对 Cr（Ⅵ）去除率的影响

在使用纳米零价铁进行 Cr（Ⅵ）的去除率的研究中，pH 值是一个非常重要的影响因素。为了研究溶液 pH 值对 Agar-NZVI 还原去除溶液中 Cr（Ⅵ）的影响，控制初始 Cr（Ⅵ）浓度为 20mg/L，Agar-NZVI 的投加量为 0.75g/L，调节溶液的 pH 值分别为 3.0、5.0、7.0 和 9.0，常温下于磁力搅拌器中搅拌反应，比较反应效果。

如图 4-20 所示，Cr（Ⅵ）的去除率在不同 pH 条件下随时间的变化关系。当 pH 值为 3.0、5.0、7.0、9.0 和 11 时，体系中 Cr（Ⅵ）的去除率分别为 100%、82.21%、67.07%、45.89%和 30.77%。随着 pH 值的升高，Agar-NZVI 对 Cr（Ⅵ）的去除率逐渐降低，结果同前人的研究相一致。试验结果表明酸性条件下更有利于纳米零价铁对 Cr（Ⅵ）的去除，这是因为，增大 H^+ 浓度将使得反应向有利于 Cr（Ⅵ）还原的方向进行，促进了 Cr（Ⅵ）的还原，而在碱性条件下，纳米铁表面易氧化生成氢氧化铁或碳酸铁等氧化膜而使其钝化，从而使纳米铁的反应活性降低，从而对还原不利；另外，当不同浓度 Cr（Ⅵ）

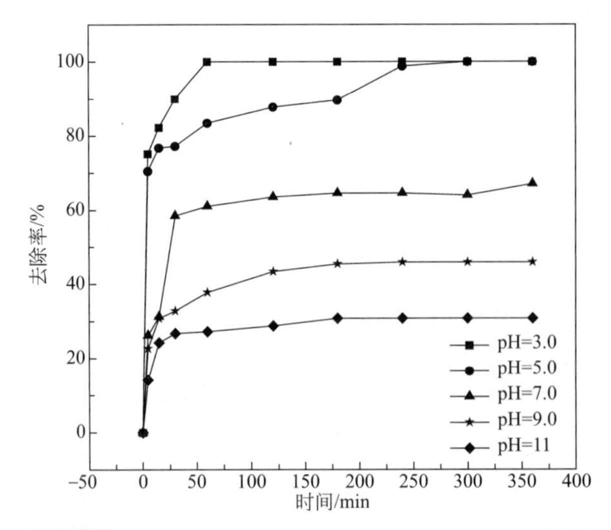

图 4-20 不同 pH 值对溶液中 Cr（Ⅵ）去除率的影响

在不同的介质中，溶液中 Cr（Ⅵ）的存在形式各不相同，有 CrO_4^{2-}、$HCrO_4^-$、H_2CrO_4、HCr_2O^{7-} 和 $Cr_2O_7^{2-}$ 等。在低 pH 值时，Cr（Ⅵ）主要以 $HCrO_4^-$ 形式存在于溶液中，随着 pH 值的升高，$HCrO_4^-$ 会随之转化为 CrO_4^{2-} 和 $Cr_2O_7^{2-}$。酸性条件会使零价铁表面的质子化加剧，使带正电荷的纳米零价铁表面对带负电的 Cr（Ⅵ）基团产生强烈的吸引作用。

纳米零价铁在溶液中，纳米零价铁首先同水和溶解氧发生反应，然后与 Cr（Ⅵ）进行反应，反应过程如下：

$$2Fe+4H^{+}+O_2 \longrightarrow 2Fe^{2+}+2H_2O \tag{4-8}$$

$$Fe+2H_2O \longrightarrow Fe^{2+}+H_2+2OH^{-} \tag{4-9}$$

当在酸性条件下时，反应过程如下：

$$Fe^{2+}+H_2CrO_4+H^{+} \longrightarrow Fe^{3+}+H_3CrO_4 \tag{4-10}$$

$$Fe^{2+}+H_3CrO_4+H^{+} \longrightarrow Fe^{3+}+H_4CrO_4 \tag{4-11}$$

$$Fe^{2+}+H_4CrO_4+H^{+} \longrightarrow Fe^{3+}+Cr(OH)_3+H_2O \tag{4-12}$$

总反应过程可用下式表示：

$$2CrO_4^{2-}+3Fe+10H^{+} \longrightarrow 2Cr(OH)_3+3Fe^{2+}+2H_2O \tag{4-13}$$

B. M. Weckhuysen 等研究发现，当 pH 值大于 8 时，溶液中仅仅有 CrO_4^{2-} 存在，不利于反应的进行。

4.2.1.3 Cr（Ⅵ）初始浓度对反应的影响

不同初始浓度的 Cr（Ⅵ）也会对反应物之间的接触产生影响，从而使反应效果受到影响。

为了研究 Agar-NZVI 还原去除溶液中 Cr（Ⅵ）时 Cr（Ⅵ）的初始浓度对反应的影响，控制初始溶液的 pH 值为 5，Agar-NZVI 的投加量为 0.75g/L，调节溶液中 Cr（Ⅵ）的初始浓度分别为 10mg/L、20mg/L 和 40mg/L，常温下于磁力搅拌器中搅拌反应，比较反应效果。

如图 4-21 所示，Agar-NZVI 与 Cr（Ⅵ）的反应速率和去除率随溶液中 Cr（Ⅵ）初始浓度的升高而降低，这是由于在氧化还原反应中，NZVI 被氧化为 Fe（Ⅲ），Cr（Ⅵ）被还原为 Cr（Ⅲ）。当 Fe（Ⅲ）和 Cr（Ⅲ）的浓度接近时，纳米铁颗粒的表面会形成一层由

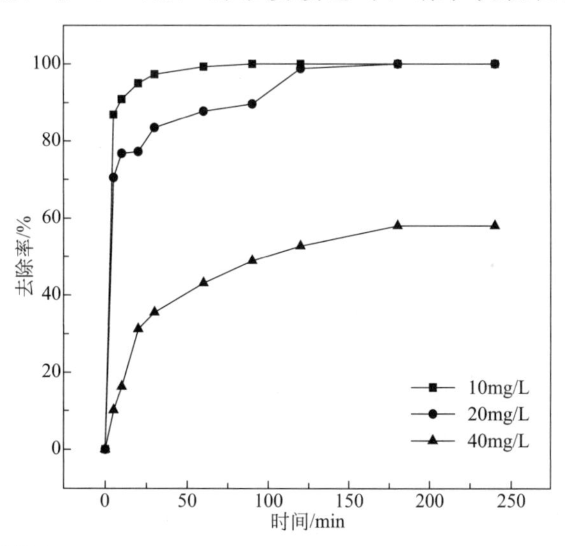

图 4-21 不同的 Cr（Ⅵ）初始浓度对 Cr（Ⅵ）去除率的影响

Fe（Ⅲ）-Cr（Ⅲ）羟基氧化物组成的薄膜。反应生成的这类物质越多，它们越沉淀在纳米铁表面占据活性点位，阻碍反应进一步进行，不利于Cr（Ⅵ）转化为Cr（Ⅲ）的还原反应，降低反应速率。

4.2.1.4 样品投加量对Cr（Ⅵ）去除率的影响

为了研究Agar-NZVI在去除水中Cr（Ⅵ）时的最佳使用量，在溶液的pH值为5.0，Cr（Ⅵ）的初始浓度为20mg/L的条件下，考察了Agar-NZVI投加量为0.25g/L、0.5g/L、0.75g/L和1g/L时对Cr（Ⅵ）去除率的影响。

如图4-22所示，在3h时，Agar-NZVI投加量为0.25g/L、0.5g/L、0.75g/L和1g/L时，Cr（Ⅵ）的去除率分别为54.07%、84.07%、100%和100%，随着Agar-NZVI投加量的增加，Cr（Ⅵ）的去除率不断提高。这是因为增大Agar-NZVI浓度会增加反应的活性点位，使新鲜铁表面有了更多和污染物接触的机会，有助于纳米零价铁还原反应的进行。

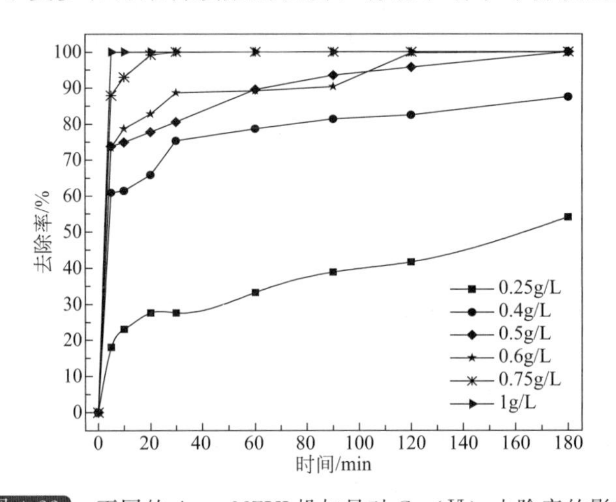

图4-22 不同的Agar-NZVI投加量对Cr（Ⅵ）去除率的影响

4.2.1.5 反应动力学

Agar-NZVI与水中Cr（Ⅵ）的反应属于非均相反应，反应过程可用Langmuir-Hinshelwood动力学模型来描述：

$$v=-\frac{dC}{dt}=\frac{KbC}{1+bC} \tag{4-14}$$

式中，K为固体表面的反应速率常数；b为与固体的吸附热和温度有关的常数。当反应物浓度很低时$bC \ll 1$，式（4-14）可写成：

$$v=-\frac{dC}{dt}=KbC=kC \tag{4-15}$$

式中，$k=Kb$，此时，反应简化为一级反应。对式（4-15）积分得：

$$\ln\left(\frac{C}{C_0}\right)=k_{obs}t \tag{4-16}$$

即$\ln(C/C_0)$与时间t成线性关系，斜率k_{obs}即为表观速率常数。

（1）初始pH值对反应速率的影响

当Cr（Ⅵ）的初始浓度为20mg/L，Agar-NZVI的投加量为0.75g/L时，对于不同的pH值，其动力学拟合曲线如图4-23所示，表观反应速率常数k_{obs}见表4-1。

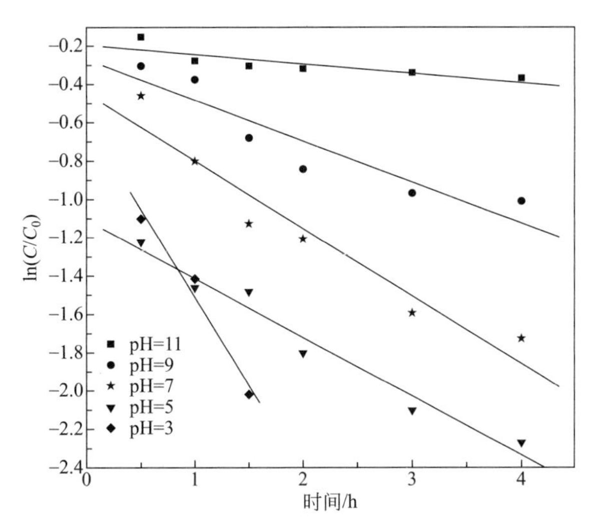

图 4-23 不同初始 pH 值下 Agar-NZVI 去除 Cr（Ⅵ）的反应动力学拟合曲线

从表 4-1 可看出，不同 pH 值下的 R^2 值分别为 0.9812、0.9634、0.9821、0.9272、0.9831，说明 ln(C/C_0) 与 t 呈现出良好的线性相关性。另外，反应速率常数随着初始 pH 值的升高而下降。当初始 pH 值为 3、5、7、9 和 11 时，k_{obs}值分别为 0.9178/h、0.2136/h、0.1984/h、0.1038/h、0.0249/h。当 pH 值较低时，表观反应速率常数有了更为明显的升高，这是由于六价铬的还原主要是 NZVI 起作用，当 NZVI 腐蚀时产生的 H 原子和 Fe（Ⅱ）与 Cr（Ⅵ）发生还原法反应。在低 pH 值条件下，NZVI 腐蚀会产生更多的 H 原子和 Fe（Ⅱ），有助于Cr（Ⅵ）还原反应的进行。因此，在 pH 较小的条件下反应速率较高。然而，在碱性条件下，NZVI 的表面被氧化物以及氢氧化物薄膜覆盖，减少了 NZVI 和 Cr（Ⅵ）反应的吸附活性和反应场所，因此相应的吸附量和表观反应速率常数也大大减小。

表 4-1 不同 pH 值下 Agar-NZVI 与 Cr（Ⅵ）反应的表观反应速率常数

pH 值	k_{obs}/h	R^2
3	0.9178	0.9812
5	0.2136	0.9634
7	0.1984	0.9821
9	0.1038	0.9272
11	0.0249	0.9831

（2）Cr（Ⅵ）的初始浓度对反应速率的影响

当 pH 值为 5，Agar-NZVI 的投加量为 0.75g/L 时，对于不同的 Cr（Ⅵ）的初始浓度，其动力学拟合曲线如图 4-24 所示，表观反应速率常数 k_{obs}见表 4-2。

从表 4-2 可看出，Agar-NZVI 去除 Cr（Ⅵ）的表观反应速率常数随 Cr（Ⅵ）初始浓度的升高而降低。当初 Cr（Ⅵ）的初始浓度为 10mg/L、20mg/L 和 40mg/L 时，k_{obs}值分别为 0.0415/min、0.0267/min 和 0.0041/min。这是由于 Cr（Ⅵ）为强氧化剂，对 NZVI 有十分明显的钝化作用。研究表明 NZVI 可以将 Cr（Ⅵ）还原为Cr（Ⅲ），NZVI 变为 Fe（Ⅲ），两者以 Fe（Ⅲ）-Cr（Ⅲ）的氢氧化物共沉淀形式沉积在 NZVI 的表面，形成钝化

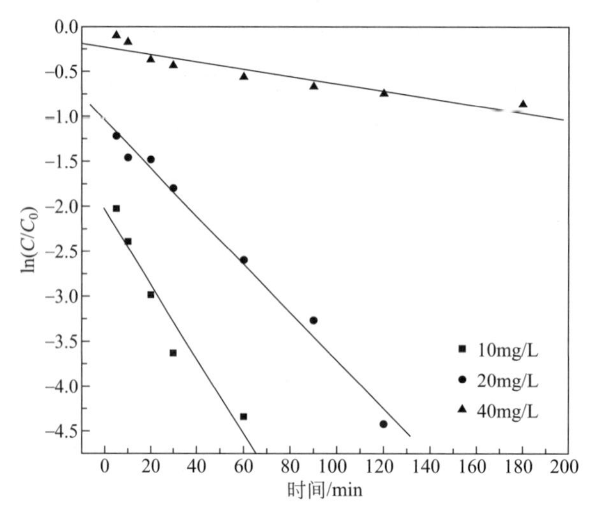

图 4-24 不同 Cr（Ⅵ）初始浓度下去除 Cr（Ⅵ）的反应动力学拟合曲线

层，结构为 $Cr_{0.667}NZVI_{0.333}OOH$ 或者（$Cr_{0.667}NZVI_{0.333}$）$(OH)_3$。逐渐形成的钝化层的阻碍了 NZVI 内部电子向外部的有效转移，从而降低了Cr（Ⅵ）的还原速率。Melitas 等研究发现，增加 Cr（Ⅵ）的初始浓度可以促进表面钝化层的形成，降低了 NZVI 的腐蚀速率，使 Cr（Ⅵ）的还原速率降低。

表 4-2 不同 Cr（Ⅵ）初始浓度下 Agar-NZVI 与 Cr（Ⅵ）反应的表观反应速率常数

Cr（Ⅵ）初始浓度	k_{obs}/min	R^2
10mg/L	0.0415	0.9366
20mg/L	0.0267	0.9940
40mg/L	0.0041	0.9643

（3）Agar-NZVI 的投加量对反应速率的影响

当 Cr（Ⅵ）的初始浓度为 20mg/L，pH 值为 5，对于不同的 Agar-NZVI 的投加量，其动力学拟合曲线如图 4-25 所示，表观反应速率常数 k_{obs} 见表 4-3。

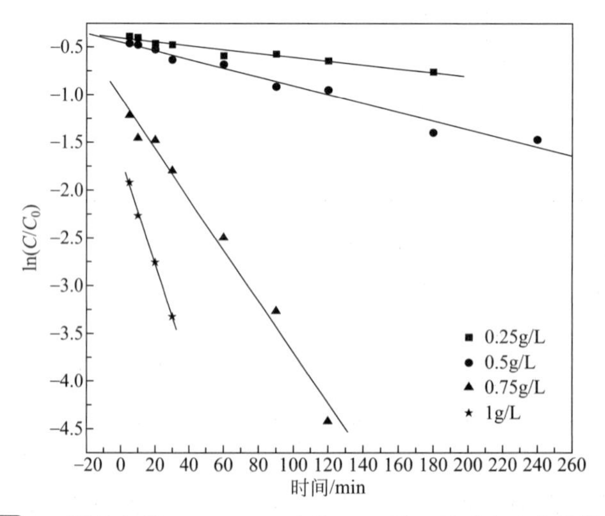

图 4-25 不同投加量 Agar-NZVI 去除 Cr（Ⅵ）的反应动力学拟合曲线

从表4-3可以看出，随着Agar-NZVI投加量的增加，Cr（Ⅵ）的表观反应速率常数提高，两者的变化呈现线性关系。当Agar-NZVI投加量为0.25g/L、0.5g/L、0.75g/L和1g/L时，k_{obs}值分别为0.0020/min、0.0046/min、0.0260/min和0.0549/min，R^2值分别为0.9861、0.9731、0.9737和0.9973。影响Cr（Ⅵ）去除反应动力的一个重要因素是纳米零价铁的投加量，溶液中随着纳米铁剂量的增加，增大了其总的比表面积和相应的反应位点，从而为Cr（Ⅵ）提供了更多的接触机会。因此，Agar-NZVI的投加量越大，反应速率越快。

表4-3 不同投加量的Agar-NZVI与Cr（Ⅵ）反应的表观反应速率常数

投加量/(g/L)	k_{obs}/min	R^2
0.25	0.0020	0.9861
0.5	0.0046	0.9731
0.75	0.0260	0.9737
1	0.0549	0.9973

4.2.2 CMC-NZVI对水中Cr（Ⅵ）的去除效果

4.2.2.1 CMC-NZVI和未包裹型NZVI去除Cr（Ⅵ）率的比较

为了考察CMC-NZVI对Cr（Ⅵ）的去除作用，分别采用CMC、流变相反应法制备的纳米零价铁（NZVI）和羧甲基纤维素钠包裹型纳米零价铁（CMC-NZVI）与Cr（Ⅵ）进行反应。三种材料的投加量都为0.5g/L，Cr（Ⅵ）浓度为20mg/L，pH值为6，常温下搅拌反应。间隔一定时间采样，测定Cr（Ⅵ）浓度，比较反应效果。

如图4-26所示，反应3h后，CMC对Cr（Ⅵ）的去除率只有1.38%，基本可以看作没有起到还原、吸附和分离作用。NZVI对Cr（Ⅵ）的去除率仅仅为80%，这是由于未包裹的纳米铁颗粒呈链状或者聚集成堆，不利于与污染物充分接触，降低了对Cr（Ⅵ）的去除效率。CMC-NZVI对Cr（Ⅵ）的去除率最高，可达到100%，CMC-NZVI中的NZVI颗粒被CMC均匀包裹，使其较好的分散，具有了更强的活性，因此具有较好的去除率。

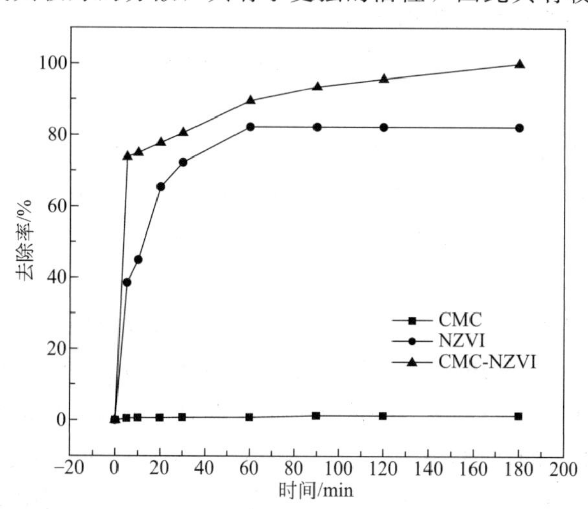

图4-26 包裹和未包裹NZVI对Cr（Ⅵ）的去除率的影响

4.2.2.2 pH值对Cr（Ⅵ）去除率的影响

在使用纳米零价铁进行Cr（Ⅵ）的去除研究中，pH值是一个非常重要的影响因素。为了研究CMC-NZVI还原去除溶液中Cr（Ⅵ）时，溶液pH值对反应效果的影响，控制初始Cr（Ⅵ）浓度为20mg/L，CMC-NZVI的投加量为0.5g/L，调节溶液的pH值分别为3.0、5.0、6.0、7.0、9.0和11，常温下于磁力搅拌器中搅拌反应，比较反应效果。

如图4-27所示，Cr（Ⅵ）的去除率在不同pH条件下随时间的变化关系。当pH值为3.0、5.0、6.0、7.0、9.0和11时，体系的去除率分别为100%、100%、100%、80.68%、76.09%和54.29%。随着pH值的升高，也就是反应液由酸性变为碱性，CMC-NZVI对Cr（Ⅵ）的去除率逐渐降低，表明H^+对Cr（Ⅵ）的还原有促进作用。在酸性条件下，NZVI表面的氧化物和氢氧化物被溶解了，增加了其表面与Cr（Ⅵ）反应的活性反应场所，加速了反应的进行。另外，酸性条件使NZVI的腐蚀加剧，加氢反应增强，加速了Cr（Ⅵ）还原反应的进行；在碱性条件下，NZVI颗粒表面的氧化物和氢氧化物阻碍了反应的进行，因此，降低了NZVI去除Cr（Ⅵ）的效率。

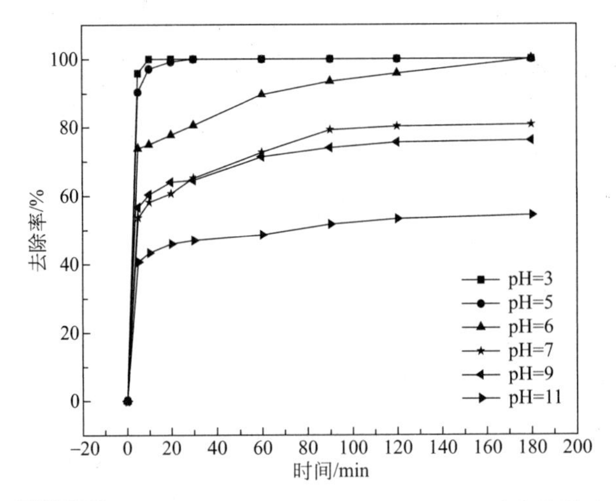

图4-27 不同pH值对溶液中Cr（Ⅵ）的去除率的影响

4.2.2.3 Cr（Ⅵ）初始浓度对反应的影响

不同初始浓度的Cr（Ⅵ）也会对反应物之间的接触产生影响，从而使反应效果受到影响。

为了研究CMC-NZVI还原去除溶液中Cr（Ⅵ）时Cr（Ⅵ）的初始浓度对反应的影响，控制初始溶液的pH值为6，CMC-NZVI的投加量为0.5g/L，调节溶液的中Cr（Ⅵ）的初始浓度分别为10mg/L、15mg/L、20mg/L、25mg/L和40mg/L，常温下于磁力搅拌器中搅拌反应，比较反应效果。

如图4-28所示，CMC-NZVI对Cr（Ⅵ）的去除率随溶液中Cr（Ⅵ）初始浓度的升高而有所降低，这是由于在氧化还原反应中，NZVI被最终氧化为Fe（Ⅲ），Cr（Ⅵ）被还原为Cr（Ⅲ）。当Fe（Ⅲ）和Cr（Ⅲ）的浓度非常接近时，NZVI的表面会形成由Fe（Ⅲ）-Cr（Ⅲ）羟基氧化物组成的薄膜，阻碍了NZVI和Cr（Ⅵ）的电子传递，不利于Cr（Ⅵ）转化为Cr（Ⅲ）。另外，Cr（Ⅵ）浓度的升高会使NZVI的溶蚀作用降低，限制了二价铁离子的形成，阻碍了Cr（Ⅵ）转化为Cr（Ⅲ）的还原反应，影响了Cr（Ⅵ）的处理效果。

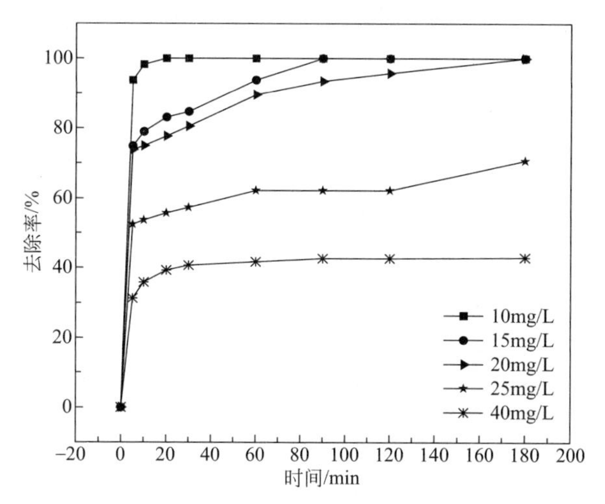

图 4-28 不同的 Cr（Ⅵ）初始浓度对 Cr（Ⅵ）的去除率的影响

4.2.2.4 样品投加量对 Cr（Ⅵ）去除率的影响

为了研究 CMC-NZVI 在去除水中 Cr（Ⅵ）时的最佳使用量，在溶液的 pH 值为 6.0，Cr（Ⅵ）的初始浓度为 20mg/L 的条件下，考察了 CMC-NZVI 投加量为 0.25g/L、0.4g/L、0.5g/L、0.6g/L、0.75g/L 和 1g/L 时对 Cr（Ⅵ）去除率的影响。

如图 4-29 所示，反应 3h 后，随着 CMC-NZVI 投加量的增加，Cr（Ⅵ）的去除率不断提高。CMC-NZVI 投加量为 0.25g/L 和 0.4g/L 时，Cr（Ⅵ）的去除率分别为 54.07%和 87.51%；当投加量大于 0.5g/L 时，溶液中的 Cr（Ⅵ）可以被 100%去除。这是因为增大 CMC-NZVI 浓度增加了反应的活性点位，使新鲜铁表面有了更多和污染物接触的机会，有助于纳米零价铁还原反应的进行。

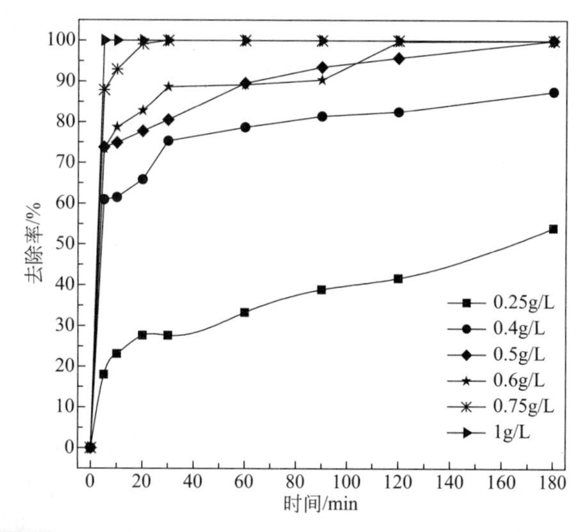

图 4-29 不同的 CMC-NZVI 投加量对 Cr（Ⅵ）去除率的影响

4.2.2.5 反应动力学研究

（1）初始 pH 值对反应速率的影响

当 Cr（Ⅵ）的初始浓度为 20mg/L，CMC-NZVI 的投加量为 0.5g/L，对于不同的 pH

值，其动力学拟合曲线如图4-30所示，表观反应速率常数k_{obs}见表4-4。

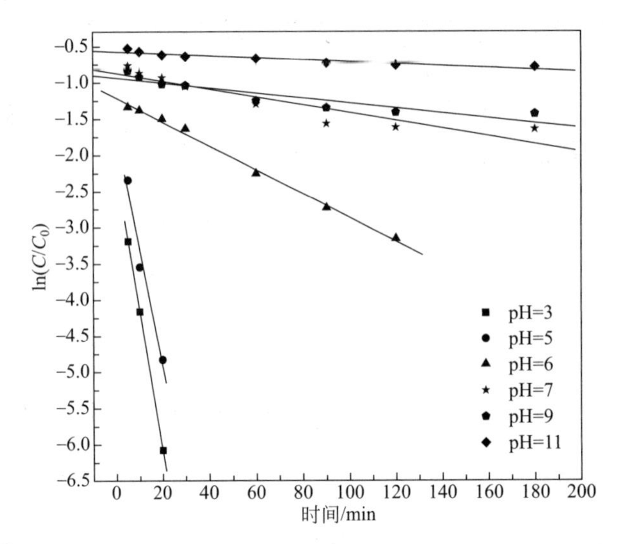

图4-30 不同初始pH值下CMC-NZVI去除Cr（Ⅵ）的反应动力学拟合曲线

从表4-4可看出，R^2值分别为0.9968、0.9702、0.9955、0.9572、0.9422和0.9146，说明$\ln(C/C_0)$与t呈现出良好的线性相关性，因此在不同pH条件下，CMC-NZVI对Cr（Ⅵ）的还原过程均符合准一级反应动力学。另外，反应速率常数随着初始pH值的升高而下降。初始pH值为3、5、6、7、9和11时，k_{obs}值分别为0.1902/min、0.1604/min、0.0165/min、0.0052/min、0.0049/min和0.0012/min。Li等通过对膨润土负载纳米零价铁去除Cr（Ⅵ）的反应动力学进行研究，发现随着初始pH值的升高，反应速率常数由0.0275/min降低到0.0083/min，与本试验研究结果相一致。

表4-4 不同pH值下CMC-NZVI与Cr（Ⅵ）反应的表观反应速率常数

pH值	k_{obs}/min	R^2
3	0.1902	0.9968
5	0.1604	0.9702
6	0.0165	0.9955
7	0.0052	0.9572
9	0.0049	0.9422
11	0.0012	0.9146

（2）Cr（Ⅵ）的初始浓度对反应速率的影响

当pH值为6，CMC-NZVI的投加量为0.5g/L时，对于不同的Cr（Ⅵ）的初始浓度，其动力学拟合曲线如图4-31所示，表观反应速率常数k_{obs}见表4-5。

如表4-5所列，CMC-NZVI去除Cr（Ⅵ）的表观反应速率常数随Cr（Ⅵ）初始浓度的升高而降低，当Cr（Ⅵ）的初始浓度10mg/L、15mg/L、20mg/L、25mg/L和40mg/L时，k值分别为0.0030/min、0.0064/min、0.0165/min、0.0388/min、0.1806/min。R^2值分别为0.9774、0.9701、0.9955、0.9982、0.9811，$\ln(C/C_0)$与t呈现良好的线性关系。因此在不同的Cr（Ⅵ）初始浓度下，CMC-NZVI对Cr（Ⅵ）的还原过程均符合准一级反应动力学模型。

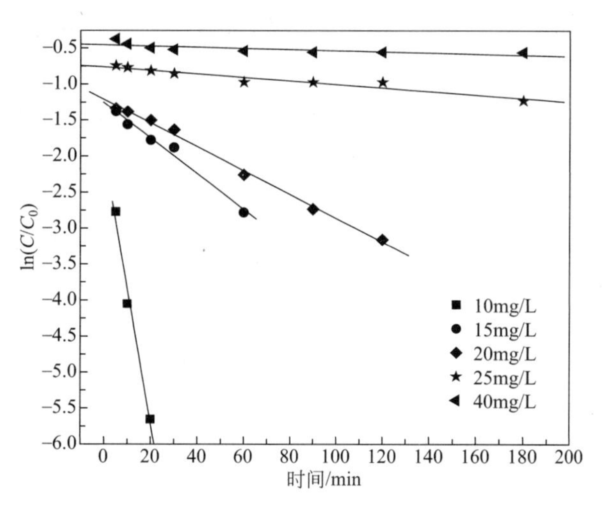

图 4-31 不同 Cr（Ⅵ）初始浓度下去除 Cr（Ⅵ）的反应动力学拟合曲线

表 4-5 不同 Cr（Ⅵ）初始浓度下 CMC-NZVI 与 Cr（Ⅵ）反应的表观反应速率常数

Cr（Ⅵ）初始浓度/(mg/L)	k_{obs}/min	R^2
10	0.0030	0.9774
15	0.0064	0.9701
20	0.0165	0.9955
25	0.0388	0.9982
40	0.1806	0.9811

(3) Agar-NZVI 的投加量对反应速率的影响

当 Cr（Ⅵ）的初始浓度为 20mg/L，pH 值为 6，对于不同的 CMC-NZVI 的投加量，其动力学拟合曲线如图 4-32 所示，表观反应速率常数 k_{obs} 见表 4-6。

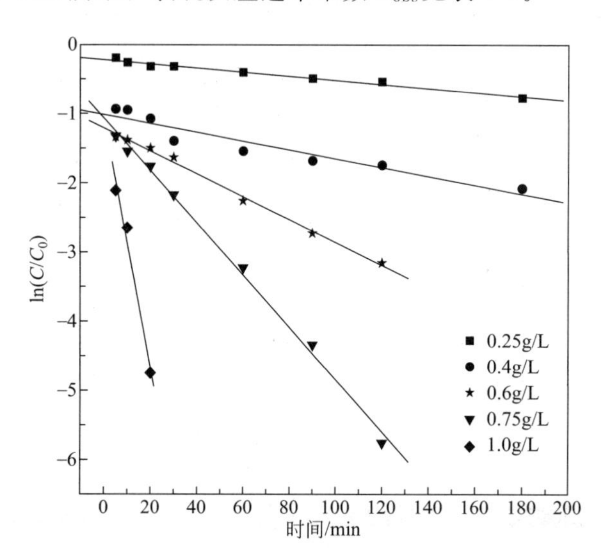

图 4-32 不同 Agar-NZVI 投加量 CMC-NZVI 与 Cr（Ⅵ）反应的反应动力学拟合曲线

如表 4-6 所列，试验结果表明，随着 CMC-NZVI 投加剂量的增加，Cr（Ⅵ）的表观反应速率常数提高，两者的变化呈现较好的线性关系。当 CMC-NZVI 投加量为 0.25g/L、

0.4g/L、0.6g/L、0.75g/L 和 1g/L 时，k_{obs}值分别为 0.1877/min、0.0246/min、0.0165/min、0.0024/min 和 0.0006/min，R^2 值分别为 0.9845、0.9243、0.9955、0.9835、0.9831。影响 Cr（Ⅵ）去除效果的反应动力学的一个重要因素为纳米零价铁的投加量，溶液中随着纳米铁剂量的增加可以增大其总的比表面积和相应的反应位点，从而为 Cr（Ⅵ）提供了更多的接触机会。因此，CMC-NZVI 的投加量越大，反应速率越快。

表 4-6　不同剂量的 CMC-NZVI 与 Cr（Ⅵ）反应的表观反应速率常数

投加量/(g/L)	k_{obs}/min	R^2
0.25	0.1877	0.9845
0.45	0.0246	0.9243
0.6	0.0165	0.9955
0.75	0.0024	0.9835
1.0	0.0006	0.9831

4.2.3　Starch-NZVI 对水中 Cr（Ⅵ）的去除效果

4.2.3.1　pH 值对 Cr（Ⅵ）去除效果的影响

在使用 NZVI 进行 Cr（Ⅵ）的去除效果的研究中，pH 值是一个非常重要的影响因素。为了研究溶液 pH 值对 Starch-NZVI 还原去除溶液中的 Cr（Ⅵ）的影响，控制 Cr（Ⅵ）初始浓度为 20mg/L，Starch-NZVI 的投加量为 0.5g/L，调节溶液的 pH 值分别为 3.0、5.0、6.0、7.0、8.0 和 9.0，常温下于磁力搅拌器中搅拌反应，比较反应效果。

如图 4-33 所示，Cr（Ⅵ）的去除率在不同 pH 条件下随时间的变化关系。当 pH 值为 3.0、5.0、6.0、7.0、9.0 和 11 时，体系中的去除率分别为 100%、100%、91.21%、83.14%、70.14%和 61.59%。随着 pH 值的升高，也就是反应液由酸性变为碱性，Starch-NZVI 对 Cr（Ⅵ）的去除率逐渐降低，表明 H^+ 对 Cr（Ⅵ）的还原有促进作用。

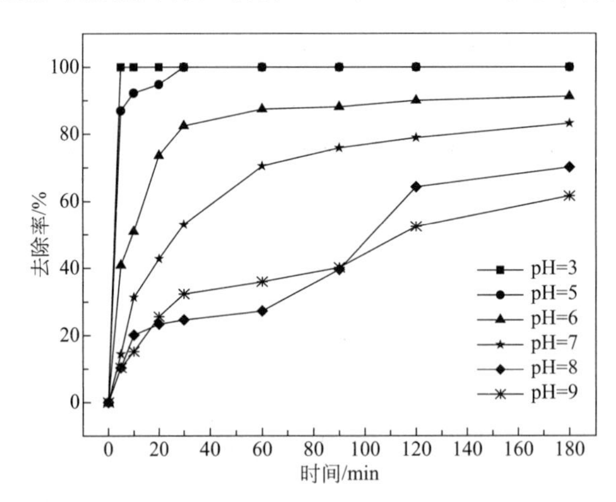

图 4-33　不同 pH 值对溶液中 Cr（Ⅵ）的去除率的影响

4.2.3.2　Cr（Ⅵ）初始浓度对反应的影响

不同初始浓度的 Cr（Ⅵ）也会对反应物之间的接触产生影响，从而使反应效果受到影响。为了研究 Starch-NZVI 还原去除溶液中 Cr（Ⅵ）时 Cr（Ⅵ）的初始浓度对反应的影响，控制初始溶液的 pH 值为 6，CMC-NZVI 的投加量为 0.5g/L，调节溶液的中 Cr（Ⅵ）的初始浓度分别为 10mg/L、15mg/L、20mg/L、25mg/L 和 40mg/L，常温下于磁力搅拌器中搅拌反应，比较反应效果。

如图 4-34 所示，Starch-NZVI 对 Cr（Ⅵ）的去除率随溶液中 Cr（Ⅵ）初始浓度的升高而降低，这是由于在氧化还原反应中，NZVI 被最终氧化为 Fe（Ⅲ），Cr（Ⅵ）被还原为 Cr（Ⅲ），当 Fe（Ⅲ）和 Cr（Ⅲ）的浓度非常接近时，NZVI 的表面会形成由 Fe（Ⅲ）-Cr（Ⅲ）羟基氧化物组成的薄膜，阻碍了 NZVI 和 Cr（Ⅵ）的电子传递，不利于 Cr（Ⅵ）转化为 Cr（Ⅲ）。另外，Cr（Ⅵ）浓度的升高会使 NZVI 的溶蚀作用降低，限制了二价铁离子的形成，阻碍了 Cr（Ⅵ）转化为 Cr（Ⅲ）的还原，影响了 Cr（Ⅵ）的去除效果。

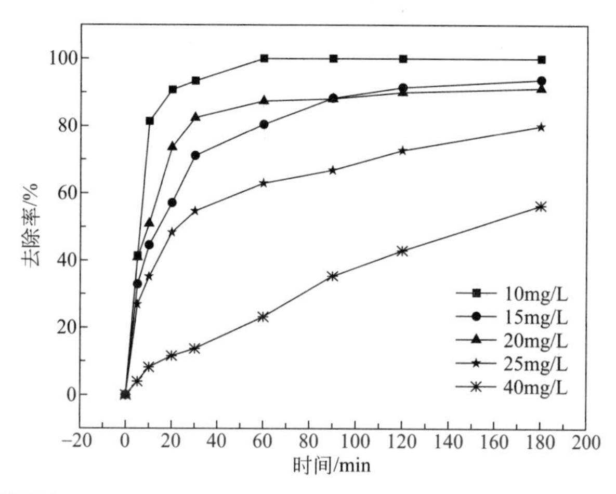

图 4-34 不同的 Cr（Ⅵ）初始浓度对 Cr（Ⅵ）的去除率的影响

4.2.3.3 样品投加量对 Cr（Ⅵ）去除率的影响

为了研究 Starch-NZVI 在去除水中 Cr（Ⅵ）时的最佳使用量，在溶液的 pH 值为 6.0，Cr（Ⅵ）的初始浓度为 20mg/L 的条件下，考察了 Starch-NZVI 投加量为 0.25g/L、0.35g/L、0.5g/L、0.6g/L、0.75g/L 和 1g/L 时对 Cr（Ⅵ）去除效果的影响。如图 4-35 所示，反

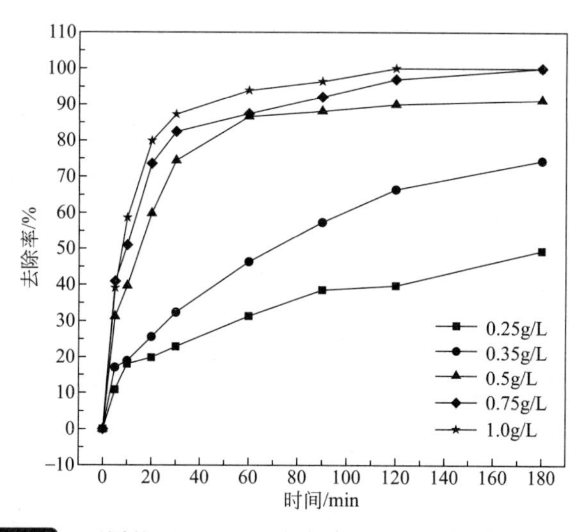

图 4-35 不同的 CMC-NZVI 投加量对 Cr（Ⅵ）去除率的影响

应 3h 后，随着 Starch-NZVI 投加量的增加，Cr（Ⅵ）的去除率不断提高。Starch-NZVI 投加量为 0.25g/L、0.35g/L、0.5g/L、0.6g/L、0.75g/L 和 1g/L 时，Cr（Ⅵ）的去除率分别为 49.40%、74.40%、91.21%、100%、100%，这是因为增大的 Starch-NZVI 浓度相当于增加了反应的活性点位，使新鲜铁表面有了更多和污染物接触的机会，有助于纳米零价铁还原反应的进行。

4.2.3.4 反应动力学研究

(1) 初始 pH 值对反应速率的影响

当 Cr（Ⅵ）的初始浓度为 20mg/L，Starch-NZVI 的投加量为 0.5g/L，在不同的 pH 值下，其动力学拟合曲线如图 4-36 所示，表观反应速率常数 k_{obs} 见表 4-7。

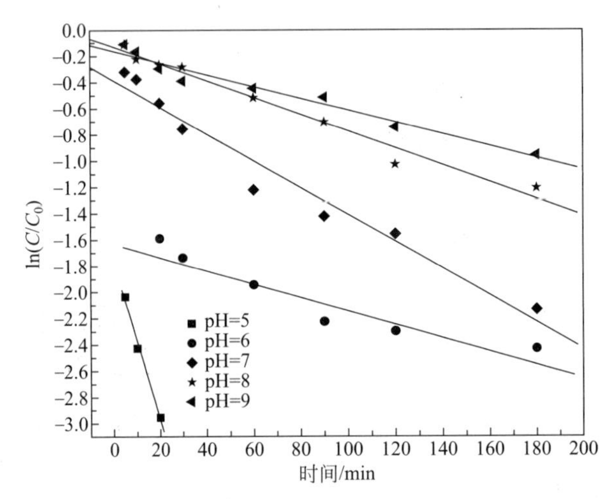

图 4-36 不同初始 pH 值下 Starch-NZVI 去除 Cr（Ⅵ）的反应动力学曲线

如表 4-7 所列，R^2 值分别为 0.9890、0.9421、0.9623、0.9236 和 0.9601，说明 $\ln(C/C_0)$ 与 t 呈现出良好的线性关系。因此在不同 pH 值条件下，Starch-NZVI 对 Cr（Ⅵ）的还原过程均符合准一级反应动力学模型。另外，表观反应速率常数随着初始 pH 值的升高而下降。初始 pH 值为 5、6、7、8 和 9 时，k_{obs}值分别为 0.0600/min、0.0111/min、0.0102/min、0.0063/min 和 0.0045/min。耿兵等以壳聚糖为纳米铁的稳定材料，所制备的纳米铁分散性和活性都得到了很大的提高。在本研究中发现 Starch-NZVI 的表观反应速率常数是壳聚糖稳定纳米铁的 2～9 倍，表明淀粉稳定的纳米铁比梭壳聚糖稳定纳米铁具有更高的活性。

表 4-7 不同 pH 值下 Starch-NZVI 与 Cr（Ⅵ）反应的表观反应速率常数

pH 值	k_{obs}/min	R^2
5	0.0600	0.9890
6	0.0111	0.9421
7	0.0102	0.9623
8	0.0063	0.9236
9	0.0045	0.9601

（2）Cr（Ⅵ）的初始浓度对反应速率的影响

当pH值为6，Starch-NZVI的投加量为0.5g/L，对于不同的Cr（Ⅵ）的初始浓度，其动力学拟合曲线如图4-37所示，表观反应速率常数k_{obs}见表4-8。

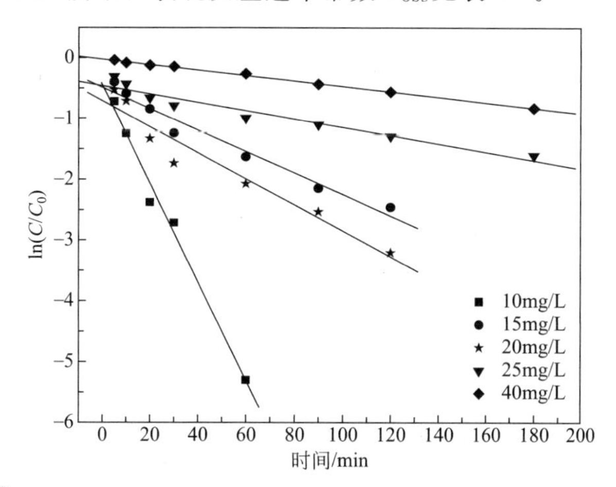

图4-37 不同Cr（Ⅵ）初始浓度下去除Cr（Ⅵ）的反应动力学拟合曲线

如表4-8所列，Starch-NZVI去除Cr（Ⅵ）反应的表观反应速率常数随Cr（Ⅵ）初始浓度的升高而降低，当Cr（Ⅵ）的初始浓度10mg/L、15mg/L、20mg/L、25mg/L和40mg/L时，k_{obs}值分别为0.0810/min、0.0176/min、0.0214/min、0.0069/min、0.0045/min。R^2值分别为0.9890、0.9666、0.9396、0.9373、0.9973，$\ln(C/C_0)$与t呈现良好的线性关系。因此，在不同的Cr（Ⅵ）初始浓度，Starch-NZVI对Cr（Ⅵ）的还原过程均符合准一级反应动力学模型。

表4-8 不同Cr（Ⅵ）初始浓度下Starch-NZVI与Cr（Ⅵ）反应的反应速率常数

Cr（Ⅵ）初始浓度/(mg/L)	k_{obs}/min	R^2
10	0.0810	0.9890
15	0.0176	0.9666
20	0.0214	0.9396
25	0.0069	0.9373
40	0.0045	0.9973

（3）样品投加量对反应速率的影响

当Cr（Ⅵ）的初始浓度为20mg/L，pH值为6，对于不同的Starch-NZVI的投加量，其动力学拟合曲线如图4-38所示，表观反应速率常数k_{obs}见表4-9。

如表4-9所列，试验结果表明，随着Starch-NZVI投加量的增加，Cr（Ⅵ）的表观反应速率常数增大，两者的变化呈现较好的线性关系。当Starch-NZVI投加量为0.25g/L、0.35g/L、0.5g/L、0.75g/L和1g/L时，k_{obs}值分别为0.0030/min、0.0070/min、0.0147/min、0.0232/min和0.0317/min，R^2值分别为0.9657、0.9878、0.9060、0.9492、0.9186。影响Cr（Ⅵ）去除反应动力学的一个重要因素为纳米零价铁的投加量，溶液中纳米铁剂量的增加，增大了其总的比表面积和相应的反应位点。所以，CMC-NZVI的投加量越大，反应速率越快。

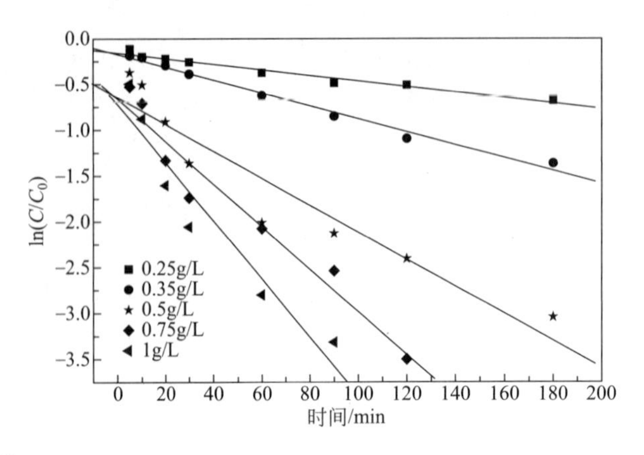

图 4-38 不同 Starch-NZVI 投加量对去除 Cr(Ⅵ) 的反应动力学拟合曲线

表 4-9 不同投加量的 Starch-NZVI 与 Cr（Ⅵ）反应的表观反应速率常数

投加量/(g/L)	k_{obs}/min	R^2
0.25	0.0030	0.9657
0.35	0.0070	0.9878
0.5	0.0147	0.9060
0.75	0.0232	0.9492
1	0.0317	0.9186

4.2.4 包裹型纳米零价铁去除 Cr（Ⅵ） 的反应机理

铁是一种具有较强还原能力的活泼金属，它可将金属活动顺序表中排于其后的金属离子从溶液中置换出来，还可还原氧化性较强的离子或化合物及某些有机物。亚铁离子也具有还原性，因而当水中有氧化剂存在时，亚铁离子可进一步氧化成三价铁离子。

利用 NZVI 处理含 Cr（Ⅵ）废水时，在酸性条件下 Cr（Ⅵ）可被亚铁离子很快还原为 Cr（Ⅲ），产生的 Cr（Ⅲ）可通过化学反应生成 $Cr(OH)_3$ 沉淀或生成铁铬水合物或生成铁铬氧化水合物而去除。反应方程式如下：

阳极：

$$Fe - 2e^- \longrightarrow Fe^{2+} \tag{4-17}$$

$$Cr_2O_7^{2-} + 6Fe^{2+} + 14H^+ \longrightarrow 2Cr^{3+} + 6Fe^{3+} + 7H_2O \tag{4-18}$$

阴极：

$$2H^+ + 2e^- \longrightarrow H_2\uparrow \tag{4-19}$$

$$Cr_2O_7^{2-} + 6e^- + 14H^+ \longrightarrow 2Cr^{3+} + 7H_2O \tag{4-20}$$

铬的去除：

$$Cr^{3+} + OH^- \longrightarrow Cr(OH)_3\downarrow \tag{4-21}$$

$$xCr^{3+} + (1-x)Fe^{3+} + 3H_2O \longrightarrow (Cr_xFe_{1-x})(OH)_3\downarrow + 3H^+ \tag{4-22}$$

$$xCr^{3+} + (1-x)Fe^{3+} + 2H_2O \longrightarrow Cr_xFe_{1-x}OOH\downarrow + 3H^+ \tag{4-23}$$

当体系中没有包裹剂时，Cr $(OH)_3$ 难溶于水，极易从水体中分离出来。另外，也会以 $Cr_xFe_{1-x}(OH)_3$ 和 $Cr_xFe_{1-x}OOH$ 两种形式沉淀。

当大分子物质琼脂、CMC或可溶性淀粉包裹在NZVI表面后，可在一定程度上阻止金属颗粒的团聚和沉淀。在反应过程中，被包裹的NZVI颗粒均匀分散在含Cr（Ⅵ）废水中，经过一段时间其表面的包裹层完全溶解在水中，暴露出来NZVI与Cr（Ⅵ）发生反应，而三种包裹剂均能溶于水，可生物降解。因此，在土壤和水体中，反应后残存的沉淀物都会通过环境的自净能力消失。

4.2.5 MCM-41/NZVI处理含铬废水

4.2.5.1 还原反应动力学的研究设计

Cr（Ⅵ）的去除试验是在250mL的具塞磨口锥形瓶中进行。将100mL不同初始浓度的Cr（Ⅵ）溶液加入锥形瓶中，调到不同的pH值，然后加入不同质量的MCM-41/NZVI复合材料样品，在常温、常压下，将锥形瓶放入搅拌器中搅拌。根据设定时间取样，通过0.22μm滤膜过滤后，用二苯碳酰二肼分光光度法（GB 7267—2015）测定水样中Cr（Ⅵ）的浓度。实验所测得的Cr（Ⅵ）标准曲线方程为$A=0.4865C-0.0349$，$R^2=0.9982$。

取20mL的100mg/L重铬酸钾溶液，将其稀释成浓度为C_0为20mg/L，置于250mL锥形瓶中，加入0.10g的MCM-41/NZVI复合材料，在恒温磁力搅拌器上快速搅拌，每隔7min取样测定Cr（Ⅵ）的剩余浓度和降解率，进行反应动力学的研究。

4.2.5.2 结果分析与讨论

（1）反应时间对Cr（Ⅵ）降解率的影响

分别量取100ml 100mg/L含铬废水溶液于6个锥形瓶中，调节pH值为6，分别加入0.10g复合材料MCM-41/NZVI，反应20min、40min、60min、80min、100min和120min后，计算剩余浓度和降解率。反应时间对铬降解率的影响结果如图4-39所示。

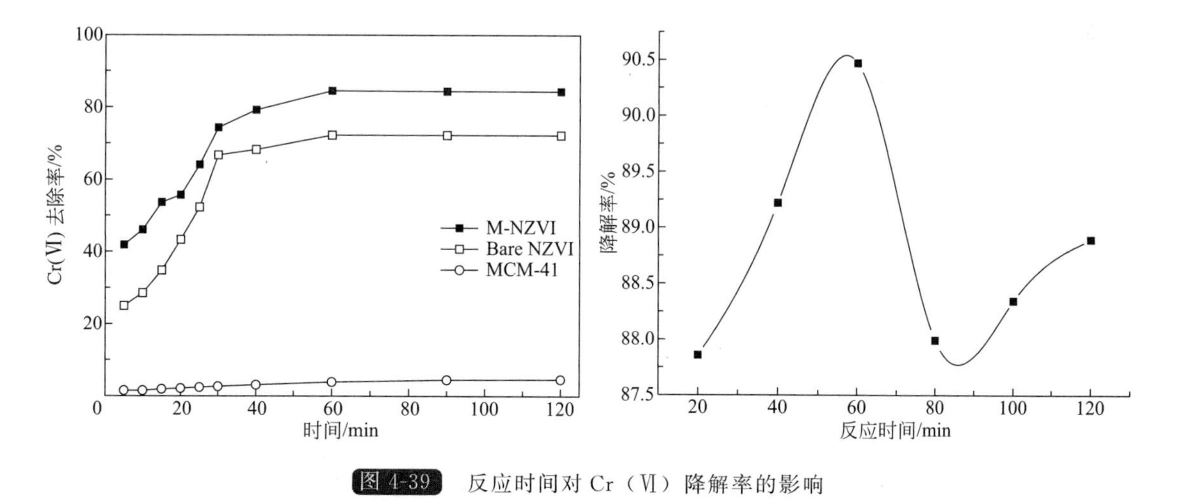

图4-39 反应时间对Cr（Ⅵ）降解率的影响

如图4-39所示，在60min内，Cr（Ⅵ）的降解率不断增加，铬的降解主要在这段时间内完成，并且在接近60min处铬的降解率达到最大为90%左右。一方面是由于巨大表面积的MCM-41/NZVI复合材料对Cr（Ⅵ）有很强的吸附作用，另一方面是由于负载的零价铁对 Cr（Ⅵ）的还原作用。之后在 60～90min 短时间内降解率稍微减小，而后降解率又回升，这是由于零价铁被还原为铁离子之后，铁离子对六价铬的凝聚沉降作用，并且这种作用先表现较强，对六价铬的降解起到很大的促进作用，所以该时间段对六价铬的降解维持在稳定较高的水平。由此可见：MCM-41/NZVI 复合材料对 Cr（Ⅵ）的降解不仅有还原吸附作用，还有混凝作用。

（2）初始 pH 值对 Cr（Ⅵ）降解率的影响

分别量取 100mL 50mg/L 含铬废水溶液于 6 个锥形瓶中，调节 pH 值分别为 2、4、6、8、10、12，分别加入 0.05g MCM-41/NZVI 复合材料，反应 60min 后计算剩余浓度和降解率。pH 值对 Cr（Ⅵ）降解率的影响结果见图 4-40。

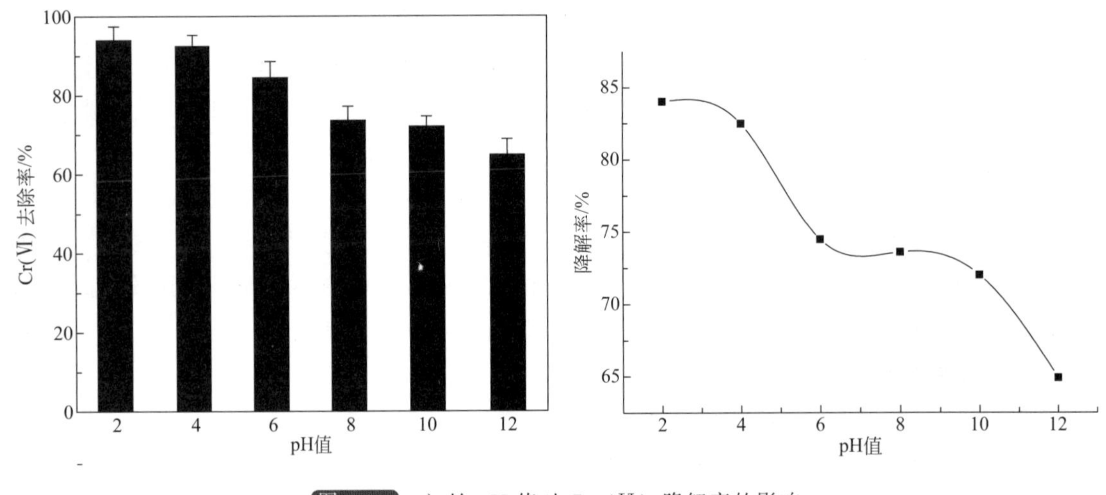

图 4-40　初始 pH 值对 Cr（Ⅵ）降解率的影响

从图 4-40 中可知，随着溶液 pH 值的增加，溶液中铬的降解率不断降低，当 pH 值达到 12 时，降解率才为 60%左右，处理效果与酸性条件下相差很远。这说明：酸性条件有利于 MCM-41/NZVI 分子筛对 Cr（Ⅵ）的还原，而在碱性条件下，MCM-41/NZVI 复合材料中表面的铁原子易被空气氧化成 $Fe(OH)_3$ 或 $Fe(CO)_3$ 钝化层，使 MCM-41/NZVI 分子筛的反应活性降低，从而对降解不利。

（3）投加量对 Cr（Ⅵ）降解率的影响

分别量取 100mL 50mg/L 含铬废水溶液于 6 个锥形瓶中，分别加入 MCM-41/NZVI 复合材料 0.03g、0.06g、0.09g、0.12g、0.15g 和 0.18g，反应 60min 后，计算剩余浓度和降解率，MCM-41/NZVI 投加量对 Cr（Ⅵ）降解率的影响如图 4-41 所示。

如图 4-41 所示，对于 100mL 50mg/L 的溶液，开始阶段随着 MCM-41/NZVI 投加量的增加，溶液中的复合材料总表面积也不断增大，对六价铬的吸附作用增强，反应活性位点增多，曲线坡度增加，还原反应加快，有利于 MCM-41/NZVI 复合材料对溶液中 Cr（Ⅵ）的去除。然而当投加量为 0.12g 时，铬的降解率达到最大，为 88.26%。之后当投加量再增加时，对铬的降解率反而略微降低。

（4）含铬废水浓度对 Cr（Ⅵ）降解率的影响

取 20mg/L、40mg/L、50mg/L、60mg/L、80mg/L 和 100mg/L 含铬废水六份，调节

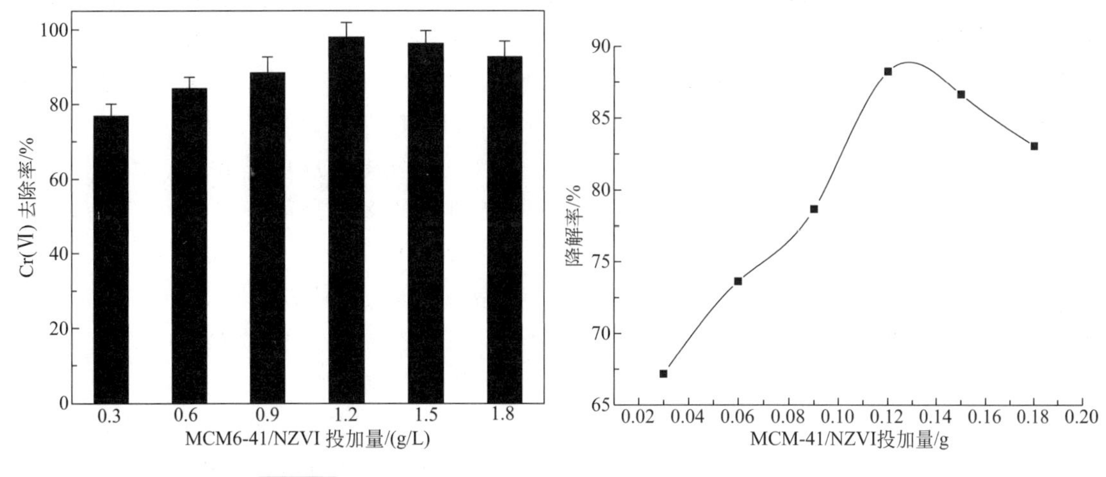

图 4-41　MCM-41/NZVI 投加量对 Cr（Ⅵ）降解率的影响

pH 值为 6，分别加入 0.05g MCM-41/NZVI 复合材料，反应 60min 后，计算剩余浓度和降解率。含铬废水浓度对降解率的影响如图 4-42 所示。

如图 4-42 所示，在溶液浓度为 20～80mg/L 范围内，随着含铬废水浓度的增加，降解率不断增大，这是因为浓度增大，氧化还原反应加快，反应剧烈，有利于对 Cr（Ⅵ）的降解，同时随着浓度的增加，MCM-41/NZVI 分子筛表面可以完全被六价铬包围，此时吸附效果很明显，加快对 Cr（Ⅵ）的降解。当含铬废水浓度再次增加时，氧化还原反应进一步加快，分子筛还原吸附作用很快会达到最强，此时由于废水初始浓度大，所以降解率反而会减小。

（5）MCM-41/NZVI 对 Cr（Ⅵ）的还原动力学

为研究 MCM-41/NZVI 对 Cr（Ⅵ）的还原动力学规律，在 200mL 浓度为 80mg/L、pH 值为 6 的 Cr（Ⅵ）溶液中投加 0.5g MCM-41/NZVI，对 Cr（Ⅵ）进行还原，得到的还原速率曲线如图 4-43 所示。

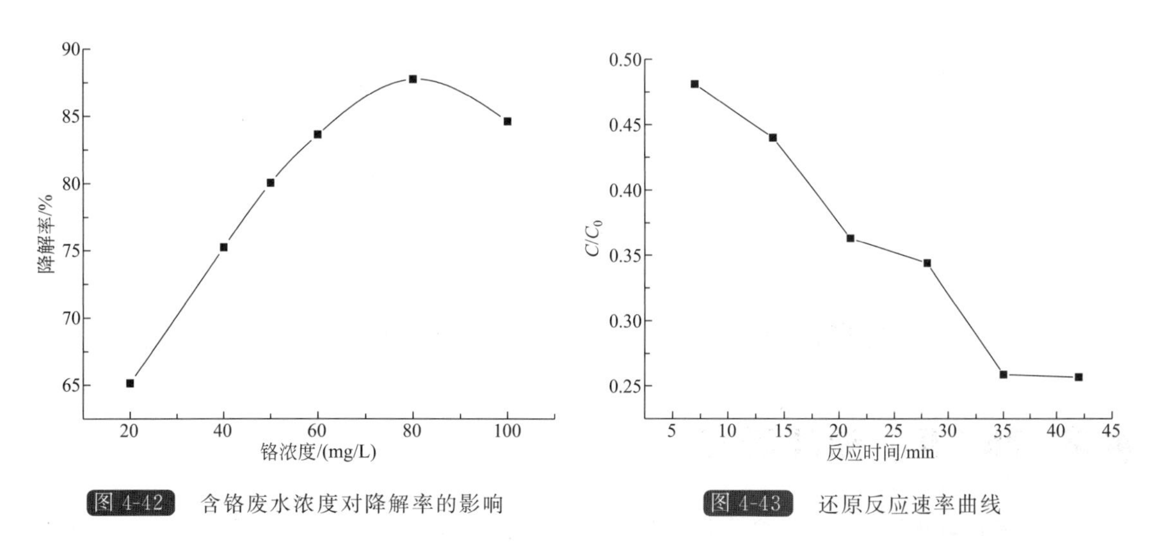

图 4-42　含铬废水浓度对降解率的影响

图 4-43　还原反应速率曲线

从图 4-43 中可以看出，在反应的最初 7min 内，Cr（Ⅵ）的还原速率较快，此后还原速率趋缓。这是因为 MCM-41/NZVI 的比表面积大，具有较强的表面吸附能力，致使反应初期 MCM-41/NZVI 对 Cr（Ⅵ）的吸附速率远远超过 MCM-41/NZVI 与 Cr（Ⅵ）的反应速率。从图中还可看出，反应 42min 时 Cr（Ⅵ）的去除率达 74.3%。MCM-41/NZVI 与 Cr（Ⅵ）溶液的反应是在 MCM-41/NZVI 表面进行的多相表面反应。大多数表面反应过程可用 Langmuir Hinshelwood 动力学模型来描述，具体方法见 4.2.1.5。

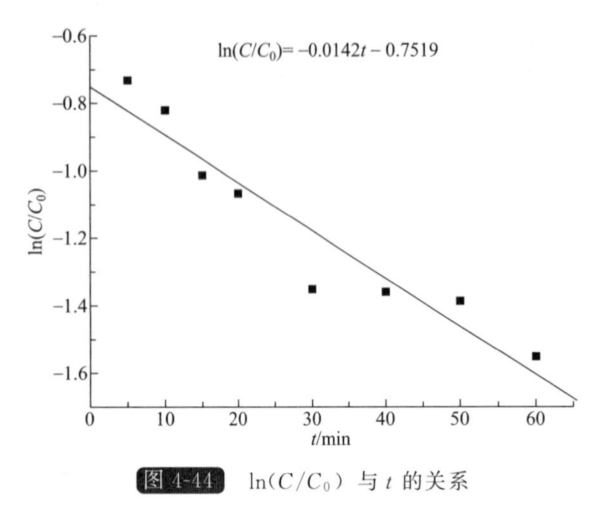

图 4-44 $\ln(C/C_0)$ 与 t 的关系

将上图中的实验数据，以 $\ln(C/C_0)$ 对 t 作图，如图 4-44 所示。

如图 4-44 所示，$\ln(C/C_0)$ 与 t 呈现出较好的线性关系（相关系数 $R^2=0.9550$），可见纳米铁对 Cr（Ⅵ）的还原过程符合准一级反应动力学。由图 4-44 中回归直线的斜率可知，表观反应速率常数 $k_{obs}=0.0142/\text{min}$。

4.2.5.3 MCM-41/NZVI 对 Cr（Ⅵ）的降解机理

在本书中讨论了 Cr（Ⅵ）的去除过程和 MCM-41/NZVI 的反应机理。在 MCM-41/NZVI 对 Cr（Ⅵ）还原的反应过程中，MCM-41/NZVI 颗粒均匀分散在水溶液中。一段时间后，MCM-41 铁表面层完全溶解在水溶液中，这使 FeO 暴露于水中。在水溶液中除去 Cr（Ⅵ）的途径总结在图 4-45。

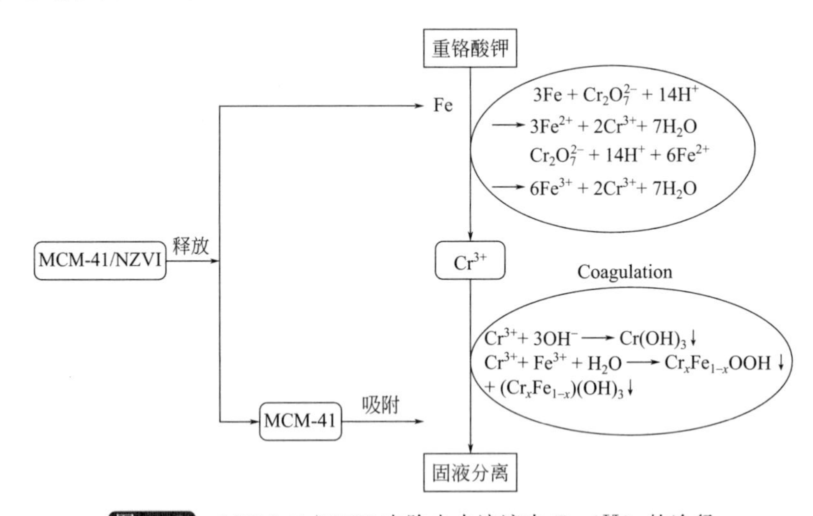

图 4-45 MCM-41/NZVI 在除去水溶液中 Cr（Ⅵ）的途径

4.3 Pb（Ⅱ）处理研究

铅元素在自然界中分布较广，是工业生产中经常使用的元素之一，铅常被用于许多制造业。铅及其化合物性质稳定，是一种不可降解的污染物，可通过废水、废气、废渣等途径大量流入环境而产生污染从而破坏环境危害人体健康。工业含铅废水可渗透到土壤中污染河流、破坏土壤生态、影响作物生长和生物种群的繁衍。铅主要积累在肌肉、骨骼、肾脏和大脑组织内，可以引贫血、神经系统疾病和肾脏疾病。由此可以看出含铅废水不管是对环境还是对人类的健康都有很大的危害，因此含铅废水的处理显得尤为重要。

在含铅废水的处理技术中，传统的方法包括化学沉淀、吸附、离子交换、过滤和反渗透等。其中，吸附法和化学沉淀较为经济高效，在实际生产中经常用到。然而，各种不同的方法在去除铅的过程中都有一些缺点。为解决这些问题，本节以 Pb（Ⅱ）作为目标污染物进行处理，利用包裹型纳米零价铁颗粒对其进行去除。另外，还对影响其处理效果的主要因素和反应机理进行初步研究。

4.3.1 包裹型的纳米零价铁去除 Pb（Ⅱ）的试验设计

4.3.1.1 试验内容

（1）试验过程

本试验以硝酸铅溶液来模拟废水作为研究对象，其分子式为 $Pb(NO_3)_2$，使用 3.2 中合成的纳米零价铁样品对其进行降解去除试验，探讨不同样品（NZVI、Agar-NZVI、CMC-NZVI 和 Starch-NZVI）的投加量、Pb（Ⅱ）初始浓度、反应时间、溶液 pH 值等因素对去除效果的影响。

Pb（Ⅱ）的去除试验是在 500mL 的具塞磨口锥形瓶中进行。将 200mL 不同初始浓度的 Pb（Ⅱ）溶液加入锥形瓶中，调节 pH 值，然后加入不同质量的纳米零价铁样品，在常温、常压下，将锥形瓶放入搅拌器中搅拌。根据设定时间取样，通过 0.22μm 滤膜过滤后，采用络合滴定法测定水样中 Pb（Ⅱ）的浓度。

（2）Pb（Ⅱ）浓度的测试方法

络合滴定法是测定铅离子浓度的新方法，其克服了常用方法（双硫腙比色法、原子吸收分光光度法）要使用剧毒物质 KCN、要绘制标准曲线、操作过程复杂和只适合低浓度测定等局限性。该方法测定过程比较简单，测定结果相对准确（相对误差为 0.018%，相对标准偏差为 0.41%），适合高浓度铅的测定。具体测定步骤如下：

a. 用移液管移取 25mL 模拟含铅废水于 250mL 锥形瓶中，用 20%的六亚甲基四胺调节溶液的 pH 值为 5～6；

b. 往锥形瓶中滴加 2～3 滴二甲酚橙指示剂，使溶液呈现稳定的紫红色；

c. 用 0.01mol/L 的标准 EDTA 溶液滴定至溶液由紫红色变为亮黄色，记下此时用去的 EDTA 的体积数。

d. 溶液中铅的浓度的计算式如下：

$$C_{Pb^{2+}}=\frac{V\times 0.01}{25}\times 207000 \tag{4-24}$$

式中，$C_{Pb^{2+}}$ 为溶液中铅离子的质量浓度，mg/L；V 为滴定用去的 EDTA 的体积，mL。

（3）反应动力学

由于纳米零价铁与溶液中 Pb（Ⅱ）的反应属于非均相反应，反应过程可用 Langmuir-

Hinshelwood 动力学模型来描述（具体方法见 4.2.1.5）。

4.3.1.2 结果分析与讨论

（1）不同包裹剂对 Pb（Ⅱ）去除率的影响

纳米零价铁作为与 Pb（Ⅱ）反应的还原剂和吸附剂，它的性质对 Pb（Ⅱ）的去除率有着非常大的影响。为了比较不同包裹剂对 Pb（Ⅱ）去除效果的影响，试验分别用 NZVI、Agar-NZVI、CMC-NZVI 和 Starch-NZVI 与 Pb（Ⅱ）进行反应。四种材料的投加量都为 0.75g/L，Pb（Ⅱ）浓度为 200mg/L，pH 值为 5，于常温下搅拌反应。间隔一定时间采样，测定 Pb（Ⅱ）浓度，比较反应效果。不同包裹和未包裹的 NZVI 对 Pb（Ⅱ）的去除率如图 4-46 所示。

如图 4-46 所示，三种包裹型的纳米零价铁（Agar-NZVI、CMC-NZVI 和 Starch-NZVI）对 Pb（Ⅱ）的去除率都可以达到 100%。其中，Pb（Ⅱ）去除反应主要发生在前 30min，去除率分别达到了 94.8%、96.5% 和 98.81%，而未包裹的 NZVI 对 Pb（Ⅱ）的去除效果相对较差，去除率仅为 68.3%。这可能是由于包裹剂对 NZVI 粒子具有较好的分散能力，且被包裹的 NZVI 粒子可悬浮在水中，有效阻止了其团聚，增强了反应活性。而未包裹的纳米铁颗粒呈链状或者聚集成堆，不利于与污染物充分接触，因此反应效率较低。

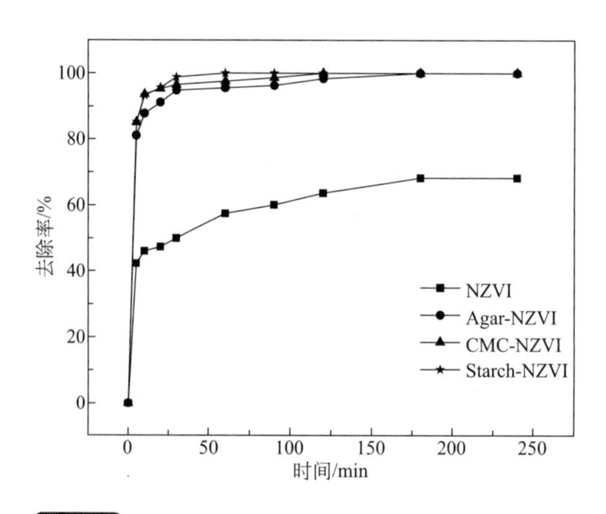

图 4-46 包裹和未包裹 NZVI 对 Pb（Ⅱ）的去除率

（2）pH 值对 Pb（Ⅱ）去除率的影响

在使用纳米零价铁进行 Pb（Ⅱ）的去除研究中，pH 值是一个非常重要的影响因素。为了研究三种包裹型纳米零价铁（Agar-NZVI、CMC-NZVI 和 Starch-NZVI）还原去除溶液中 Pb（Ⅱ）时，溶液 pH 值对反应的影响，控制初始 Pb（Ⅱ）浓度为 200mg/L，样品的投加量分别为 0.5g/L，调节溶液的 pH 值分别为 3.0、4.0、5.0 和 6.0，常温下于磁力搅拌器中搅拌反应 120mim，比较反应效果。

如图 4-47 所示，pH 值是反应中一个比较重要的影响因素。在分别使用 Agar-NZVI、CMC-NZVI 和 Starch-NZVI 去除 Pb（Ⅱ）时，随着 pH 值的增大，Pb（Ⅱ）去除率不断增大，但是当 pH 值大于 5 后，Pb（Ⅱ）的去除率开始减小。Pb（Ⅱ）去除率的最大值出现在 pH=5，去除率分别达到了 100%。这是因为，适当地增大 H^+ 浓度将使得反应向有利于 Pb（Ⅱ）还原的方向进行，促进了 Pb（Ⅱ）的还原。然而 pH 值过低时，大量的零价铁会直接和 H^+ 反应，反而不利于还原反应的进行。而在碱性条件下，纳米铁表面易氧化生成氢氧化铁或碳酸铁氧化膜而钝化，使纳米铁的反应活性降低，从而对还原不利。

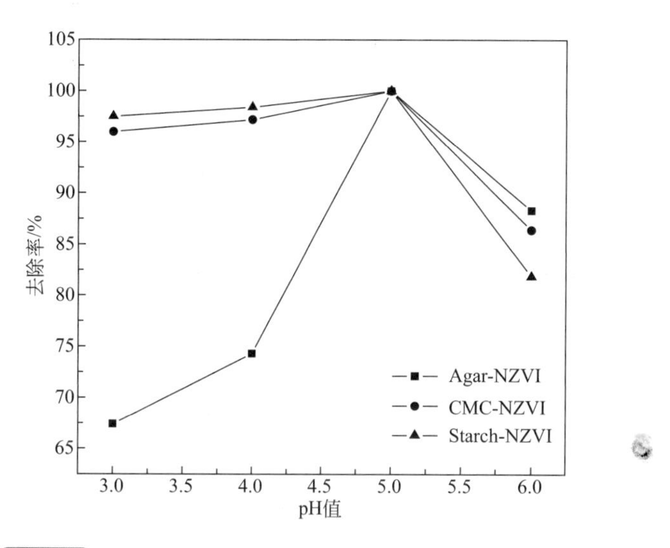

图 4-47　不同 pH 值对溶液中 Pb（Ⅱ）的去除率的影响

（3）Pb（Ⅱ）的初始浓度对 Pb（Ⅱ）去除率的影响

不同初始浓度的 Pb（Ⅱ）也会对反应物之间的接触产生影响，从而使反应效果受到影响。为了研究三种包裹型纳米零价铁（Agar-NZVI、CMC-NZVI 和 Starch-NZVI）还原去除溶液中 Pb（Ⅱ）时，Pb（Ⅱ）的初始浓度对反应的影响，控制初始溶液的 pH 值为 5，样品的投加量为 0.5g/L，调节溶液的中 Pb（Ⅱ）的初始浓度分别为 100mg/L、150mg/L、200mg/L、250mg/L 和 300mg/L，常温下于磁力搅拌器中搅拌反应 120mim，比较反应效果。

如图 4-48 所示，随着初始 Pb（Ⅱ）初始浓度的增加，Agar-NZVI、CMC-NZVI 和 Starch-NZVI 对 Pb（Ⅱ）的去除率都不断降低。在初始 Pb（Ⅱ）浓度为 100mg/L 时，三种不同的样品都能将溶液中的 Pb（Ⅱ）全部去除；当初始 Pb（Ⅱ）浓度增加到 300mg/L 时，三种样品对溶液中 Pb（Ⅱ）的去除率都小于 80%。这是由于纳米铁投加量不变，增加了溶液中铅的浓度，因此相应地减少了其与纳米铁反应的活性点位，从而减缓了反应的速率，当铅增大到一定浓度时，纳米铁的量不足以将其去除，这时铅的去除率将会降低。

（4）样品投加量对 Pb（Ⅱ）去除率的影响

为了研究包裹型零价铁在去除水中 Pb（Ⅱ）时的最佳使用量，在溶液的 pH 值为 5，Pb（Ⅱ）的初始浓度为 200mg/L 的条件下，反应时间为 120min 时，考察了三种不同样品投加量分别为 0.25g/L、0.5g/L、0.75g/L 和 1g/L 时对 Pb（Ⅱ）去除率的影响。

如图 4-49 所示，随着样品投加量的增加，Pb（Ⅱ）的去除率呈上升趋势，当投加量达到 1g/L 时，Pb（Ⅱ）去除率均达到了 100%，这是因为增大的样品浓度相当于增加了反应

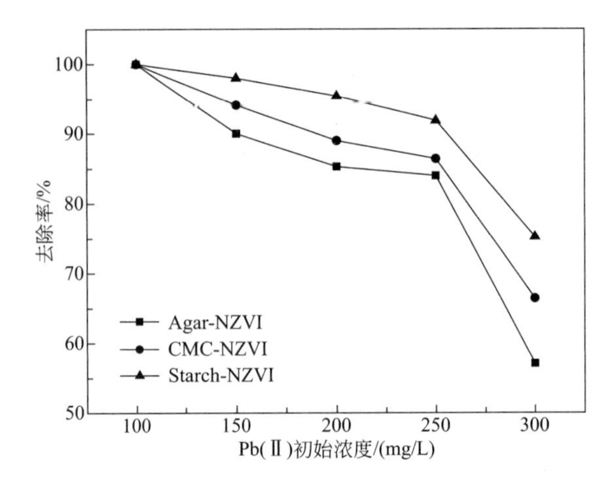

图 4-48 不同的 Pb（Ⅱ）初始浓度对 Pb（Ⅱ）的去除率的影响

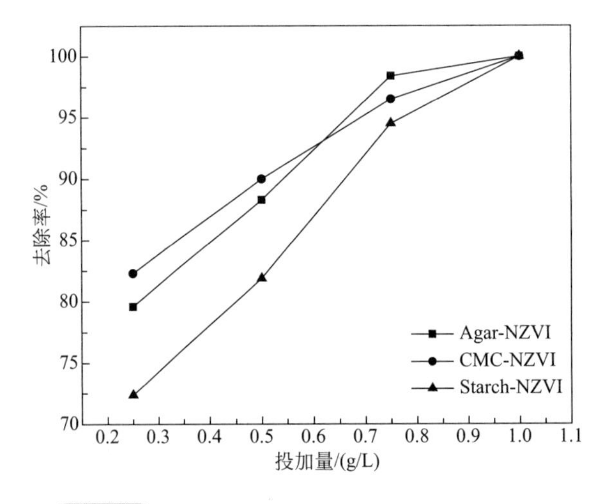

图 4-49 不同投加量对 Pb（Ⅱ）去除率的影响

的活性点位，使新鲜铁表面有了更多和污染物接触的机会，有助于纳米零价铁还原反应的进行。由此可得，在低投加量时，纳米铁的投加量是反应的一个主要控制因素；随着投加量的增加，其控制效应逐渐减弱，当达到某一值后，投加量将不再是反应的主要控制因素。

（5）反应动力学

在 pH 值为 5，Pb（Ⅱ）浓度为 200mg/L，样品的投加量都为 0.75g/L，常温、搅拌的条件下，分别对 NZVI、Agar-NZVI、CMC-NZVI 和 Starch-NZVI 去除 Pb（Ⅱ）的反应进行反应动力学研究。

如图 4-50 所示，不同类型的纳米零价铁对 Pb（Ⅱ）反应的 $\ln(C/C_0)$ 与 t 均呈较好的线性关系，可见不同材料包裹的纳米零价铁对 Pb（Ⅱ）的还原去除过程均符合准一级反应动力学。纳米零价铁的包裹改性没有对其去除降解 Pb（Ⅱ）的动力学模式产生影响，只是提高了其反应速率常数。如表 4-10 所列，四种纳米材料降解 Pb（Ⅱ）的表观反应速率常数大小关系为：Starch-NZVI＞Agar-NZVI＞CMC-NZVI＞NZVI。

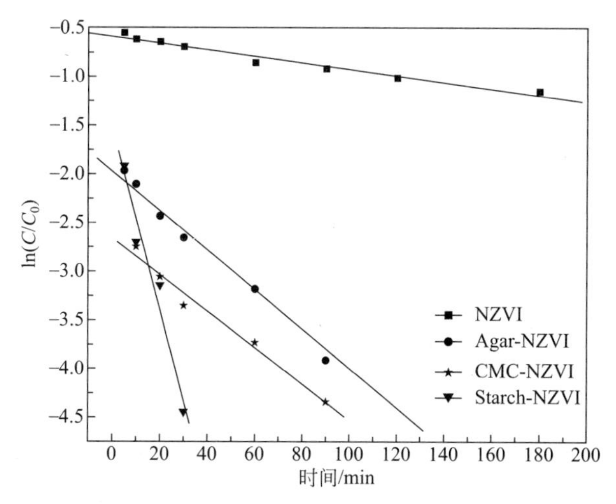

图 4-50 纳米零价铁去除 Pb（Ⅱ）的反应动力学曲线

表 4-10 纳米零价铁与 Pb（Ⅱ）反应的表观反应速率常数

样品	k_{obs}/min	R^2
NZVI	0.0034	0.9659
Agar-NZVI	0.0244	0.9245
CMC-NZVI	0.0187	0.9803
Starch-NZVI	0.0934	0.9587

（6）包裹型纳米零价铁去除 Pb（Ⅱ）的反应机理

在包裹型纳米零价铁去除 Pb（Ⅱ）的反应过程中，纳米颗粒均匀分散在溶液中，经过一段时间其表面的包裹剂开始溶解，使 NZVI 慢慢地暴露出来，一部分同水和其中溶解的氧发生反应，过程如下：

$$\text{包裹剂-Fe} \longrightarrow \text{包裹剂} + \text{Fe(释放)} \tag{4-25}$$

$$2Fe + 4H^+ + O_2 \longrightarrow 2Fe^{2+} + 2H_2O\text{(酸性溶液)} \tag{4-26}$$

$$Fe + 2H_2O \longrightarrow Fe^{2+} + H_2 + 2OH^- \tag{4-27}$$

由于纳米零价铁比表面积较大，对 Pb（Ⅱ）有较强的吸附能力，因此另一部分 NZVI 可以将溶液中大量的 Pb（Ⅱ）吸附于表面，然后发生氧化还原反应生成 NZVI，反应过程如下：

$$Pb^{2+} + \text{包裹剂-Fe} \longrightarrow Pb^{2+}\text{-包裹剂-Fe(吸附)} \tag{4-28}$$

$$3Pb^{2+} + 2\ Fe + 4H_2O \longrightarrow 3Pb + 2FeOOH + 6H^+ \tag{4-29}$$

另外，还有一部分 Pb（Ⅱ）与纳米铁表面的 OH^- 配合形成 $Pb(OH)_2$ 和 $PbO \cdot xH_2O$，反应过程如下：

$$Pb^{2+} + 2OH^- \longrightarrow Pb(OH)_2 + PbO \cdot xH_2O \tag{4-30}$$

4.3.2 MCM-22/NZVI 对含 Pb（Ⅱ）废水的处理

4.3.2.1 MCM-22/NZVI 去除 Pb（Ⅱ）的批试验设计

MCM-22/NZVI 去除 Pb（Ⅱ）溶液的反应在 250mL 的具塞磨口锥形瓶中进行。将

100mL 的 Pb（Ⅱ）溶液加入锥形瓶中，调 pH 值，加入 MCM-22/NZVI 纳米颗粒。在常温、常压下，将锥形瓶放入搅拌器中搅拌。根据设定时间取样，经 0.22μm 滤膜过滤后采用络合滴定法测定水样中 Pb（Ⅱ）的浓度。

4.3.2.2 结果分析与讨论

（1）反应时间对 Pb（Ⅱ）去除率的影响

为了研究反应时间对 MCM-22 和 MCM-22/NZVI 去除水体中 Pb（Ⅱ）反应的影响。在室温下，溶液的 pH 值为 7.0，初始 Pb（Ⅱ）浓度为 140mg/L，样品的投加量为 0.5g/L 时，考察了不同时间（5min、10min、20min、30min、60min、90min、120min 和 150min）对 Pb（Ⅱ）去除率的影响。如图 4-51 所示，在前 30min 中，含铅废水的去除率增长比较明显，Pb（Ⅱ）的去除速率较快；随着时间的延长，去除速率逐渐减缓，直到 120min 时达到最大，去除率分别为 52.84%和 89.04%；继续反应，去除率基本不变，反应达到平衡。由此可知，MCM-22/NZVI 处理含铅废水时，由于纳米铁和 MCM-22 分子筛都具有很强的吸附能力，在反应的前期（30min 内），主要是通过其对 Pb（Ⅱ）进行吸附作用；在后期大量纳米铁从分子筛中释放出来，Fe 的标准电极电位 $\varphi^0 Fe^{2+}/Fe=-0.440V$，而 Pb 的标准电极电位 $\varphi^0 Pb(Ⅱ)/Pb=-0.126V$，因此 Pb（Ⅱ）可以被 Fe 还原为单质 Pb，由于 Pb 的标准电极电位只是比 Fe 稍微正一些，因此能被还原的程度较弱，有一部分 Pb（Ⅱ）则是与纳米铁表面的 OH^- 形成配合物。同时生成的 Fe^{2+} 和 Fe^{3+} 离子水解生成具有较强吸附絮凝作用的 $Fe(OH)_2$ 和 $Fe(OH)_3$ 将废水中的铅吸附絮凝下来，而使去除率进一步地提高。因此反应的最佳时间为 120min。

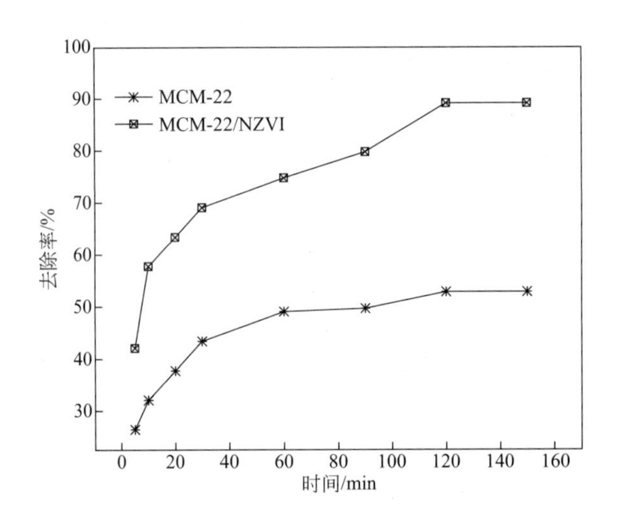

图 4-51 时间对 MCM-22 和 MCM-22/NZVI 对 Pb（Ⅱ）去除率的影响

（2）样品投加量对 Pb（Ⅱ）去除率的影响

为了研究 MCM-22 和 MCM-22/NZVI 的投加量对去除水中 Pb（Ⅱ）的影响。在室温下，溶液的 pH 值为 7.0，初始 Pb（Ⅱ）浓度为 140mg/L，反应时间为 120min 时，考察了样品的不同投加量（0.1g/L、0.2g/L、0.3g/L、0.4g/L、0.5g/L 和 0.6g/L）对 Pb（Ⅱ）去除率的影响。如图 4-52 所示，随着 MCM-22 和 MCM-22/NZVI 投加量的增加，Pb（Ⅱ）的去除率呈上升趋势，当投加量达到 0.5g/L 时，Pb（Ⅱ）去除率分别为 52.84%和

89.04%。之后，随着投加量的增加，Pb（Ⅱ）去除率的变化不是很明显。由此看出，在低投加量时，纳米铁的投加量是反应的一个主要控制因素，随着投加量的增加，其控制效应逐渐减弱，当达到某一值后，投加量将不再是反应的主要控制因素。因此样品的最佳投加量为0.5g/L。

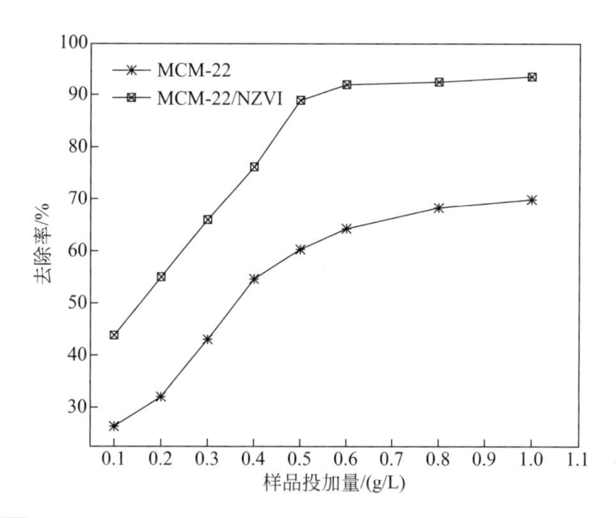

图 4-52 MCM-22和MCM-22/NZVI投加量对Pb（Ⅱ）去除率的影响

（3）pH值对Pb（Ⅱ）去除率的影响

为了研究pH值对Pb（Ⅱ）去除率的影响。在室温下，溶液的初始Pb（Ⅱ）浓度为140mg/L，反应时间为120min，样品的投加量为0.5g/L时，考察了不同初始pH值（1、3、5、7、9和11）对Pb（Ⅱ）去除率的影响。如图4-53所示，pH值是反应中一个比较重要的影响因素，随着pH值的增大，Pb（Ⅱ）去除率明显增大，但是当pH值大于5后，Pb（Ⅱ）的去除率开始减小。Pb（Ⅱ）去除率的最大值出现在pH=5时，去除率分别达到了54.72%和92.52%。这是因为，适当的增大H^+浓度将使得反应向有利于Pb（Ⅱ）还原的方向进行，促进了Pb（Ⅱ）的还原。然而pH值过低时，大量的零价铁会直接和H^+反应，反而不利于还原反应的进行；在碱性条件下，纳米铁表面易氧化生成氢氧化铁或碳

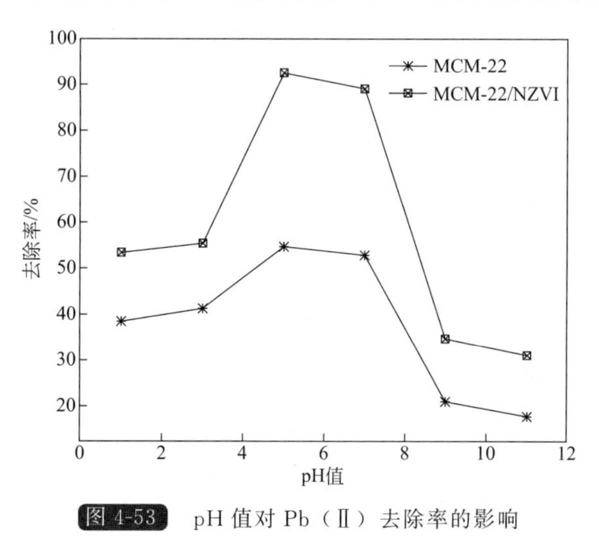

图 4-53 pH值对Pb（Ⅱ）去除率的影响

酸铁钝化层，使纳米铁的反应活性降低，从而对还原不利。另外，MCM-22 分子筛本身是显酸性的，适当的酸性环境有助于其吸附性质的体现。因此，通过实验分析，反应的最佳 pII 值为 5.0。

（4）初始 Pb（Ⅱ）浓度去除率的影响

为了研究初始 Pb（Ⅱ）浓度对去除率的影响，在室温，pH 值为 7.0，样品投加量为 0.5g/L，反应时间为 120min 时，考察了不同初始浓度（100mg/L、130mg/L、140mg/L、150mg/L、160mg/L 和 200mg/L）对 Pb（Ⅱ）去除率的影响。如图 4-54 所示，在其他条件不变的情况下，随着初始 Pb（Ⅱ）浓度的增加，Pb（Ⅱ）的去除率不断降低。

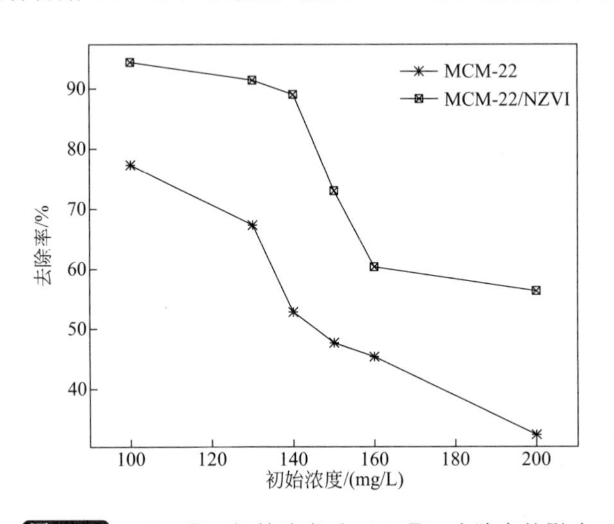

图 4-54　Pb（Ⅱ）初始浓度对 Pb（Ⅱ）去除率的影响

（5）温度对 Pb（Ⅱ）去除率的影响

为了研究反应温度对去除水中 Pb（Ⅱ）的影响，在溶液的初始 Pb（Ⅱ）浓度为 140mg/L，反应时间为 120min，样品的投加量为 0.5g/L，pH 值为 7 时，考察了废水不同温度（20℃、40℃、50℃、60℃、80℃和 90℃）对 Pb（Ⅱ）去除率的影响。如图 4-55 所示，随着温度的升高，Pb（Ⅱ）的去除率呈上升趋势，这可能是因为升高温度将使得溶液

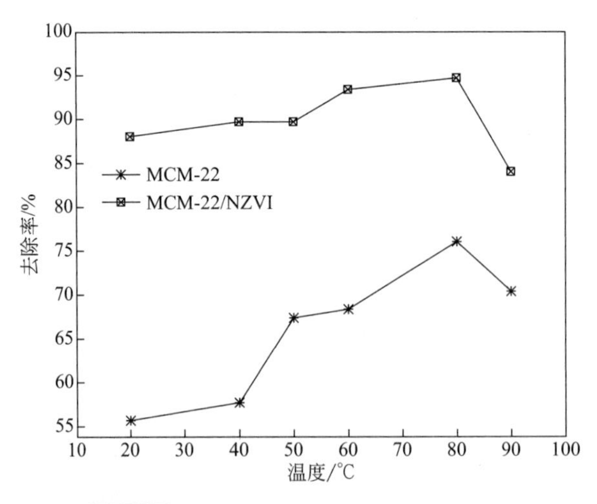

图 4-55　温度对 Pb（Ⅱ）去除率的影响

中的反应向有利于 Pb（Ⅱ）还原的方向进行，促进了 Pb（Ⅱ）的还原；另外较高的温度可以使 MCM-22 分子筛活化，增加了其吸附能力，能充分地吸附 Pb（Ⅱ）。

（6）反应动力学研究

MCM-22/NZVI 与水中 Pb（Ⅱ）的反应属于非均相反应，反应过程可用 Langmuir-Hinshelwood 动力学模型来描述，具体方法见 4.2.1.5。

MCM-22/NZVI 对 Pb（Ⅱ）处理过程的反应动力学曲线按照式（4-31）进行拟合。不同反应时间下的反应动力学拟合曲线如图 4-56 所示。图中直线显示，$\ln(C/C_0)$ 与 t 呈现出一定的线性相关性，说明 MCM-22/NZVI 对 Pb（Ⅱ）降解反应基本符合一级反应。

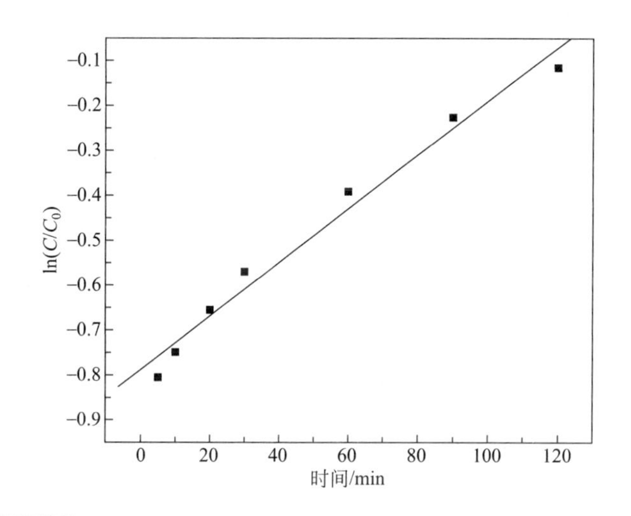

图 4-56　MCM-22/NZVI 去除 Pb（Ⅱ）的反应动力学拟合曲线

MCM-22/NZVI 对水体中 Pb（Ⅱ）的作用包括去除及降解两个方面。首先，从单独的 MCM-22 分子筛去除 Pb（Ⅱ）的实验发现，MCM-22 分子筛对 Pb（Ⅱ）具有较强吸附去除能力，因此一部分 Pb（Ⅱ）可以被 MCM-22 分子筛吸附去除；另外，根据 Ponder S M 报道，Pb（Ⅱ）可以快速被纳米铁除去，其机理是一部分 Pb（Ⅱ）与纳米铁表面的 OH^- 配合形成 $Pb(OH)_2$ 和 PbO_2，另一部分 Pb（Ⅱ）被纳米铁吸附还原为零价铅，同时生成的 Fe^{2+} 和 Fe^{3+} 离子水解生成具有较强吸附絮凝作用的 $Fe(OH)_2$ 和 $Fe(OH)_3$ 将废水中的铅吸附絮凝下来而使去除率进一步提高。

4.3.3　茶叶提取液制备纳米零价铁去除 Pb（Ⅱ）的试验设计

本节以茶叶提取液制备纳米零价铁（MT-FeNPs，见 3.4.2）来去除废水中的铅离子做相关研究，使其发展成为一种具有开发潜力的新型纳米修复材料，同时也为今后重金属污染的去除研究提供一些有利参考。

4.3.3.1　试验过程

用量筒移取 150mL 配置好的 Pb^{2+} 溶液于 250mL 的锥形瓶中，加入预先称取好的纳米零价铁样品，用 pH 计测量溶液的 pH 值，并用配置好的盐酸或氢氧化钠标准溶液调节溶液 pH 值到一预先设定的值，再置于水浴温度 25℃、震动频率为 120r/min 的恒温水浴振荡器中反应 1h。在反应 1h 后，用高速离心机对反应后的溶液离心 5min，取其上清液并加入二甲酚橙溶液显色 30min 后，用 7221 型分光光度计（波长 575.00nm）绘制出铅离子的标准曲线（$A=0.3203C-0.0891$，$R^2=0.9983$），测定出铅离子标准溶液的吸光度，并按下式计算 Pb^{2+} 去除率（R）：

$$R=\frac{C_0-C}{C_0}\times 100\% \tag{4-31}$$

式中，R 为去除率；C_0 为初始铅离子的浓度；C 为吸附后的铅离子的浓度。

反应动力学研究：由于纳米零价铁与溶液中 Pb（Ⅱ）的反应属于非均相反应，反应过程可用 Langmuir-Hinshelwood 动力学模型来描述（具体方法见 4.2.1.5）。

4.3.3.2 结果与讨论

（1）不同 pH 值对 MT-FeNPs 处理含铅废水的影响

不同 pH 值对 MT-FeNPs 处理含铅废水的影响结果如图 4-57 所示。从图中可以看出：随着 pH 值的增加，去除率不断提高，在 pH=7 时去除率达到最高。这是因为，在适当增大 H^+ 浓度的情况下，将使得反应向有利于还原 Pb^{2+} 的方向移动，从而促进了 Pb^{2+} 的还原，去除效果提升。然而当溶液酸性过高，也就是当 pH 值过低时，大量的纳米零价铁则会直接和 H^+ 反应，从而不利于还原反应的进行，于是去除率反而呈现下降趋势；当反应在碱性条件下进行时，MT-FeNPs 表面易氧化生成氢氧化铁或碳酸铁氧化膜而发生钝化，从而使纳米铁的反应活性降低，对反应同样不利。

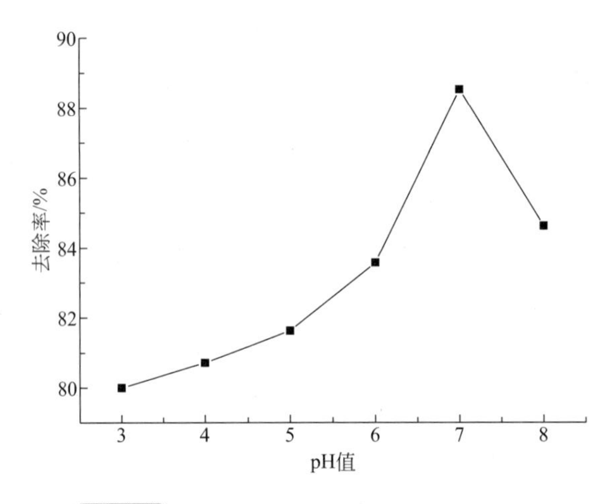

图 4-57 不同 pH 值对 Pb^{2+} 去除率的影响

（2）MT-FeNPs 投加量对 Pb^{2+} 去除率的影响

MT-FeNPs 投加量对 Pb^{2+} 去除率的影响如图 4-58 所示。从图中可以判断：随着样品 MT-FeNPs 投加量的增加，Pb^{2+} 的去除率呈上升趋势，当投加量达到 0.045g/L 时，Pb^{2+} 去除率达到了最高 83.3%，这是因增大的样品浓度增加了反应的活性点位，使新鲜铁表面有了更多和污染物接触的机会，有助于 MT-FeNPs 还原反应的进行。由此可得，在低投加量时，MT-FeNPs 的投加量是反应的一个主要控制因素，随着 MT-FeNPs 投加量的增加，其控制效应逐渐减弱，当达到某一值后，投加量将不再是反应的主要控制因素。研究结果与

Yun 等利用纳米零价铁去除溶液中铅的结论一致。

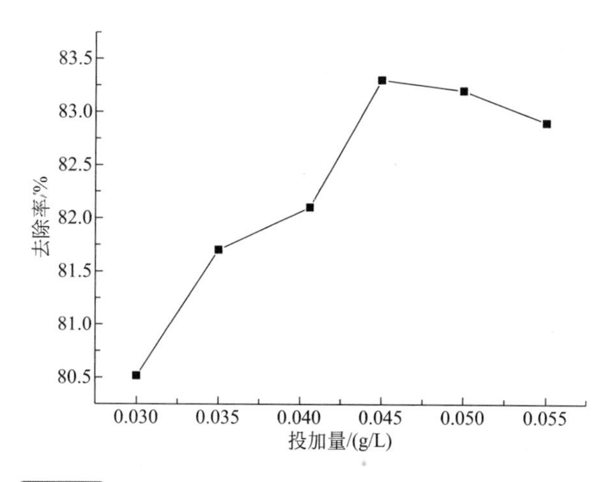

图 4-58 不同 MT-FeNPs 投加量对 Pb^{2+} 去除率的影响

(3) 铅离子的初始浓度对去除率的影响

铅离子的初始浓度对去除率的影响如图 4-59 所示。由图可得：在 pH＝7、MT-FeNPs 的最佳投加量为 0.045g/L 的条件下，随着铅离子初始浓度的增加，去除率不断提高，但在铅离子初始浓度增加到 40mg/L 后，去除率的增加并不明显。从节约原料的角度来看，本试验最适宜的铅离子初始浓度应为 40mg/L。实验也表明随着铅离子浓度的不断增加，纳米零价铁在 40mg/L 吸附接近饱和，故去除率变化不大。

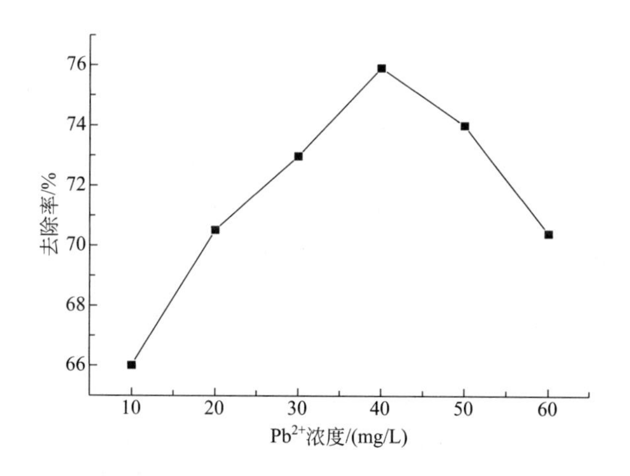

图 4-59 不同 Pb^{2+} 浓度对 Pb^{2+} 去除率的影响

(4) 纳米零价铁处理含铅离子废水的动力学

反应时间对 Pb^{2+} 去除率的影响如图 4-60所示。由图 4-60 可知，随着反应时间的延长，MT-FeNPs 去除铅离子的去除率有一个快速的增加过程，在 60min 时去除率最大，且去除效率为 86.3%，随后基本稳定。采用准一级反应动力学方程拟合 Pb^{2+} 时、所得结果如图 4-61 所示。

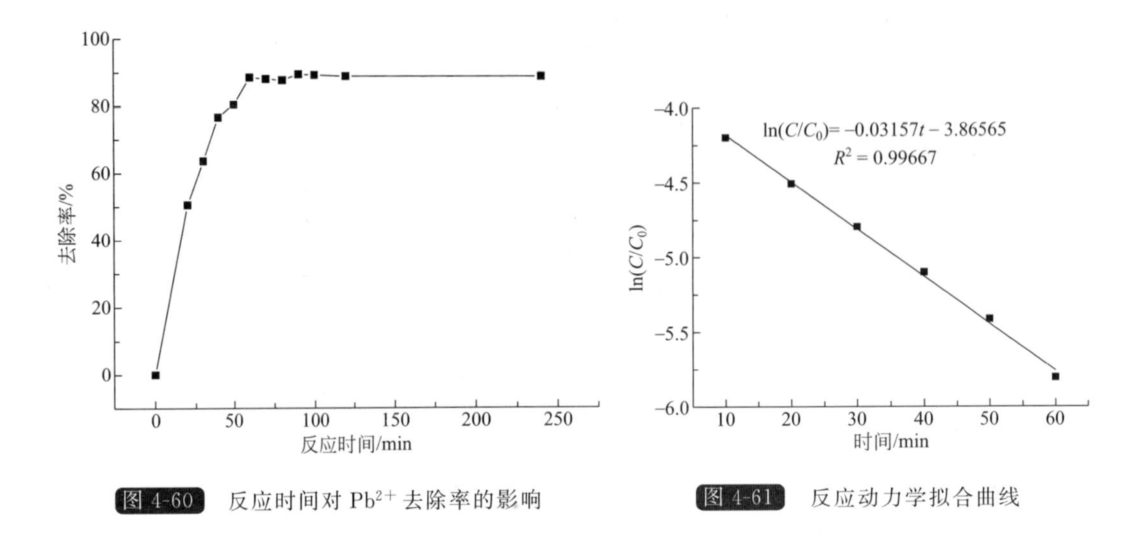

图 4-60 反应时间对 Pb^{2+} 去除率的影响

图 4-61 反应动力学拟合曲线

反应时间为 10min、20min、30min、40min、50min、60min 的反应动力学曲线拟合如图 4-61 所示。由图可知，拟合方程为 $\ln(C/C_0)=-0.03157t-3.86565$，反应符合一级动力学反应模型，表观反应速率常数 k_{obs} 值为 0.03157，线性相关系数 R^2 值为 0.99667。$\ln(C/C_0)$ 与 t 呈现出良好的线性关系，因为随着时间的增加提供了更多 MT-FeNPs 表面积和相应的反应位点，使得反应速率增大。

4.4 水中砷（As）的处理试验研究

地方性砷中毒是近年来被发现并列入地方病的。虽然历史较短（只有十几年），但由于发病区域性大、受害人口多、病区环境复杂、病情严重等依然引起了社会的广泛关注。我国水中含有危险浓度的砷已成为潜在的公共卫生问题，这也是 21 世纪我国急需解决的饮用水卫生问题的关键所在。砷是一种原生质毒物，具有广泛的生物效应，已被美国疾控中心和国际癌症研究机构（IARC）确定为第一类优先控制的致癌物质。目前我国现行的标准规定饮用水含砷量不能超过 5μg/L，工业废水中含砷量不能超过 5mg/L。

含砷废水的处理技术主要分为三大类：化学法、物化法、生化法。化学法主要指沉淀法，而沉淀法包括中和沉淀和絮凝沉淀。物化法主要包括离子交换法和吸附法等；生化法包括植物吸收法和微生物富集法等。采用的纳米零价铁处理含砷废水是当前技术革新的主要趋势。纳米具有零价铁突出的处理效果和环境友好型的特点，且回收简单经济高效，无任何遗留二次污染的风险，人们逐渐意识到它在这方面的积极作用。

4.4.1 实验所需药品和仪器

所用实验药品与试剂见表 4-11。实验所需仪器见表 4-12。

除上述表中所列药品仪器外，本实验还需用到以下仪器：锥形瓶（6 个）、烧杯（若干）、移液管（2 支）、1000mL 容量瓶（1 个）、100mL 容量瓶（若干）、50mL 量筒（1 个）、玻璃棒（1 根）、试管刷（1 个）、砷化氢发生与吸收装置（2 套）。

表 4-11 实验药品与试剂

药品名称	纯度	生产厂家
氯化钙	分析纯	上海试剂一厂
无砷锌粒	分析纯	上海试剂一厂
去离子水	分析纯	实验室制备
氯化亚锡	分析纯	天门化学试剂厂
亚砷酸酐	分析纯	北京化工厂
碘化钾	化学纯	上海试剂一厂

表 4-12 实验仪器设备

仪器名称	仪器型号	数量	生产厂家
循环水式多用真空泵	SHB-3	1	郑州杜甫仪器厂
紫外可见分光光度计	UV 5100B	1	上海元析仪器有限公司
电子天平	TD-2002	1	上海菁海仪器有限公司
pH 计	990	1	上海仪电科学仪器股份有限公司

4.4.2 实验步骤

4.4.2.1 砷测定药品配置

a. 砷标准储备液　先将三氧化二砷（As_2O_3）在 110℃的烘箱中干燥 2h，准确称取 1.320g 后加入 5mL 浓度为 200g/L 的氢氧化钠溶液使之溶解，再加入 25mL 浓硫酸，移入 1000mL 的容量瓶，用去离子水定容，并用棕色玻璃瓶储存。此时的砷储备液浓度为 1g/L。

b. 砷标准使用液　将配好的砷储备液逐级稀释至 1mg/L、3mg/L、5mg/L、7mg/L、9mg/L，并且现配现用。

c. 40%的 $SnCl_2$ 溶液　称取 40g 的 $SnCl_2$-H_2O，加入 50mL 的浓盐酸加热溶解，用蒸馏水定容至 100mL，加入几粒金属锡，并在棕色瓶中保存。

d. 15%的 KI 溶液　称取 15g 的 KI，溶于 100mL 的蒸馏水中，并保存于棕色瓶中。

e. 无砷锌粒（10～20 目）。

f. 砷吸收液　将 0.25mg 的 Ag-DDC 用少量的三氯甲烷调成糊状，加入 2mL 的三乙醇胺，并用三氯甲烷定容至 100mL 的棕色容量瓶，振荡溶解，静置 24h，取上清液保存于棕色瓶中。

g. 乙酸铅棉　称取 10g 乙酸铅溶于 100mL 的水中，滴入几滴乙酸酸化，将小团的脱脂棉浸泡在乙酸铅溶液中半小时，自然晾干，置于磨口瓶中保存。

4.4.2.2 砷标准曲线的绘制

a. 称取 50mL 浓度分别为 1mg/L、3mg/L、5mg/L、7mg/L、9mg/L 的砷标准使用液于 150mL 的锥形瓶中，加入 7mL 的硫酸（1+1）。

b. 分别向锥形瓶中加入 40%的 $SnCl_2$ 溶液 5mL、15%的 KI 溶液 3mL，摇匀，放置 15min。

c. 将 3～4g 无砷锌粒加入锥形瓶瓶中，立即接通砷发生吸收装置，反应约 1h，取下吸收管，摇匀待测。

d. 将反应完成的吸收液放在 510nm 的最大波长下，测每组的吸光度，并记录下数据，为最后的标准曲线绘制做准备。

e. 以吸收液作为空白。

f. 砷标准液吸光度见表 4-13。

表 4-13　砷标准液吸光度表

浓度/mg/L	1	3	5	7	9
吸光度 A	0.234	0.677	1.032	1.431	1.812

采用紫外可见分光光度计在 510nm 的最大波长下，测定砷的标准曲线 $A=0.1955C+0.0597$，$R^2=0.99903$，依据反应前后浓度差来计算砷的去除率，计算公式为：$K\%=(C_0-C)/C_0\times100\%$；$K$ 为砷的去除率；C_0 为反应前砷的浓度；C 为反应后砷的浓度。

本实验所涉及的因素有五个，分别是 pH 值、浓度、反应时间、投加量、盐度。正交试验因素与水平见表 4-14。

表 4-14　正交试验因素与水平表

水平 \ 因素	CMC-NZVI /(g/L)	As（Ⅲ）浓度 /(mg/L)+pH	反应时间 /min	$Mg^{2+}+Ca^{2+}$ /(mmol/L)
1	0.5	25+5	60	0+0
2	1	50+7	90	15+3
3	1.5	100+9	120	30+8

注意：As（Ⅲ）浓度是 As_2O_3 浓度的 1/2，Mg^{2+} 用 $MgSO_4$ 配制，Ca^{2+} 用 $CaSO_4$ 配制，单位是 mmol/L，均取 200mL 做试验。

4.4.2.3　正交试验设计

由于本研究为 4 因素 3 水平的正交试验，所以选用的正交表是 $L_9(3^4)$，其中 A、B、C、D 分别代表的是投加量，浓度与 pH 值、反应时间、离子强度。

a. 取 9 只烧杯依次编号 1～9 号，根据反应所需的浓度向每只烧杯中加入 200mL 的含砷废水，对应相应编号调节 pH 值。

b. 对应正交表投加相应的纳米零价铁。

c. 反应到试验所需的时间后，取出吸收液，倒入比色皿中，测其吸光度，记录数据。

d. 根据所测得的吸光度，对照标准曲线，得出反应后的浓度，根据公式计算去除率，填入上面表格对应处。

e. 根据极差分析，得到最优组合。

4.4.3　结果分析与讨论

CMC 包裹型纳米铁去除砷的正交试验结果见表 4-15。有正交表绘制的直观分析见图 4-62。

表 4-15 砷的正交试验结果

试验号	列号				吸光度	反应后砷浓度/(mg/L)	As(Ⅲ)去除率 K/%
	A	B	C	D			
1	1	1	1	1	0.783	3.70	85.20
2	1	2	2	2	2.146	10.67	78.66
3	1	3	3	3	4.164	20.94	79.06
4	2	1	2	3	0.486	2.18	91.28
5	2	2	3	1	2.615	13.07	86.93
6	2	3	1	2	3.310	16.63	83.37
7	3	1	3	2	0.143	0.43	98.30
8	3	2	1	3	1.187	5.77	88.47
9	3	3	2	1	3.308	16.62	83.38
$\overline{K}_1$	80.97	91.59	85.68	85.17			
$\overline{K}_2$	87.19	84.69	84.44	86.77			
$\overline{K}_3$	90.05	81.93	88.09	86.27			
R	9.08	9.66	3.65	1.60			

注：As(Ⅲ)浓度=0.5As_2O_3浓度，Mg配制用$MgSO_4$，Ca^{2+}用$CaSO_4$配制，单位是mmol/L。

按照上述的正交试验方案配制不同浓度的废水溶液200mL，投入所需还原性铁粉，调至所需的pH值，反应至所需的时间。本实验的溶液pH值用盐酸和氨水进行调节。

实验结果分析采用的是极差分析法，如表4-15所列，实验中各因素的影响因子的极差大小为：pH与初始浓度B>投加量A>反应时间C>离子强度D。初始浓度与pH值对实验影响最为显著，投加量其次；还可以得出，不同因素和水平之间也存在较大差异。模拟地下水中的离子强度主要是影响化学反应位点，在溶液中减少铁与三价砷的碰撞概率，但在这个反应中影响效果并不是那么明显。

实验结果的直观分析如图4-62所示，随着零价铁投加量A的增加，砷去除率也随之增加。因为增多的零价铁能够为反应提供更多的活性位点，从而加速水中的As(Ⅲ)的取出。当增加纳米零价铁的投加量时，水中铁的表面积会增大，更多的与水中As(Ⅲ)接触，形成更多的反应位点，反应活性增加，从而提高了As(Ⅲ)的去除率。

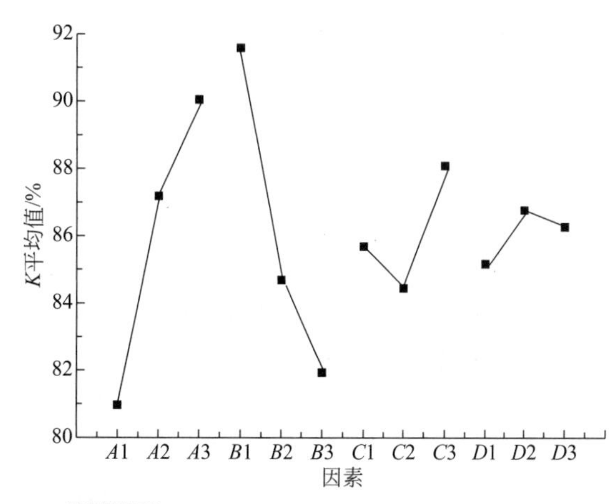

图4-62 各因素对As(Ⅲ)去除率的影响

pH值与初始浓度B对砷的去除率的影响主要是影响了反应过程中纳米零价铁表面电子的移动，改变了As(Ⅲ)在水中的形态，从而改变了它与零价铁的接触，使反应活性下降。当pH值为5时，水中的H^+使Fe^{2+}不容易聚沉，使之在水中的分散性更好，造成与As（Ⅲ）接触反应的位点增多提高了砷的去除率。中性时去除率变低。当pH值为9时，水中的Fe^{2+}与OH^-生成氢氧化亚铁，形成胶状物并且具有磁性，虽然能够起到一定的吸附效果，但与As（Ⅲ）的反应不够充分，去除率降低。

离子强度D对去除率的影响不明显是因为模拟地下水中的离子强度主要是影响化学反应位点，在溶液中减少铁与三价砷的碰撞概率，所以在这个反应中影响效果并不是那么明显。

通过正交试验，得到最佳组合是$A_3B_1C_3D_2$。为了确定试验得出的结论，设定投加量为1.5g/L，pH值为5与As（Ⅲ）初始浓度为25mg/L，反应时间为1.5h，离子强度$(Mg^{2+}+Ca^{2+})$mmol/L＝(15＋3)mmol/L，得出的去除率为99.6%，上清液中As（Ⅲ）浓度0.1mg/L，达到工业废水中含砷量不能超过5mg/L的排放标准。

4.4.4 反应产物回收

反应结束后，慢慢地向溶液中加入氨水，反应一段时间后，溶液会慢慢变成了棕黄色，继而有絮凝物产生。絮凝物逐渐沉积到烧杯底部，用磁铁吸引可以看到所有的沉淀物都聚于被吸引的地方，而溶液的其他地方是澄清的。对于反应后产物的猜想，是铁的氢氧化物和氧化物。试验最后的产物是会被磁性吸附的但又不是很强，所以铁的氢氧化物可能带有弱磁性。

4.4.5 机理分析

在弱酸性的条件下，向废水中加入零价铁，部分的零价铁会与溶液中的H^+生成氢气，但是反应过程较慢，且产生的氢气量并不多。而其中大部分的零价铁会和废水中的As（Ⅲ）反应将其还原。由于是酸性条件，大量的氢离子使铁离子会形成胶体，不会聚沉，使纳米零价铁在水中与As（Ⅲ）有更多的接触面积，反应更加充分。水中在碱性条件下铁不仅能将其还原，还能混凝，但是却减少了反应接触面积。所以，在碱性条件下去除砷的效果没有酸性的明显。在中性的条件下，并不会有氢气产生，而是所有的铁都用于还原废水中的重金属离子。

反应机理表示如下：

$$Fe+2H^+ \longrightarrow Fe^{2+}+H_2\uparrow \tag{4-32}$$

$$3Fe^{2+}+As^{3+} \longrightarrow 3Fe^{3+}+As \tag{4-33}$$

在碱性的条件下，向废水中加入铁粉，Fe先和废水中的As（Ⅲ）反应，生成Fe^{2+}、Fe^{3+}。由于OH^-的存在，大部分的OH^-与废水中的Fe^{2+}、Fe^{3+}生成$Fe(OH)_2$或$Fe(OH)_3$絮凝物，其中$Fe(OH)_3$具有一定的吸附能力。如果可以看到有棕黄色的沉淀，说明一定存在$Fe(OH)_3$，其他的铁的（氢）氧化物也可能存在。

反应机理表示如下：

$$Fe\text{-}2e^- \longrightarrow Fe^{2+} \tag{4-34}$$

$$Fe^{2+}+3OH^- -3e^- \longrightarrow Fe(OH)_3\downarrow \tag{4-35}$$

$$Fe^{2+}+2H_2O \longrightarrow Fe(OH)_2\downarrow +2H^+ \tag{4-36}$$

$$Fe^{2+}+2OH^- \longrightarrow Fe(OH)_2\downarrow \tag{4-37}$$

4.5 铁粉去除电镀废水中锌镉离子的反应动力学研究

环境中存在的有毒污染物严重危害了人类的生活和健康。目前，水污染问题对于中国经济的影响相对来说比较严重，而重金属废水污染是最大的污染之一。重金属废水是工业生产过程中排放的废水，主要在电镀行业产生的较多，而且重金属废水中的重金属一般很难被分解去除，因此重金属废水对水资源的污染和对人类的危害是非常大的。水体重金属污染的处理所采取的方法包括：加入化学药剂进行沉淀以及利用通电电解和膜分离法处理，利用硫酸盐还原菌对水体净化，利用部分生物的吸附作用进行吸附。由于这些方法的耗能大，成本高，在工业生产时效果也并不好。因此，越来越多的低成本、高回报的处理方法受到了关注和研究。用还原性铁粉进行处理就是一种价廉高效、回收方便的方法。铁是活泼金属，有较强的还原性，可以将活性排在它后面的重金属从溶液中置换出来，因此可以用于对重金属废水的处理。在近年来国内外的研究发现，还原性铁粉在处理电镀废水中的重金属离子具有较高的去除率。利用还原性铁粉去除重金属离子的适合条件以及影响去除率的因素是我们研究的重点。

4.5.1 试验

4.5.1.1 试验用水及药品

本实验采用的废水是昌河飞机工业公司的电镀废水，该电镀废水只含有锌、镉，不含有其他的金属离子和氰化物。

试验药品有还原性铁粉（Fe），双硫腙（$C_{13}H_{12}N_4S$），柠檬酸钠（$C_6H_5O_7Na_2 \cdot 2H_2O$），酒石酸钾钠（$KNaC_4H_4O_6 \cdot 4H_2O$），丁二酮肟（$C_4H_8N_2O_2$），锌、镉粒（Zn、Cd），硫代硫酸钠（$Na_2S_2O_3 \cdot 5H_2O$），乙酸钠（$CH_3COONa \cdot 3H_2O$），乙醇（$C_2H_5OH$），四氯化碳、氯仿（$CCl_4$、$CHCl_3$），氨水、HCl、$HNO_3$，乙酸（$CH_3COOH$），去离子水（实验室自制）。

4.5.1.2 仪器及设备

紫外可见光分光光度计（UV 5100B，上海元析仪器有限公司）；离心机（TDZ4-WS，湖南湘仪实验室仪器开发有限公司）；pH 计（990 江苏江环分析仪器）；电子天平（TD-2002，上海路达实验仪器有限公司）；超纯水机（AKDL-Ⅱ-16 型，成都康宁实验专用纯水设备厂）。

4.5.1.3 试验过程

试验采用正交试验法，选用 $L_9(3^4)$ 正交表，其中分别代表的是 pH 值、浓度、反应时间和投加量，因素与水平如表 4-16，试验采用双硫腙分光光度法，测定条件见表 4-17。

取 9 只烧杯依次编号为 1～9 号，根据反应所需的浓度向每支烧杯中加入一定量的电镀废水，最后用去离子水稀释到 200mL，根据正交表的试验设计，向每组试验加入其所需的

表 4-16 正交试验因素与水平表

水平	(*A*) pH	(*B*) 浓度/(mg/L)	(*C*) 时间/h	(*D*) 投加量/(mg/L)
1	5	5	0.5	25
2	7	10	1	50
3	9	20	1.5	75

表 4-17 Zn 和 Cd 的测定条件

测定元素	波长	标准曲线	回归率 R^2
Zn	535nm	$A=0.1094C+0.0008$	0.9987
Gd	515nm	$A=0.0188+0.0025$	0.9975

投加量，并且调节 pH 值，反应至所需的时间后，用注射器吸取一定量的溶液，并透过 45mm 的滤膜注射到比色皿中，测其吸光度，对照标准曲线，得出反应后的浓度，根据公式 $R=(C_0-C_e)\times100\%/C_0$ 计算。

式中，C_0 为 Zn^{2+} 和 Cd^{2+} 的初始质量浓度，mg/L；C_e 为反应平衡结束溶液剩余锌，镉的质量浓度，mg/L。

分别计算 Zn^{2+} 和 Cd^{2+} 去除率，最佳组合用极差 *R* 分析法确定。

4.5.1.4 反应动力学研究

本节研究的反应动力学的反应过程可以用 Langmuir-Hinshelwood 动力学模型来描述。

反应动力学研究试验过程：

(1) 在投加量为 75mg/L，初始浓度为 20mg/L 时，改变不同的 pH 值；

(2) 锌、镉分别在 pH 值为 9 和 pH 值为 5，初始浓度为 20mg/L 时，改变不同的投加量；

(3) Zn^{2+}、Cd^{2+} 分别在 pH 值为 9 和 pH 值为 5，投加量为 75mg/L 时，改变不同初始浓度；

(4) 分别测其在不同时间下的反应后的吸光度，通过标准曲线得到反应后的浓度，最后根据公式计算斜率 k_{obs}，绘制分析图。

4.5.2 分析与讨论

4.5.2.1 正交试验结果分析

分析采用极差分析法，正交试验结果分析见表 4-18。

表 4-18 正交试验结果

试验号	(*A*) pH	(*B*) 浓度/(mg/L)	(*C*) 时间/h	(*D*) 投加量/(mg/L)	Zn^{2+}去除率/%	Cd^{2+}去除率/%
1	1	1	1	1	52.7	74.4
2	1	2	2	2	57.6	86.7
3	1	3	3	3	63.2	96.8

续表

试验号	(A) pH	(B) 浓度 /(mg/L)	(C) 时间 /h	(D) 投加量 /(mg/L)	Zn^{2+}去除率 /%	Cd^{2+}去除率 /%
4	2	1	2	3	67.9	63.1
5	2	2	3	1	65.7	55.3
6	2	3	1	2	78.4	81.1
7	3	1	3	2	87.9	72.5
8	3	2	1	3	93.4	59.3
9	3	3	2	1	84.7	51.5
K_{1Zn}	57.83	69.50	74.83	67.70	T_{Zn}=651.5	T_{Cd}=640.7
K_{2Zn}	70.67	72.23	70.07	74.63		
K_{3Zn}	88.67	75.43	72.27	74.83		
R_{Zn}	30.84	5.93	4.76	7.13		
K_{1Cd}	85.97	70.00	67.10	60.40		
K_{2Cd}	66.50	67.10	71.60	80.10		
K_{3Cd}	61.10	76.47	74.87	73.07		
R_{Cd}	24.87	9.37	7.77	19.70		

如表 4-18 所列，对锌离子和镉离子的去除率的影响因素的主次关系是：溶液的 pH 值、还原性铁粉的投加量、金属离子浓度和反应时间。对于镉离子来说，当 pH 值为 5 的时候去除率明显较高，当 pH 值逐渐增大的时候，去除率越来越低，而废水的浓度和反应时间影响并不明显，尤其在碱性的时候，去除率最低。由表中可知去除镉离子的最佳组合条件为 $A1B3C3D2$，具体条件是 pH 值为 5、浓度为 20mg/L、反应时间 1.5h 以上、投加量为 50mg/L。在这种条件下的验证试验，镉的去除率为 98.2%，大于第 3 组试验条件下的 96.8%。对于去除锌来说，当 pH 值为 9 的时候去除率明显较高，当 pH 值逐渐增大的时候，去除率越来越高，尤其在碱性的时候，去除率普遍都很高。由表中可知去除锌的最佳组合条件为 $A_3B_3C_1D_3$，具体条件为 pH 值为 9、浓度 20mg/L、反应时间 0.5h 以上、投加量为 75mg/L。经过在这种条件下的验证试验，锌去除率为 95.4%，大于第 8 组试验条件下的 93.4%，均可以达到排放标准。为了操作方便可行，最后采用的条件为在锌镉离子浓度为 20mg/L 时，反应时间需 1.0h 以上，铁粉投加量为 75mg/L，先在 pH=5 除去镉，再在 pH=9 下去除锌，就可以达到排放标准。

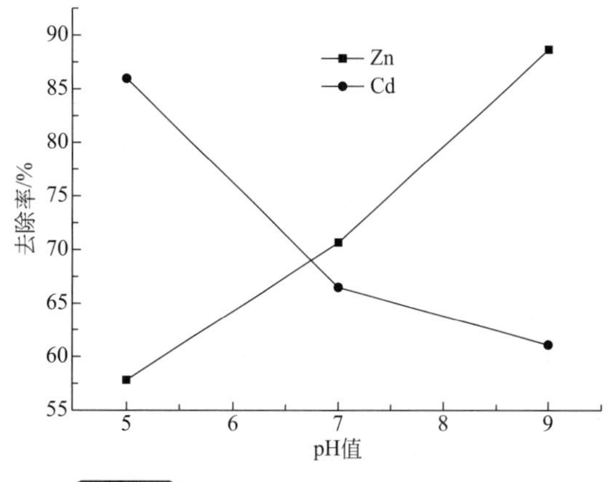

图 4-63 pH 值对锌、镉去除率的影响

4.5.2.2 pH 值对锌、镉去除率的影响

为了更好地研究 pH 值对锌、镉去除率的影响，控制废水的初始浓度为 20mg/L，投加量为 75mg/L，反应时间 1h，pH 值的调节范

围为 5、7、9。pH 值对锌、镉去除率的影响如图 4-63 所示，从图中可以很明显地看出，随着 pH 值的增大，锌的去除率逐渐增大，而镉的去除率逐减小。其中在 pH 值为 5 时，镉的去除率达到了 90%以上，而在碱性时就只有 50%左右。与之相反的是其中在 pH 值为 9 时，锌的去除率达到了 90%以上，而在酸性时只有 50%左右。实验表明酸性条件更有利于还原性铁粉对镉的去除，这是因为，增大 H^+ 浓度将使得反应向有利于镉还原的方向进行，促进了镉的还原。而在碱性条件下，铁表面易氧化生成氢氧化铁或碳酸铁钝化层，使铁的反应活性降低。但是在碱性的条件下更有利于锌的去除，这是因为混凝，OH^- 的涌入使 Fe^{3+} 与 Zn^{2+} 变成絮凝物，而 Fe（OH）$_3$，有吸附的功能，对锌的去除更有利。

当 Zn^{2+} 和 Cd^{2+} 的初始浓度均为 20mg/L，还原性铁粉的投加量为 75mg/L，对于不同的 pH 值下还原性铁粉与 Zn^{2+} 和 Cd^{2+} 反应的动力学拟合曲线如图 4-64 所示，表观反应速率常数见表 4-19。

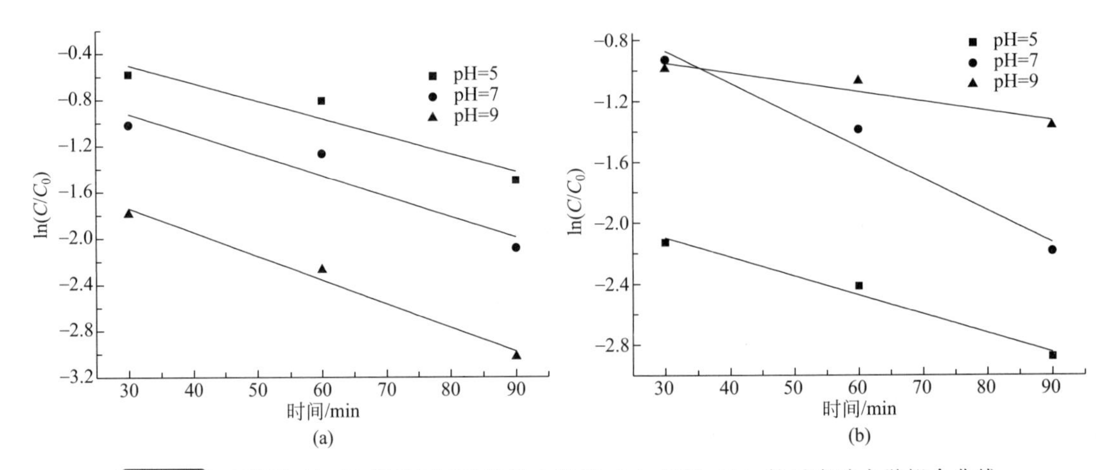

图 4-64 不同初始 pH 值下还原性铁粉去除锌（a）和镉（b）的反应动力学拟合曲线

表 4-19 不同 pH 值下还原性铁粉与 Zn^{2+} 和 Cd^{2+} 反应的表观反应速率常数

pH	$y=k_{obs}t+b$	Zn^{2+}		$y=k_{obs}t+b$	Cd^{2+}	
		k_{obs}/h	R^2		k_{obs}/h	R^2
5	$y=-0.0153t-0.0153$	0.0153	0.8433	$y=-0.0125t-1.723$	0.0125	0.9626
7	$y=-0.0178t-0.3894$	0.0178	0.8276	$y=-0.0209t-0.2446$	0.0209	0.9516
9	$y=-0.0206t-1.123$	0.0206	0.9681	$y=-0.00625t-0.7636$	0.0062	0.8075

从表 4-19 可以看出 R^2 的值分别为 0.8433、0.8276 和 0.9681，说明 $\ln(C/C_0)$ 与 t 呈现出良好的线性相关性，因此在不同 pH 条件下，还原性铁粉对废水中锌的还原过程均符合准一级反应动力学。

另外，pH 值为 5 时，反应速率常数是 0.0153/h；pH 值为 7 时是 0.0178/h；而在 pH 值为 9 时是 0.0206/h。说明反应速率随着 pH 值的增大而增大，因此酸性条件并不有利于锌离子的去除，碱性条件对锌离子的去除效果最好。原因在于 Fe 的活泼性并没有 Zn 的好，所以 Fe 不可能把 Zn 从溶液中还原出来。在酸性条件下，虽然产生了［H］，但它并不会还原锌，所以在酸性条件下的反应速率是最低的。对于锌的去除最好是在碱性的条件下，因为

碱性时可以提供 OH^-，从而产生混凝，产生 $Fe(OH)_3$ 絮凝物，对锌有吸附作用，从而达到去除。综上所述：在弱碱性条件用还原性铁粉对于锌的去除是最好的。

从表 4-19 可以看出 R^2 的值分别为 0.9626、0.9516 和 0.8075，说明 $\ln(C/C_0)$ 与 t 呈现出良好的线性相关性，因此在不同 pH 条件下，还原性铁粉对废水中 Cd 的还原过程均符合准一级反应动力学。反应过程中，当将铁投进溶液中后，在酸性条件下，部分铁会和 H^+ 反应从而会生成 [H]，这种 [H] 的产生会对反应有促进效果，也就是会加快镉的还原。然后，大部分的铁粉是会和溶液中的镉离子反应的，铁将镉离子还原。所以在这种双重的还原的作用下，溶液中的镉离子得到大量的去除。随着 pH 值的增加，溶液中有大量的 OH^- 涌入，虽然可以使部分镉变成沉淀，但由于没有 [H] 的还原，所以去除效率并没有在酸性时候的好。

4.5.2.3 投加量对 Zn^{2+} 和 Cd^{2+} 去除率的影响

为了更好地研究投加量对 Zn^{2+} 和 Cd^{2+} 去除率的影响，控制废水的初始浓度为 20mg/L，Zn^{2+} 的 pH 值为 9，Cd^{2+} 的 pH 值为 5，反应时间都为 1h，投加量的调节范围为 25mg/L、50mg/L、75mg/L。投加量对 Zn^{2+} 和 Cd^{2+} 去除率的影响如图 4-65 所示，从中可以看出，随着样品投加量的增加，Zn^{2+} 和 Cd^{2+} 的去除率逐渐增加，因为在投加量为 0.025g/L 时，反应还没有达到饱和，再继续增加投加量有更多的离子被去除。在投加量为 0.025g/L 时，Zn^{2+} 和 Cd^{2+} 去除率都较低。投加量为 0.05g/L 时，Zn^{2+} 和 Cd^{2+} 的去除率下相比与 0.025g/L 有明显的增加。继续增加投加量到 0.075g/L 时，去除率达到了最大。所以，投加量对去除率的影响也是比较显著的。

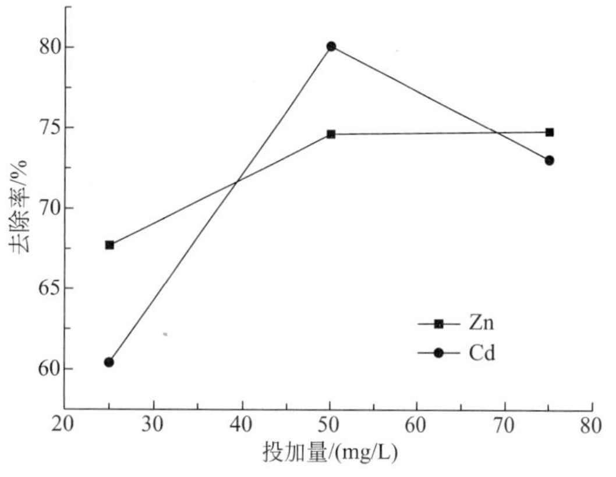

图 4-65 投加量对锌、镉去除率的影响

当 Zn^{2+} 的初始浓度为 20mg/L，反应 pH 值为 9 的时候，对于不同的投加量，其动力学拟合曲线如图 4-66（a）所示。当 Cd^{2+} 的初始浓度为 20mg/L，反应 pH 值为 5 的时候，对于不同的投加量，其动力学拟合曲线如图 4-66（b）所示，不同投加量下还原性铁粉与 Zn^{2+} 和 Cd^{2+} 反应的表观反应速率常数见表 4-20。

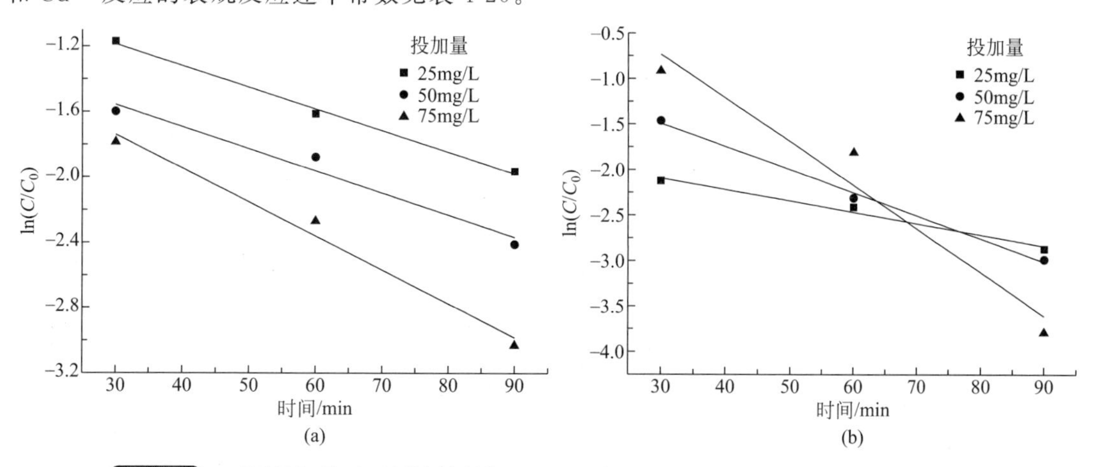

图 4-66 不同投加量下还原性铁粉与（a）Zn^{2+} 和（b）Cd^{2+} 的反应动力学拟合曲线

表 4-20 不同投加量下还原性铁粉与 Zn^{2+} 和 Cd^{2+} 反应的表观反应速率常数

投加量/(mg/L)	$y=k_{obs}t+b$	Zn^{2+}		$y=k_{obs}t+b$	Cd^{2+}	
		k_{obs}/h	R^2		k_{obs}/h	R^2
25	$y=-0.0132t-0.7895$	0.0132	0.9913	$y=-0.01245t-1.7213$	0.01245	0.9651
50	$y=-0.0135t-1.1503$	0.0135	0.9359	$y=-0.02538t-0.7299$	0.02538	0.9915
75	$y=-0.0207t-1.1165$	0.0207	0.9681	$y=-0.04789t-0.7021$	0.04789	0.9082

从表 4-20 可以看出，随着还原性铁粉投加剂量的增加，Zn 的表观反应速率常数逐渐提高，两者的变化呈现出较好的线性关系。当还原性铁粉投加量为 25mg/L、50mg/L 和 75mg/L 时，Zn 的 k_{obs} 值分别为 0.0132/h、0.0135/h 和 0.0207/h，R^2 值分别为 0.9913、0.9359 和 0.9681；Cd 的 k_{obs} 值分别为 0.01245/h、0.02538/h 和 0.04789/h，R^2 值分别为 0.9651、0.99915 和 0.9082。影响 Zn^{2+} 和 Cd^{2+} 去除反应动力学的另一重要因素为还原性铁粉的投加量，溶液中还原性铁粉剂量的增加增大了其总的比表面积以及相应的反应位点，从而为 Zn^{2+} 和 Cd^{2+} 提供了更多的接触机会。因此，除去时间因素的影响，当还原性铁粉的投加量越大，反应速率越快。

4.5.2.4 初始浓度对锌、镉去除率的影响

为了更好地研究废水初始浓度对锌、镉去除率的影响，先调节镉的 pH 值为 5，再调节锌的 pH 值为 9，反应时间都为 1h，投加量为 75mg/L，初始浓度范围为 5mg/L、10mg/L、20mg/L。初始浓度对锌、镉去除率的影响如图 4-67 所示，从图 4-67 中可以看出，不同初始浓度的废水也会对反应物之间的接触产生影响，从而使反应效果受到影响。随着初始浓度的不断增加，锌、镉的去除率在不断地增大。其中，初始浓度为 5mg/L 时，去除率只有 70%左右；浓度为 10mg/L 时，去除率增加到了 80%多；浓度为 20mg/L，去除率最大，达到了 90%左右。

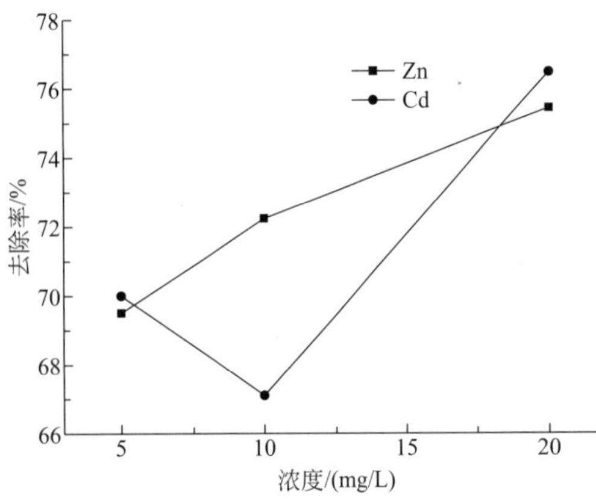

图 4-67 初始浓度对锌、镉去除率的影响

当还原性铁粉的投加量为 75mg/L，反应 pH 值为 9 的时候，对于不同的 Zn^{2+} 溶液的初

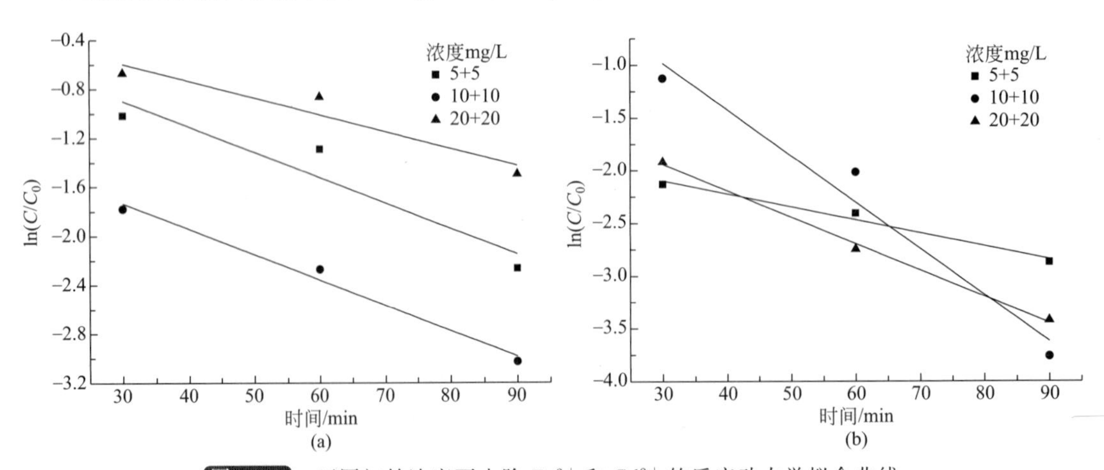

图 4-68 不同初始浓度下去除 Zn^{2+} 和 Cd^{2+} 的反应动力学拟合曲线

始浓度，其动力学拟合曲线如图 4-68（a）所示。当还原性铁粉的投加量为 25mg/L，反应 pH 值为 5 的时候，对于不同的 Cd^{2+} 溶液的浓度，其动力学拟合曲线如图 4-68（b）所示。还原性铁粉与不同 Zn^{2+} 和 Cd^{2+} 浓度下的反应表观反应速率常数见表 4-21。

表 4-21　还原性铁粉与不同 Zn^{2+} + Cd^{2+} 浓度下反应的表观反应速率常数

$Zn^{2+}+Cd^{2+}$ /(mg/L)	Zn^{2+}: $y=k_{obs}t+b$	Zn^{2+}: k_{obs}/h	Zn^{2+}: R^2	Cd^{2+}: $y=k_{obs}t+b$	Cd^{2+}: k_{obs}/h	Cd^{2+}: R^2
5+5	$y=-0.02083t-0.27404$	0.02083	0.81109	$y=-0.01234t-1.72876$	0.01234	0.9978
10+10	$y=-0.02081t-1.1111$	0.02081	0.97056	$y=-0.04392t-0.3333$	0.04392	0.9325
20+20	$y=-0.0138t-0.18307$	0.0138	0.82848	$y=-0.0251t-1.18919$	0.0251	0.99336

从表 4-21 中的数据可以看出 R^2 的大小分别是 0.81109、0.97056 和 0.82848。说明在不同的 Zn^{2+} 初始浓度下还原性铁粉对 Zn^{2+} 和 Cd^{2+} 的去除有较好的相关性。当 Zn^{2+} 和 Cd^{2+} 浓度为 5mg/L 时，Zn^{2+} 和 Cd^{2+} 的 k_{obs} 分别为 0.02083/h 和 0.01234/h；最大的是在 Zn^{2+} 和 Cd^{2+} 均 10mg/L 时，分别达到了 0.02081/h 和 0.04392/h；而在 Zn^{2+} 和 Cd^{2+} 浓度为 20mg/L 时，Zn^{2+} 和 Cd^{2+} 的 k_{obs} 分别只有 0.0138/h 和 0.0251/h，从表 4-21 可以看出 Zn^{2+} 的初始浓度在 5mg/L 和 10mg/L 时，它的 k_{obs} 相差不大，说明初始浓度并不是影响还原性铁粉去除的关键因素；而对于 Cd^{2+} 在浓度由 5mg/L 变成 20mg/L 时，k_{obs} 的变化较大，反映了 Cd^{2+} 初始浓度是影响还原性铁粉去除 Cd^{2+} 的较重要因素。

4.5.2.5　反应机理分析

在弱酸性的条件下，向废水中加入铁粉，部分的铁粉会与溶液中的 H^+ 生成氢气，但是反应过程较慢，且产生的氢气量并不多。而其中大部分的铁粉会和废水中的 Cd^{2+} 等重金属离子反应将其还原。而对于锌来说，铁并不能将其还原，只能是混凝，所以，在酸性条件下去除锌的效果没有在碱性的条件好。在中性的条件下，并不会有氢气产生，而是所有的铁都用于还原废水中的重金属离子。反应机理表示如下：

$$Fe+2H^+ \longrightarrow Fe^{2+}+H_2\uparrow \tag{4-38}$$

$$Fe^{2+}+Cd^{2+} \longrightarrow Fe^{2+}+Cd \tag{4-39}$$

在碱性的条件下，向废水中加入铁粉，Fe 先和废水中的重金属离子反应，生成 Fe^{2+}、Fe^{3+}。碱溶液提供的 OH^-，其中有一些 OH^- 与废水中的重金属离子反应生成对应的沉淀，例如：$Zn(OH)_2$，$Cd(OH)_2$ 等。还有一些 OH^- 与 Fe^{2+}，Fe^{3+} 生成 $Fe(OH)_2$ 或 $Fe(OH)_3$ 絮凝物，其中 $Fe(OH)_3$ 具有一定的吸附能力。可以看到是砖红色的沉淀，说明一定存在 $Fe(OH)_3$，其他的铁的（氢）氧化物也可能存在。而可以被磁铁吸引说明产物中含有磁性物质，可能还有没有反应完的铁存在。铁氧化物的磁化顺序：磁铁（Fe_3O_4，$\sigma=90\sim92$）>赤铁（γ-Fe_2O_3，$\sigma=\sim80$）>纤铁矿（γ-FeOOH，$\sigma<10$）>针铁矿（α-FeOOH，$\sigma<1$）>赤铁矿（α-Fe_2O_3，$\sigma=0.4$）>六方纤铁矿（δ-FeOOH）。如表 4-22 所列是铁的部分氢氧化物和氧化物。反应机理表示如下：

$$Fe-2e \longrightarrow Fe^{2+} \tag{4-40}$$

$$Fe^{2+}+3OH^- -e \longrightarrow Fe(OH)_3\downarrow \tag{4-41}$$

$$Fe^{2+}+2H_2O \longrightarrow Fe(OH)_2\downarrow+2H^+ \tag{4-42}$$

$$Fe^{2+} + 2OH^- \longrightarrow Fe(OH)_2 \downarrow \quad (4\text{-}43)$$

$$Zn^{2+} + 2OH^- \longrightarrow Zn(OH)_2 \downarrow \quad (4\text{-}44)$$

$$Cd^{2+} + 2OH^- \longrightarrow Cd(OH)_2 \downarrow \quad (4\text{-}45)$$

表 4-22 铁的部分氢氧化物和氧化物

铁的氢氧化物		铁的氧化物	
针铁矿	α-FeOOH	赤铁矿	α-Fe_2O_3
纤铁矿	β-FeOOH	磁铁矿	Fe_3O_4
四方纤铁矿	γ-FeOOH	磁赤铁矿	γ-Fe_2O_3
施氏矿物	$Fe_{16}O_{16}(OH)_y(SO_4)\cdot nH_2O$		β-Fe_2O_3
六方纤铁矿	δ-FeOOH		ε-Fe_2O_3
水铁矿	$Fe_3HO_8\cdot 4H_2O$	铁酸盐	FeO
纳伯尔矿	$Fe(OH)_3$		

4.5.2.6 反应产物回收

如图 4-69 所示，向溶液中滴加适量的氨水，再用玻璃棒搅拌一会儿，一段时间后，溶液变成了棕黄色，继而有絮凝物产生。如图 4-69 所示，絮凝物逐渐沉积到烧杯底部，并用磁铁吸引，可以看到所有的沉淀物都聚于被吸引的地方，而溶液的其他地方是澄清的。

(a)

(b)

图 4-69 反应结束产生黄色沉淀（a）和磁力回收（b）

对于反应后产物的猜想，表 4-22 是铁的氢氧化物和氧化物。试验最后的产物是会被磁性吸附的但又不是很强，所以铁的氢氧化物可能带有弱磁性。现在对铁的氢氧化物和氧化物之间的关系进行分析，不同的条件下铁的氢氧化物和氧化物之间也会发生转化，像在弱碱性的条件下，含有 Fe^{3+} 溶液水解都生成二线水铁矿（$Fe_5HO_8\cdot 4H_2O$）；如果碱性增强，$Fe_5HO_8\cdot 4H_2O$ 就会转化为 α-FeOOH 相；这里所提到的 Fe^{3+} 溶液，其中包含 $FeCl_3$ 和 $Fe(NO_3)_3$ 溶液。但是 Cl^- 离子更有利于 β-FeOOH 的形成、而 NO^{3-} 离子有利于 α-FeOOH 的形成，但是 SO_4^{2-} 会阻碍 $Fe_5HO_8\cdot 4H_2O$ 向 α-FeOOH 相转化。加热陈化可促进 $Fe_5HO_8\cdot 4H_2O$ 转化为 α-FeOOH，且有利于良好结晶 α-FeOOH 的形成；在酸性条件下，含有 Cl^- 的铁盐溶液加热水解有利于 β-FeOOH 的生成。

参考文献

[1] 国家环境保护局.《污水综合排放标准》(GB 8978—2002).

[2] 徐佳丽，李义连，景晨.纳米零价铁去除水溶液中低浓度U（Ⅵ）的试验研究［J］.安全与环境工程，2014，21（6）：70-73.

[3] 康海彦，杨治广，万园园.β-环糊精包埋纳米零价铁对Cd^{2+}的去除性能研究［J］.水污染防治，2014，18（3）：29-33.

[4] 施秋伶，周欣，张进忠，等.无机离子与胡敏酸对零价铁去除水中Pb（Ⅱ）、Hg（Ⅱ）的影响［J］.环境科学，2014，35（8）：2985-2991.

[5] 曲玉超.改性火山渣陶粒去除废水中Cu^{2+}、Ni^{2+}的研究［D］.吉林：长春工业大学，2012.

[6] Shi Li-na，Zhou Yan，Chen Zu-liang，et al. Simultaneous adsorption and degradation of Zn^{2+} and Cu^{2+} from wastewaters using nanoscale zero-valent iron impregnated with clays［J］. Environmental Science and Pollution Research，2013，20（6）：3639-3648.

[7] Duygu Karabelli，ÇağrlÜzüm，Talal Shahwan，et al. Batch removal of aqueous Cu^{2+} ions using nanoparticles of zero-valent iron：A study of the capacity and mechanism of uptake［J］. Ind Eng Chem Res，2008，47（14）：4758-4764.

[8] 李勇超，李铁龙，王学，等.纳米Fe@SiO_2一步合成及其对Cr（Ⅵ）的去除［J］.物理化学学报，2011，27（11）：2711-2718.

[9] Zhou H，He Y，Lan Y，et al. Influence of complex reagents on removal of chromium（Ⅵ）by zero-valent iron［J］. Chemosphere，2008，72：870-874.

[10] LIU T Z，RAO P H，IRENE M C. Influences of humic acid，bicarbonate and calcium on Cr（Ⅵ）reductive removal by zero valent iron［J］. Sci Total Environ，2009，407：3407-3414.

[11] LI A，TAI C，ZHAO Z S，et al. Debromination of decabrominated diphenyl ether by resin-bound iron nanoparticles［J］. Environ Sci Technol，2007，41（19）：6841-6846.

[12] Hoch L B，Mack E J，Hydutsky B W，et al. Synthesis of carbon-supported nanoscale zero-valent iron particles for the remediation of hexavalent chromium［J］. Environ Sci Technol，2008，42（7）：2600-2605.

[13] Naja G，Halasz A，Thiboutot S，et al. Degradation of hexahydro-1,3,5-trinitro-1,3,5-triazine（RDX）using zero valent iron nanoparticles［J］. Environ Sci Technol，2008，42（12）：4364-4370.

[14] 周享春，李良超.用流变相-前驱物热分解法制备R_2O_3（R=La、Y、Gd）纳米粉体［J］.武汉大学学报（理学报），2004，50（6）：669-672.

[15] 宋力，赵艳茹，袁良杰，等.苯甲酸镍的流变相法合成及热分解机理研究［J］.化学试剂，2004，26（3），129-131.

[16] Park D，Yun Y S，Ahn C K，et al. Kinetics of the reduction of hexavalent chromium with the brown seaweed ecklonia biomass［J］. Chemosphere，2007，66（5）：939-946.

[17] Prabhakaran S K，Vijayaraghavan K，Balasubramanian R. Removal of Cr（Ⅵ）ions by spent tea and coffee dusts：reduction to Cr（Ⅲ）and biosorption［J］. Industrial and Engineering Chemistry Research，2009，48（4）：2113-2117.

[18] Zhang W. Nanoscale Iron Particles for Environmental Remediation：An Overview［J］. Journal of Nanoparticle Research，2003，5（3）：323-332.

[19] Weckhuysen B M，Wachs I E，Schoonheydt R A. Surface chemistry and spectroscopy of chromium in inorganic oxides. Chem Rev，1996，96：3327-3349.

[20] Powell R M，Puls R W，Hightower S K，et al. Coupled iron corrosion and chromaten reduction：mechanisms for subsurface remediation［J］. Environmental Science and Technology，1995，29（8）：1913-1922.

[21] Ho Y S，McKay G，Psudo-second order model for sorption processes［J］. Process Biochem，1999，34：451-465.

[22] Ponder S M，Darab J G. Mallouk T E. Remediation of Cr（Ⅵ）and Pb（Ⅱ）aqueous solutions using supported，nano-scale zero-valent iron Environ Sci Technol［J］，2000，34：2564-2569.

[23] Melitas N, Wang J P, Conklin M, et al. Understanding soluble arsenate removal kineties by zero valent iron media [J]. Environ Sci Teehnol, 2002, 36 (9): 205-2074.

[24] Li N S, Lin Y M, Zhang X, et al. characterization and kinetics of bentonite supported NZVI for the removal of Cr (Ⅵ) from aqueous solution. Chem Eng J, 2011, 171: 612-617.

[25] 耿兵，张娜，李铁龙，等．壳聚糖稳定纳米铁去除地表水中Cr（Ⅵ）污染的影响因素．环境化学，2010，29（2）：290-293.

[26] 雷乐成，汪大．水处理高级氧化技术［J］．北京：化学工业出版社，2001：251-256.

[27] Garcia Sanchez, E Alvarez Ayuso, O Jimenez de Blas. Sorption of heavy metals from industrial waste water by low-costmineral silicates [J]. Clay Minerals, 1999, 34: 469-477.

[28] Ruan Diyun, Wang Huili. The national lead pollution monitoring and control management technology exchange seminar [M]. Shanghai: Chinese society for environmental sciences, 2007: 413-420.

[29] Zhang Shaofeng, Hu Xien. The treatment technology for wastewater containing Pb^{2+} and its prospects [J]. Techniques and Equipment for Environmental Pollution Control, 2003, 4 (11): 68-71.

[30] 李方文，魏先勋，李彩亭等．络合滴定法测定废水中铅离子的浓度［J］．工业水处理，2002，22（10）：1-2.

[31] Ponder S M, Darab J G, Mallouk T E. Remediation of Cr (Ⅵ) and Pb (Ⅱ) aqueous solutions using supported, nano-scale zero-valent iron. Environ Sci Technol, 2000, 34: 2564-2569.

[32] 李方文，魏先勋，李彩亭，等．络合滴定法测定废水中铅离子的浓度［J］．工业水处理，2002，22（10）：38-39.

[33] Cheng M J, Tan D L, Liu X M, et al. Effect of Aluminum on the Formation of MCM-22 and Kenyaite. Microporous and Mesoporous Materials, 2001, 42 (2-3): 307-316.

[34] Ho Y S, McKay G. Psudo-second order model for sorption processes, Trans. Ichem E, 1999, 77B: 165-173.

[35] Sherma N M Ponder, John GDARAB, THOMASE. Remediation of Cr (Ⅵ) and Pb (Ⅱ) Aqueous Solutions Using Supported, Nanoscale Zero-valent Iron Environ. Sci Technol, 2000, 34: 2564-2569.

[36] Sabarinath Sundaram, Bala Rathinasabapathi, Lena Q Ma. Arsenate-activated Glutaredoxin from the Arsenic Hyperaccumulator Fern Pteris vittata L. Regulates Intracellular Arsenite [J]. J Biol Chem, 2008, 283: 6095-6101.

[37] Huang Pengpeng, Ye Zhengfang, Xie Wuming, et al. Rapid magnetic removal of aqueous heavy metals and their relevant mechanisms using nanoscale zero valent iron nZVI particles [J]. Water research: A journal of the international water association, 2013, 47 (12): 4050-4058.

[38] 熊慧欣，周立祥．不同晶型羟基氧化铁（FeOOH）的形成及其在吸附去除Cr（Ⅵ）上的作用［J］．岩石矿物学杂志，2008，27（6）：559-566.

5

包裹型纳米零价铁降解水中含氯有机物的研究

5.1 降解水中 TCE

三氯乙烯（TCE）是水体中分布最为广泛的含氯有机污染物之一，属于挥发性有机物（votatile organic compound，VOC）。其在环境中能长久存在，对人体和环境都具有极大的危害性。由于 TCE 具有用量大、用途广、难降解、易渗透、有毒性等特点，使得 TCE 进入水环境后很容易富集，从而对人类的健康构成威胁，所以水体中含氯有机物的污染和治理是一个需要引起全球普遍关注的问题。

TCE 污染的修复方法主要有：吸附法、曝气法、化学氧化法、化学还原法和微生物修复法。在 TCE 脱氯的各种技术中，零价铁还原技术引起了人们的广泛关注。许多情况下，用零价铁颗粒进行还原脱氯，可以解决含氯有机物的污染问题。零价铁还原脱氯技术由于具有低廉的成本、良好的处理效果和简单易行的工艺过程等特点而受到好评。

本节用包裹型纳米零价铁处理模拟 TCE 有机废水，主要考察包裹型纳米零价铁的投加量、TCE 的初始浓度、溶液 pH 值以及不同包裹材料的零价铁对水中 TCE 降解效果的影响，研究其反应动力学，并结合反应后的产物进行分析，探讨其反应机理。

5.1.1 实验材料及仪器

5.1.1.1 主要试剂

实验用到的主要试剂见表 5-1。

表 5-1 实验试剂

药品名称	化学式	纯度	生产厂家
氯化钠	$NaCl$	化学纯	江西华南化工试剂厂
硝酸	HNO_3	分析纯	上海久亿化学试剂有限公司

续表

药品名称	化学式	纯度	生产厂家
甲醇	CH_3OH	分析纯	上海久亿化学试剂有限公司
硝酸银	$AgNO_3$	分析纯	国药集团化学试剂有限公司
三氯乙烯	C_2HCl_3	分析纯	天津市恒兴有限公司
无水乙醇	C_2H_5OH	分析纯	上海久亿化学试剂有限公司
去离子水	H_2O		试验室制备

5.1.1.2 实验所用的仪器和设备

仪器设备见表 5-2。

表 5-2 实验仪器设备

仪器名称	仪器型号	生产厂家
紫外-可见光分光光度计	WFZ800-D3B	北京瑞利分析仪器有限公司
水浴恒温振荡器	SHA-B	江苏金坛市荣华仪器制造有限公司
电子天平	TD-2002	浙江余姚市金诺天平仪器有限公司
pH/电导计	990	江苏江环分析仪器有限公司

5.1.2 TCE降解试验

TCE的降解试验是在250mL的具塞磨口锥形瓶中进行的，将100mL不同初始浓度的TCE溶液加入锥形瓶中，调节pH值，再加入不同量的包裹型纳米零价铁。在常温、常压下，将锥形瓶放入振荡器中进行反应。根据设定时间取样，经0.22μm滤膜过滤后，取一定量的滤液采用氯化银比浊分光光度法测定水样中氯离子的含量。

原理：氯离子与硝酸银反应生成氯化银胶体，于450nm处进行分光光度测定。

具体步骤：取滤液5mL于比色管中，加入3mL硝酸溶液（1+1）、2mL硝酸银溶液，加去离子水至25mL。在黑暗处放置30min，测其吸光度，根据标准曲线得出Cl^-浓度，脱氯率是实际测定的Cl^-浓度与理论上TCE完全脱氯的Cl^-浓度的比值。按式（5-1）计算TCE的脱氯率：

$$脱氯率(\%)=C_t/C_0\times100\% \quad (5\text{-}1)$$

式中，C_0 为 $t=0$ 时溶液中氯离子的浓度，mg/L；C_t 为 $t=t$ 时溶液中氯离子的浓度，mg/L。

实验测得氯离子标准曲线如图5-1所示。标准曲线为 $A=0.0177+2.0233C$，相关系数 $R^2=0.9931$。

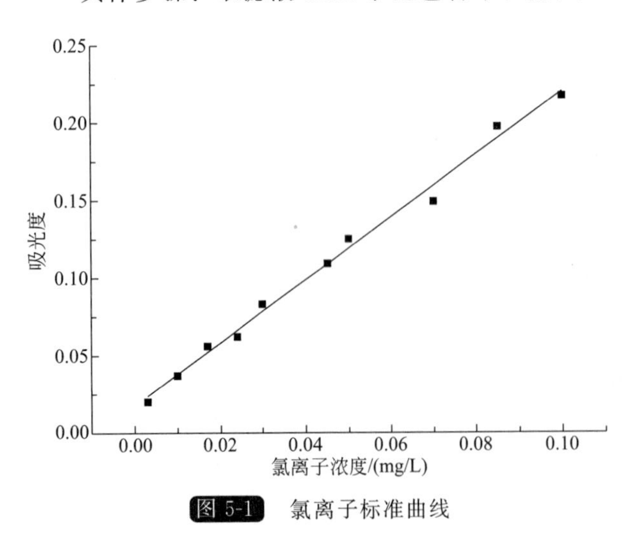

图 5-1 氯离子标准曲线

5.1.3 Agar-NZVI对水中TCE的脱氯效果

5.1.3.1 Agar-NZVI投加量对TCE脱氯率的影响

用pH计调节6组100mL的浓度为10mg/L、pH值都为5的TCE溶液，分别加入0.3g/L、0.5g/L、0.7g/L、1.0g/L、1.3g/L、1.5g/L Agar-NZVI，调节恒温振荡器温度为30℃，放入其中反应。间隔一定时间取样，测定吸光度并计算脱氯率。不同投加量对TCE降解率的影响如图5-2所示。在其他条件均一定的情况下，在试验范围内随着Agar-NZVI投加量的增加，TCE的脱氯率增大。例如，当反应时间为330min，Agar-NZVI投加量为0.3g/L时，脱氯率为32.19%；投加量为1.5g/L时，脱氯率59.62%。这表明Agar-NZVI浓度越高，越容易接触到目标污染物TCE并进行脱氯反应，遵循投加量越高脱氯率越高的规律。

5.1.3.2 不同TCE初始浓度对TCE去除率的影响

用pH计调节浓度为10mg/L、20mg/L、30mg/L、40mg/L、50mg/L的TCE溶液pH值为5，然后分别加入0.5g/L Agar-NZVI，将水浴恒温振荡器的温度设置为30℃，放入其中振荡。间隔一定时间后取样，测定吸光度然后计算其脱氯率。不同TCE初始浓度对脱氯率的影响如图5-3所示。在pH值、Agar-NZVI投加量相同的条件下，随TCE初始浓度的增大，脱氯率不断减小，且减小幅度较大。反应时间为330min，TCE初始浓度为10mg/L时，脱氯率为46.25%；TCE初始浓度为50mg/L时，脱氯率为4.93%。可见，TCE浓度的增加对其脱氯的效果相当不利。这是因为TCE初始浓度越高，反应产生的铁氧化物和氢氧化物越多，它们沉积在纳米铁表面，阻碍脱氯反应的继续进行，使得脱氯率降低。

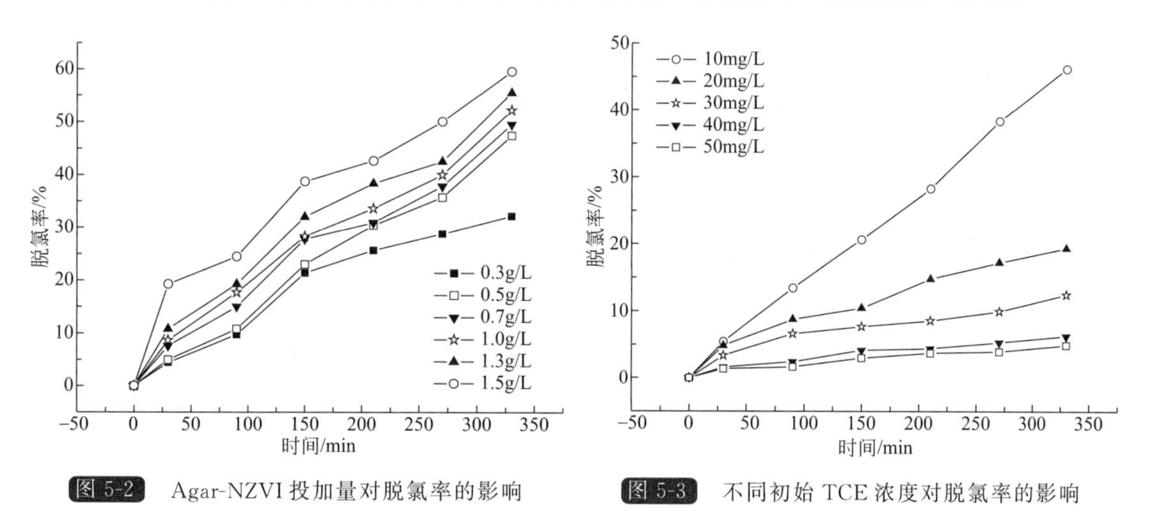

图5-2 Agar-NZVI投加量对脱氯率的影响

图5-3 不同初始TCE浓度对脱氯率的影响

5.1.3.3 不同pH值对TCE去除率的影响

用pH计调节浓度为10mg/L的（五组）TCE溶液的pH值分别为3、5、7、9、11，再向不同pH值的溶液中分别加入0.5g/L的Agar-NZVI，调节水浴的温度为30℃，放入其中振荡。间隔一定时间取样，测定吸光度并计算其脱氯率。在使用零价铁进行降解TCE的研究过程中，pH值是一个至关重要的影响因素。零价铁的腐蚀和脱氯还原均直接或间接地涉及H^+的消耗，同时有OH^-的产生。结果如图5-4所示，在TCE初始浓度、Agar-NZVI投加量相同的条件下，pH值为5时，Agar-NZVI对TCE的脱氯效果最好，脱氯率为

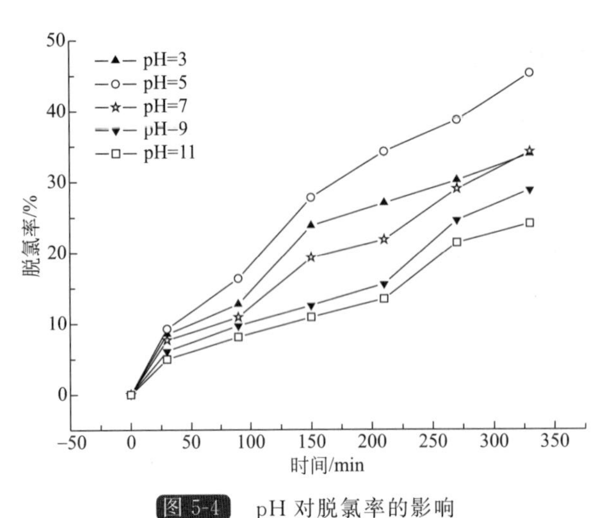

图 5-4 pH 对脱氯率的影响

45.28%；pH 值为 3 时，脱氯率为 33.87%；pH 值为 7 时，脱氯率为 34.14%。当溶液在碱性条件下时，脱氯率下降，并且随着碱性的增大，脱氯率会降低。pH 值为 11 时，脱氯率下降到 24.05%。分析可能的原因：酸性较强时，溶液中存有浓度较大的 H^+，会与 Agar-NZVI 反应消耗掉一部分零价铁，使得脱氯率较低；在弱酸性的条件下，有利于零价铁腐蚀释放电子还原 TCE，所以在弱酸性条件下纳米零价铁的脱氯率高于碱性条件下。而在碱性条件下，在 Agar-NZVI 的表面生成了一层由氢氧化铁组成的保护膜，阻碍了零价铁与溶液中的 TCE 进一步接触，致使反应效率明显降低。另外，随着反应的进行，酸性和中性溶液的 pH 值是缓缓变大的（见表 5-3），表明 Agar-NZVI 降解 TCE 的反应会消耗溶液中的 H^+，这也可以解释为什么溶液初始 pH 值为弱酸性时降解效果比较好。

表 5-3 反应过程中 pH 的变化

编号 \ 时间	0min	30min	60min	90min	120min	150min	180min	24h
1	3	7.55	7.93	8.06	8.06	7.85	7.72	7.76
2	5	8.65	8.64	8.90	8.88	8.76	8.71	8.59
3	7	8.67	8.59	8.85	8.65	8.65	8.61	8.43
4	9	8.75	8.73	8.92	8.80	8.80	8.67	8.66
5	11	9.50	9.35	9.51	9.30	9.34	9.21	9.38

5.1.4 CMC-NZVI 对水中 TCE 的去除效果

5.1.4.1 CMC-NZVI 投加量对 TCE 去除率的影响

用 pH 计调节五组 100mL 浓度为 10mg/L 的 TCE 溶液的 pH 值都为 5，分别加入 0.3g/L、0.5g/L、0.7g/L、1.0g/L、1.3g/L、1.5g/L 的 CMC-NZVI，调节水浴温度为 30℃，放入振荡器振荡。间隔一定时间测定其吸光度并计算脱氯率。不同 CMC-NZVI 投加量对 TCE 的降解率影响如图 5-5 所示。在 TCE 初始浓度、pH 一定的条件下，在试验范围内随着 CMC-NZVI 加入量的增大，脱氯率增大。CMC-NZVI 投加量为 0.3g/L 时，脱氯率为 48.82%；投加量为 1.5g/L 时，脱氯率 68.22%。说明 CMC-NZVI 浓度越高，越有利于与目标污染物 TCE 接触并进行还原脱氯反应。

5.1.4.2 不同 TCE 浓度对 CMC-NZVI 去除 TCE 的影响

用 pH 计调节浓度为 10mg/L、20mg/L、30mg/L、40mg/L、50mg/L 的 TCE 溶液 pH 值为 5，分别加入 0.5g/L CMC-NZVI，设置水浴恒温振荡器的温度为 30℃，放入其中振荡。间隔一定时间取样，测定其吸光度并计算脱氯率。不同 TCE 初始浓度对脱氯效率的影响如图 5-6 所示。由图 5-6 可知：在 pH 值、CMC-NZVI 投加量相同的条件下，在实验反应时间内，随着溶液中 TCE 的初始浓度增加，脱氯率减少。TCE 初始浓度为 10mg/L 时，脱氯率为 56.08%；TCE 初始浓度为 50mg/L 时，脱氯率为 14.47%。可见，TCE 初始浓度对脱氯效果的影响较大。

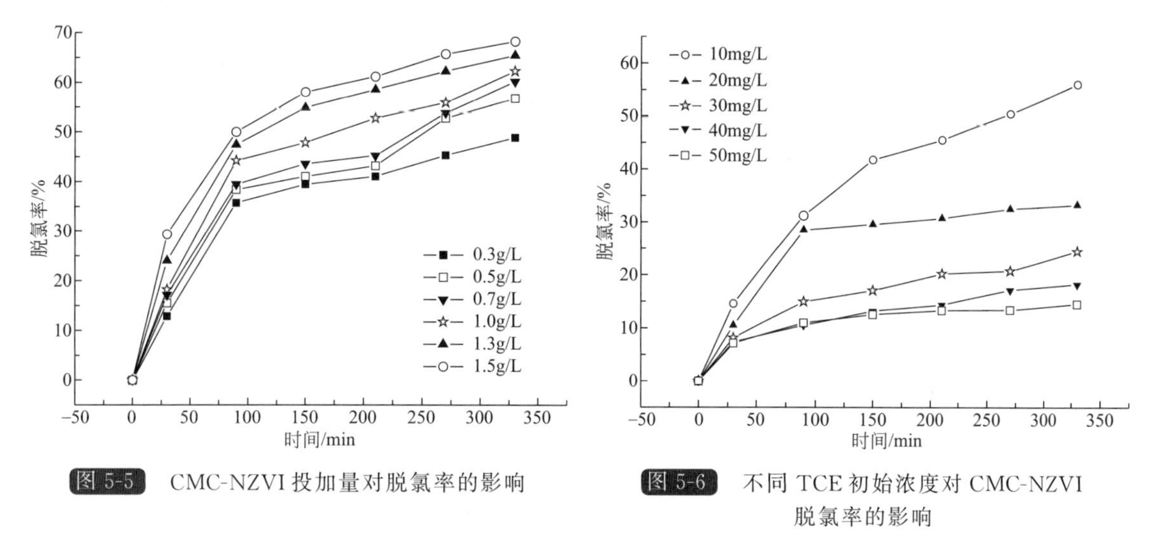

图 5-5 CMC-NZVI 投加量对脱氯率的影响

图 5-6 不同 TCE 初始浓度对 CMC-NZVI 脱氯率的影响

5.1.4.3 不同 pH 值对 CMC-NZVI 去除 TCE 的影响

用 pH 计调节五组 100mL 浓度为 10mg/L 的 TCE 溶液的 pH 值分别为 3、5、7、9、11，再向溶液中分别加入 0.5g/L 的 CMC-NZVI，设定水浴恒温振荡器的温度为 30℃，放入其中振荡。间隔一定时间取样，测定其吸光度并计算脱氯率，结果如图 5-7 所示。在 TCE 初始浓度、CMC-NZVI 投加量相同的条件下，反应时间为 330min、pH 值为 5 时，CMC-NZVI 对 TCE 的降解脱氯效果最好，脱氯率为 54.56%；当 pH 值为 3 时，脱氯率为 49.24%，比在碱性条件下的脱氯率高。当溶液在碱性条件下，pH 值越高，脱氯率越低，pH 值为 11 时脱氯率低至 26.17%。可能的原因：酸性较强时，溶液中存在大量的 H^+，会与 CMC-NZVI 反应消耗掉部分零价铁，使得脱氯率较低；在偏酸性的条件下，有利于零价铁腐蚀释放电子还原 TCE，因而酸性条件下纳米零价铁的脱氯率高于碱性条件。而在碱性条件下，非常容易形成铁氧化物和氢氧化物导致 CMC-NZVI 表面钝化，阻碍反应的继续进行。

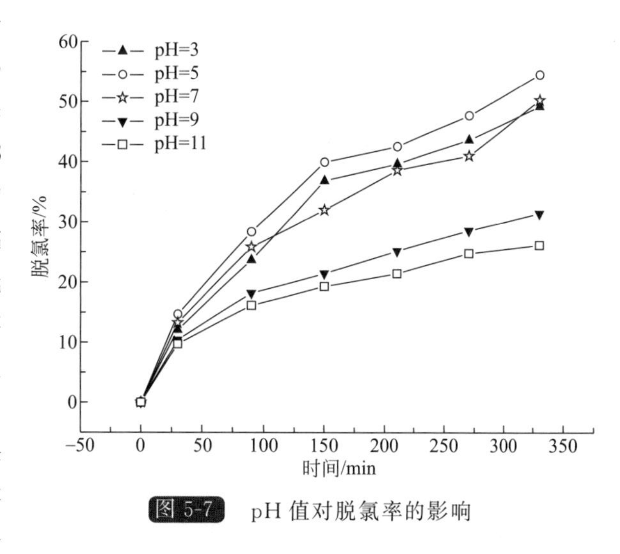

图 5-7 pH 值对脱氯率的影响

5.1.5 Starch-NZVI 对水中 TCE 的去除效果

5.1.5.1 Starch-NZVI 投加量对 TCE 去除率的影响

用 pH 计调节五组 100mL 浓度为 10mg/L 的 TCE 溶液的 pH 值都为 5，分别加入 0.3g/L、0.5g/L、0.7g/L、1.0g/L、1.3g/L、1.5g/L 的 Starch-NZVI，调节水浴恒温振荡器的温度

为 30℃，放入其中振荡。间隔一定时间取样，测定吸光度并计算脱氯率。不同 Starch-NZVI 投加量对 TCE 的脱氯率影响如图 5-8 所示。在 TCE 初始浓度、pH 一定的条件下，在试验范围内随着 Starch-NZVI 投加量的增加，脱氯率增大。反应时间为 330min、Starch-NZVI 投加量为 0.3g/L 时，脱氯率为 58.78%；投加量为 1.5g/L 时，脱氯率为 75.19%。说明了 Starch-NZVI 浓度越高，越容易接触到目标污染物 TCE 并发生还原脱氯的反应。

5.1.5.2 不同初始 TCE 浓度对 Starch-NZVI 去除 TCE 的影响

用 pH 计调节浓度为 10mg/L、20mg/L、30mg/L、40mg/L、50mg/L 的 TCE 溶液 pH 值为 5，分别加入 0.5g/L Starch-NZVI，调节水浴恒温振荡器的温度为 30℃，放入其中振荡。间隔一定时间取样，测定其吸光度并计算其脱氯率。不同初始 TCE 浓度对脱氯率的影响如图 5-9 所示。由图 5-9 可知：在 pH 值、Starch-NZVI 投加量相同的条件下，在实验反应时间内，随着溶液中 TCE 的初始浓度增加，脱氯率降低，且降低的幅度较大。当反应时间为 330min、TCE 初始浓度为 10mg/L 时，脱氯率为 69.69%；而 TCE 初始浓度为 50mg/L 时，脱氯率仅为 18.48%。这表明 TCE 初始浓度对脱氯效果的影响比较大。

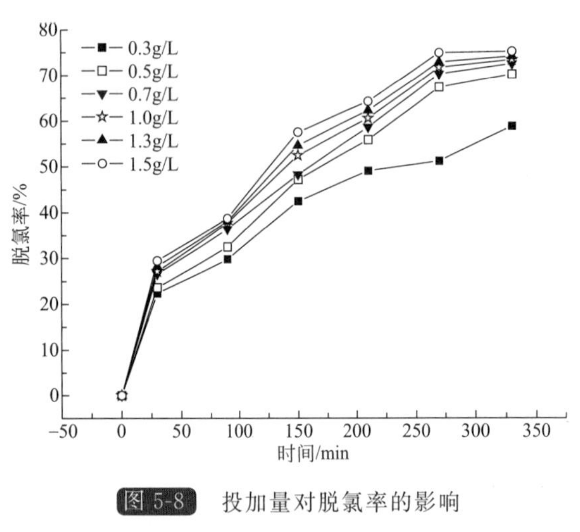

图 5-8 投加量对脱氯率的影响

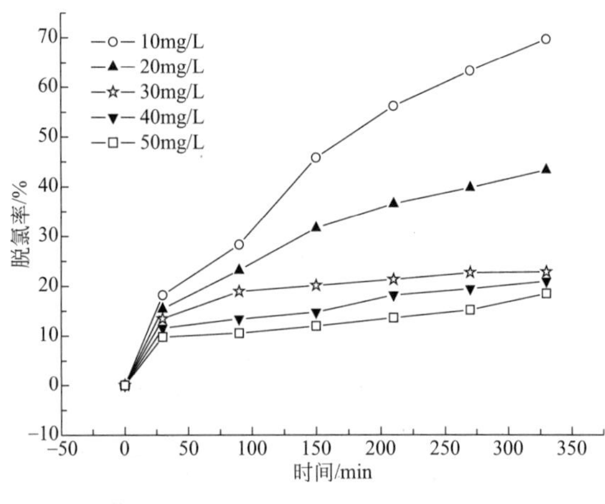

图 5-9 不同初始 TCE 浓度对 Starch-NZVI 脱氯率的影响

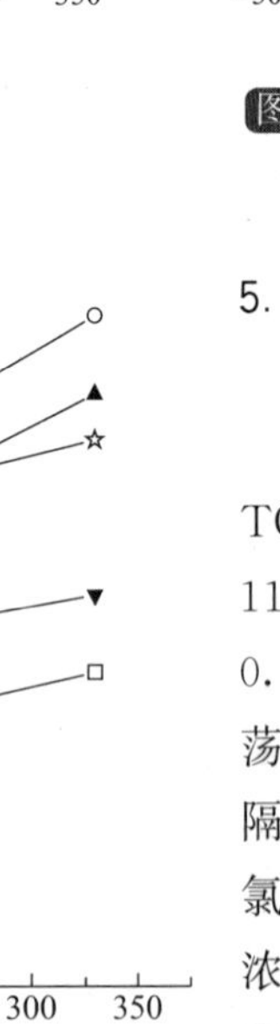

图 5-10 pH 值对脱氯率的影响

5.1.5.3 不同 pH 值对 Starch-NZVI 去除 TCE 的影响

用 pH 计调节五组浓度为 10mg/L 的 TCE 溶液的 pH 值分别为 3、5、7、9、11，再向不同 pH 的溶液中分别加入 0.5g/L 的 Starch-NZVI，设置水浴恒温振荡器的温度为 30℃，放入其中振荡。间隔一定时间取样，测定其吸光率并计算脱氯率，结果如图 5-10 所示。在 TCE 初始浓度、Starch-NZVI 投加量相同的条件下，当反应时间为 330min、pH 值为 5 时 Starch-NZVI 对 TCE 的降解脱氯效果最好，脱氯率为68.53%。当pH值为3时，脱氯率为54.88%，比碱性条件下的脱氯率高。当溶液在碱性条件下，pH值越高，脱氯率越低，pH值为11时脱氯率低至29.41%。可能的原因：酸性较强时，溶液中存在一定浓度的H^+，与TCE形成竞争关系，和Starch-NZVI反应消耗部分零价铁，使得与TCE反应的零价铁减少，脱氯率降低；在偏酸性的条件下，有利于零价铁腐蚀释放电子还原TCE，从而使酸性条件下脱氯率高于在碱性的条件。而在碱性条件下，非常容易形成铁氧化物和氢氧化物导致Starch-NZVI表面钝化，使反应活性降低。

5.1.6 反应动力学

对包裹型纳米零价铁材料降解TCE的反应进行动力学分析，经过拟合发现纳米零价铁材料还原降解TCE的过程符合一级反应动力学模型。因此，零价铁降解TCE的速率符合以下的方程：

$$\frac{dt}{dC}=k_{obs}C_0 \tag{5-2}$$

式中，C_0为TCE的初始浓度，mg/L；C为t反应时刻的TCE的浓度，mg/L；k_{obs}为一级反应速率常数，min^{-1}。

根据实验结果对包裹型纳米零价铁材料降解TCE的过程进行反应动力学分析，将实验数据拟合成一级反应动力学模型，求出一级反应动力学表观参数K_{obs}：

$$K_{obs}t=\ln(C/C_0) \tag{5-3}$$

5.1.6.1 Agar-NZVI处理TCE的反应动力学

（1）Agar-NZVI的投加量对反应速率的影响

TCE的初始浓度为10mg/L、pH值为5时，对于不同Agar-NZVI的投加量，其动力学拟合曲线如图5-11所示。拟合结果表明，随着Agar-NZVI投加量的增加，TCE的表观反应速率常数提高，两者的变化呈线性关系。当Agar-NZVI投加量为0.3g/L、0.5g/L、0.7g/L、1.0g/L、1.3g/L和1.5g/L时，k_{obs}值分别为0.00118/min、0.00191/min、0.00193/min、0.00203/min、0.00219/min和0.00227/min，R^2值分别为0.9793、0.9893、0.9845、0.9868、0.9851和0.9881。溶液中随着Agar-NZVI投加量的增加，增大了其总的比表面积和相应的活性反应位点，为TCE创造了更多与Agar-NZVI接触反应的机会。所以，Agar-NZVI的投加量越大，反应速率越大。

（2）TCE的初始浓度对反应速率的影响

pH值都为5、Agar-NZVI的投加量为0.5g/L时，对于不同的TCE初始浓度，其动力学拟合曲线如图5-12所示。当TCE的初始浓度10mg/L、20mg/L、30mg/L、40mg/L和50mg/L时，k_{obs}值分别为0.00188/min、5.58646×10^{-4}/min、2.92122×10^{-4}/min、1.60045×10^{-4}/min和1.4992×10^{-4}/min，R^2值分别为0.9928、0.9948、0.9793、0.9872、0.9699。由此可以看出TCE的初始浓度是影响其去除率的一个相当重要的因素，当TCE初始浓度超过20mg/L时Agar-NZVI还原降解TCE的反应速率非常缓慢，几乎可以看做没发生反应。

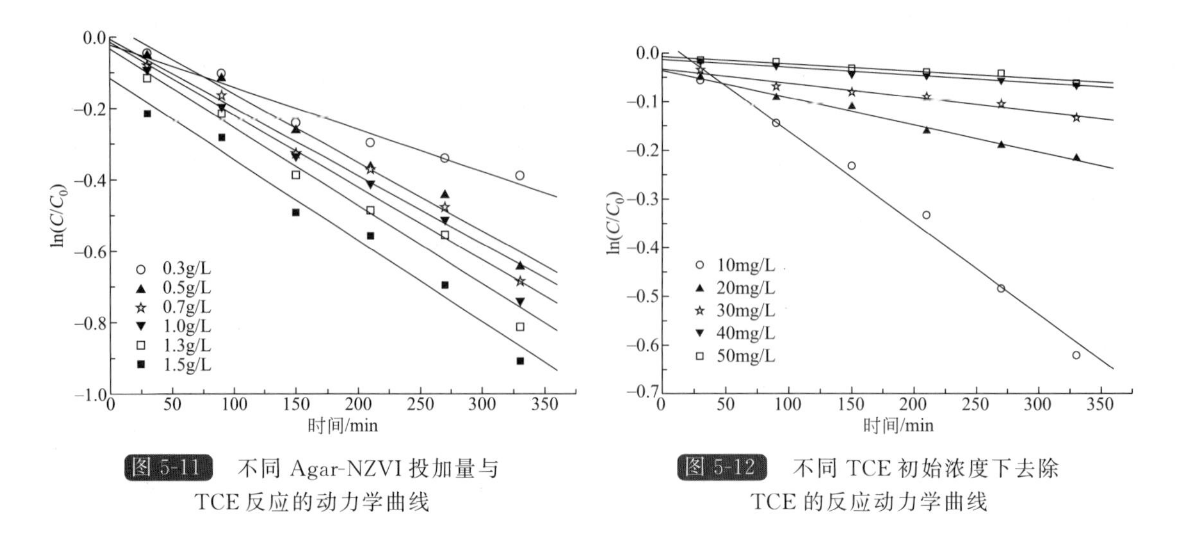

图 5-11 不同 Agar-NZVI 投加量与 TCE 反应的动力学曲线

图 5-12 不同 TCE 初始浓度下去除 TCE 的反应动力学曲线

（3）初始 pH 值对反应速率的影响

TCE 的初始浓度为 10mg/L、Agar-NZVI 的投加量为 0.5g/L 时，对于不同的 pH 值，其动力学拟合曲线如图 5-13 所示。当初始 pH 值为 3、5、7、9 和 11 时，k_{obs} 值分别为 0.00111/min、0.00169/min、0.00114/min、9.32937×10^{-4}/min 和 7.69413×10^{-4}/min，R^2 值分别为 0.9805、0.9957、0.9916、0.9726、0.9768，这表明 ln(C/C_0) 与 t 呈现出良好的线性相关性。pH 值也是影响 TCE 降解速率的一个比较重要的因素，在碱性条件下降解反应发生得相当缓慢。

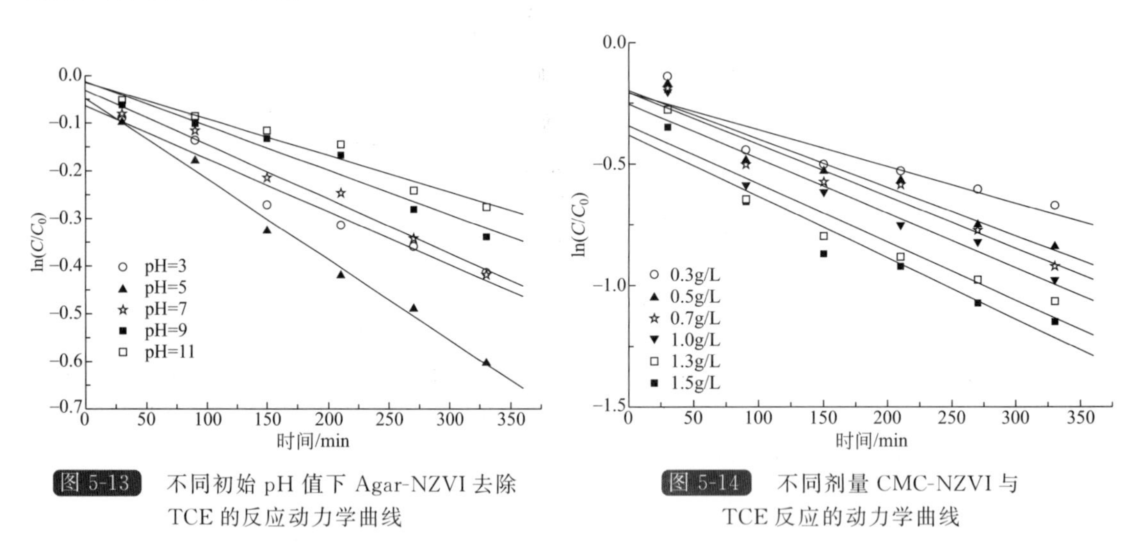

图 5-13 不同初始 pH 值下 Agar-NZVI 去除 TCE 的反应动力学曲线

图 5-14 不同剂量 CMC-NZVI 与 TCE 反应的动力学曲线

5.1.6.2 CMC-NZVI 处理 TCE 的反应动力学

（1）CMC-NZVI 的投加量对反应速率的影响

当 TCE 的初始浓度为 10mg/L、pH 值为 5 时，对于不同的 CMC-NZVI 的投加量，其动力学拟合曲线如图 5-14 所示。实验结果表明，随着 CMC-NZVI 投加剂量的增加，TCE 的表观反应速率常数提高，两者呈现线性关系。当 CMC-NZVI 投加量为 0.3g/L、0.5g/L、0.7g/L、1.0g/L、1.3g/L 和 1.5g/L 时，k_{obs} 值分别为 0.00151/min、0.00199/min、

0.00213/min、0.00224/min、0.00239/min 和 0.00252/min，R^2 值分别为 0.9123、0.9562、0.9596、0.9504、0.9468 和 0.9641。溶液中随着 CMC-NZVI 量的增加，增大了其总的比表面积和相应的反应位点，使得零价铁更容易与 TCE 反应。因此，CMC-NZVI 的投加量越大，反应速率越大。

（2）TCE 的初始浓度对反应速率的影响

当 pH 值为 5、CMC NZVI 的投加量为 0.5g/L 时，对于不同的 TCE 的初始浓度，其动力学拟合曲线如图 5-15 所示。当 TCE 的初始浓度 10mg/L、20mg/L、30mg/L、40mg/L 和 50mg/L 时，k_{obs} 值分别为 0.00209/min、7.88826×10^{-4}/min、5.86555×10^{-4}/min、4.14112×10^{-4}/min 和 2.39265×10^{-4}/min，R^2 值分别为 0.9812、0.8136、0.9698、0.9905、0.9109。由此可以看出 TCE 的初始浓度是影响 TCE 去除反应动力学的一个很重要因素。TCE 的初始浓度为 20mg/L 及以上时，CMC-NZVI 对 TCE 的反应速率相当低，几乎可以忽略。

（3）初始 pH 值对反应速率的影响

当 TCE 的初始浓度为 10mg/L、CMC-NZVI 的投加量为 0.5g/L 时，对于不同的 pH 值，其动力学拟合曲线如图 5-16 所示。当初始 pH 值分别为 3、5、7、9 和 11 时，k_{obs}值分别为 0.00176/min、0.00197/min、0.0017/min、8.55079×10^{-4}/min 和 6.4671×10^{-4}/min，R^2 值分别为 0.9778、0.9842、0.9876、0.9896、0.9804，说明 $\ln(C/C_0)$ 与 t 呈现出良好的线性相关性。pH 值为 9 和 11 时，所求得的表观反应速率相当小，表明碱性条件不利于脱氯反应的进行。

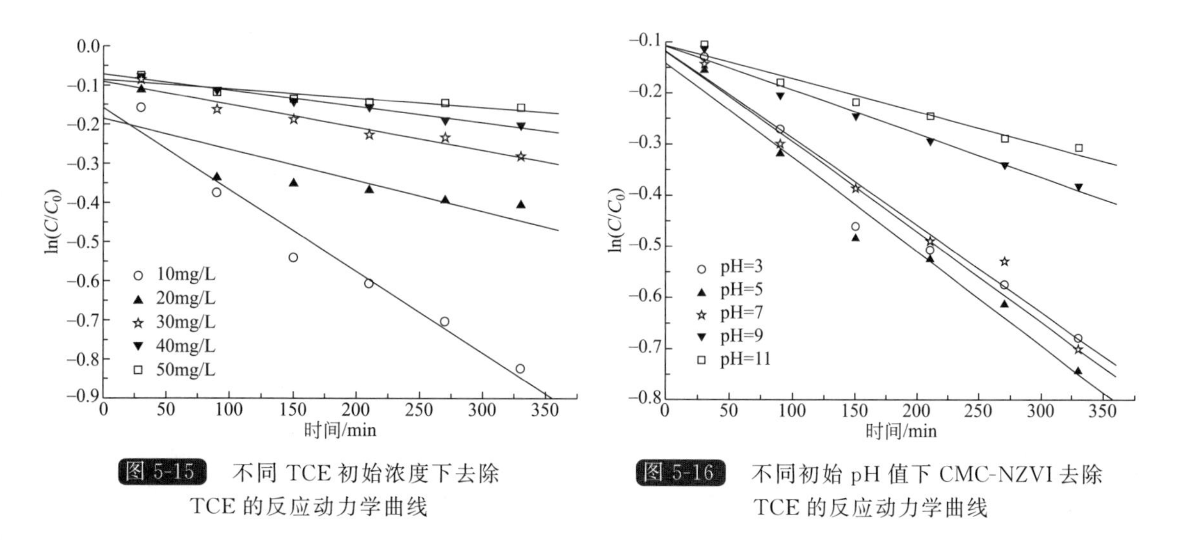

图 5-15 不同 TCE 初始浓度下去除 TCE 的反应动力学曲线

图 5-16 不同初始 pH 值下 CMC-NZVI 去除 TCE 的反应动力学曲线

5.1.6.3 Starch-NZVI 处理 TCE 的反应动力学

（1）Starch-NZVI 的投加量对反应速率的影响

当 TCE 的初始浓度为 10mg/L、pH 值为 5 时，对于不同的 Starch-NZVI 的投加量，其动力学拟合曲线如图 5-17 所示。实验结果表明，随着 Starch-NZVI 投加量的增加，TCE 的表观反应速率常数增大，两者的变化呈现出线性关系。当 Starch-NZVI 投加量为 0.3g/L、0.5g/L、0.7g/L、1.0g/L、1.3g/L 和 1.5g/L 时，k_{obs} 值分别为 0.00181/min、0.00336/min、0.00352/min、0.00372/min、0.00383/min 和 0.00393/min，R^2 值分别为 0.9713、

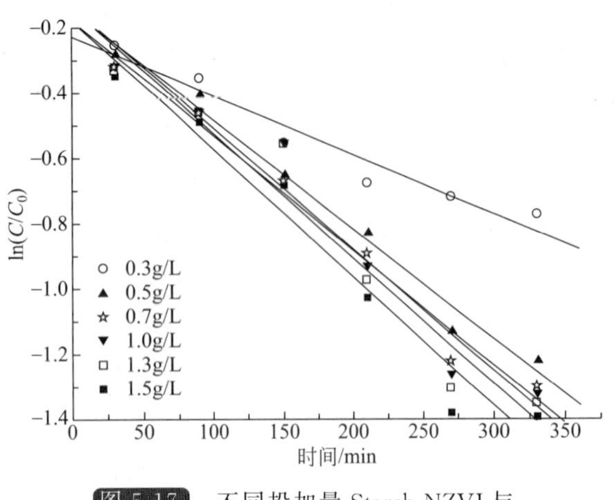

图 5-17 不同投加量 Starch-NZVI 与 TCE 反应的动力学曲线

0.9925、0.9907、0.9771、0.9729 和 0.9805。随着 Starch-NZVI 投加量的增加而增大了其总的比表面积和相应的反应位点，从而为 TCE 提供了更多的接触机会。因此，Starch-NZVI 的投加量越大，反应速率越大。

（2）TCE 的初始浓度对反应速率的影响

当 pH 值为 5、Starch-NZVI 的投加量为 0.5g/L 时，对于不同的 TCE 的初始浓度，其动力学拟合曲线如图 5-18 所示。当 TCE 的初始浓度为 10mg/L、20mg/L、30mg/L、40mg/L 和 50mg/L 时，k_{obs} 值分别为 0.00342/min、0.00146/min、4.17852×10^{-4}/min、3.84372×10^{-4}/min 和 3.06586×10^{-4}/min，R^2 值分别为 0.9968、0.9487、0.9921、0.9369、0.8082。可以看出，TCE 的初始浓度是影响反应的一个重要因素，当 TCE 的初始浓度为 20mg/L 以上时，Starch-NZVI 对 TCE 的反应速率影响非常之低。

（3）初始 pH 值对反应速率的影响

当 TCE 的初始浓度为 10mg/L、Starch-NZVI 的投加量为 0.5g/L 时，对于不同的 pH 值，其动力学拟合曲线如图 5-19 所示。当初始 pH 值为 3、5、7、9 和 11 时，k_{obs}值分别为 0.00222、0.00331、0.00266、0.00128 和 $8.54042\times10^{-4}\ min^{-1}$，$R^2$ 值分别为 0.9941、0.9976、0.9969、0.9883、0.9875，说明 $\ln(C/C_0)$ 与 t 呈现出良好的线性相关性。

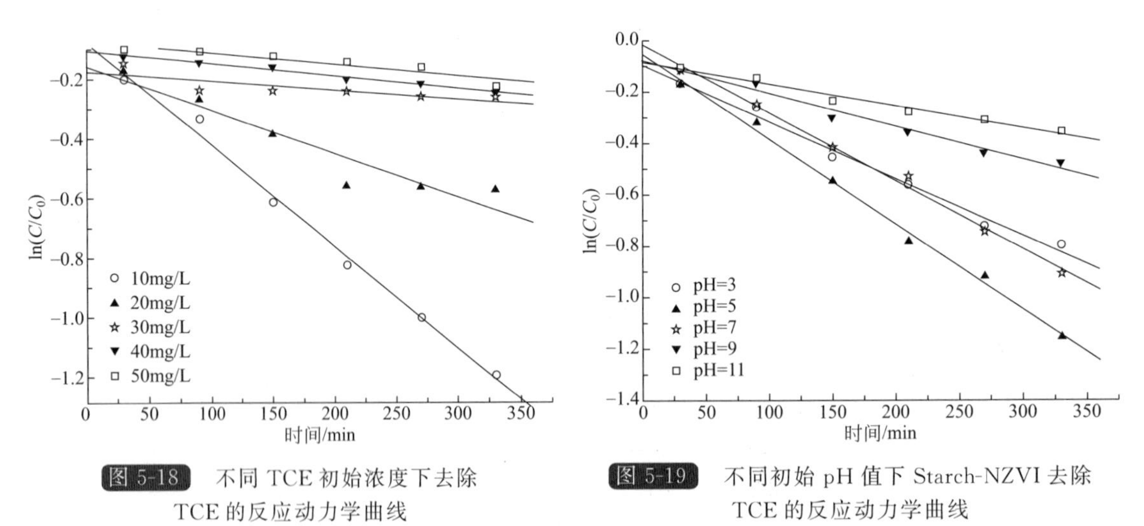

图 5-18 不同 TCE 初始浓度下去除 TCE 的反应动力学曲线

图 5-19 不同初始 pH 值下 Starch-NZVI 去除 TCE 的反应动力学曲线

5.1.7 反应后产物的 SEM 和 EDS 分析

将反应后的固体物质烘干后进行表征，完全反应后产物的 SEM 图如图 5-20 所示。反应后的颗粒呈现堆积状态，聚集在一起，同时也能观察到表面的氧化物质。纳米铁还原去除

TCE 的反应主要发生在前期，但是铁的氧化物和氢氧化物形成的絮凝物质对 TCE 也具有一定的吸附效果，所以看到反应后的纳米铁颗粒表面不仅存在铁的（氢）氧化物，也有部分的污染物。纳米铁颗粒还原去除 TCE 之后，NZVI 本身被氧化成铁的氧化物而不再以单质铁的形式存在；同时，由于反应溶液中氧的存在，单质铁被氧化成铁的氧化物、氢氧化物和碳酸盐类物质，并覆盖在铁颗粒的表面，阻止了反应的继续进行。

图 5-20 完全反应后产物的 SEM 图

（a）CMC-NZVI；（b）Agar-NZVI；（c）Starch-NZVI

反应后产物的能谱分析（EDS）如图 5-21 所示，由图可知主要含有 C、O、Fe 三种元素，其表面主要物质为 Fe 以及少量的铁的氧化物和氢氧化物。反应产物的元素分析见表 5-4，氧元素和铁元素的重量百分比大，分别为 43.24%、41.06%，表明反应后主要物质为铁的氧化物；由于包裹型纳米零价铁在与 TCE 反应时小部分可能会被氧化，使得样品中氧元素的百分比含量增大。其中，纳米零价铁表面的 C 元素一方面来自于纳米零价铁与 TCE 接触降解过程，另一方面来自于与水中 CO_2 的接触结合。

表 5-4 反应后产物的元素分析表

元素	C	Fe	O
重量分数/%	12.88	41.06	43.24
原子分数/%	22.88	15.69	60.59

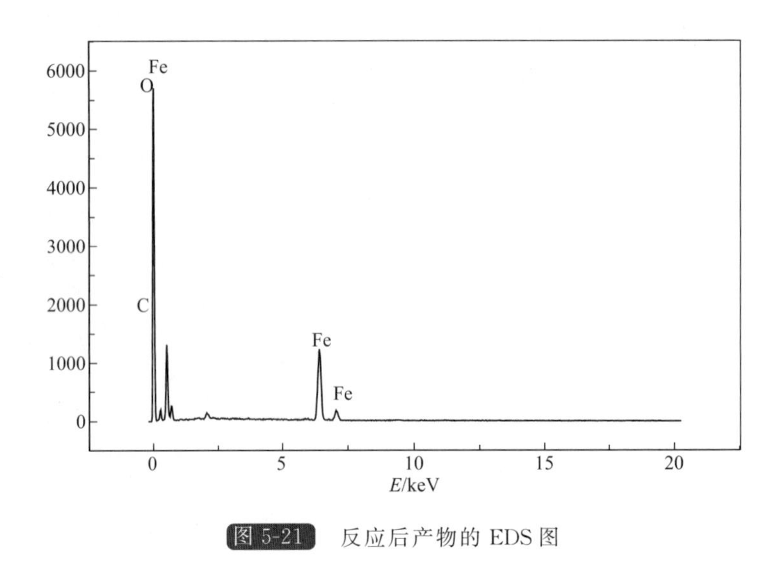

图 5-21 反应后产物的 EDS 图

5.1.8 包裹型纳米零价铁去除 TCE 的反应机理

零价铁与它在溶液中的二价铁离子（Fe^0/Fe^{2+}）形成的标准电极电位为−0.440V，比大多数卤代烃获得电子还原脱卤的反应电位更低，这表明零价铁是一种很强的还原剂，氯代烃（RCl）可以被零价铁还原。

$$Fe \longrightarrow Fe^{2+} + 2e^- \tag{5-4}$$

$$RCl + H^+ + 2e^- \longrightarrow RH + Cl^- \tag{5-5}$$

反应式（5-4）表示即使在没有强氧化剂的条件下，水溶液中的零价铁也会自发地被腐蚀。按照上述两个反应的氧化还原电位，从热力学上讲，下面的反应也比较容易发生。

$$Fe + RCl + H^+ \longrightarrow Fe^{2+} + RH + Cl^- \tag{5-6}$$

此反应可以看作氯代烃作氧化剂对零价铁的氧化或者零价铁为还原剂对氯代烃的还原。当有溶解氧存在时零价铁的腐蚀反应如式（5-7）。

$$2Fe + 2H_2O + O_2 \longrightarrow 2Fe^{2+} + 4OH^- \tag{5-7}$$

式（5-7）产生的 Fe^{2+} 可以进一步生成 $Fe(OH)_2$ 和 $Fe(OH)_3$。同时，在水环境中的水本身也可以作为氧化剂。

$$2H_2O + 2e^- \longrightarrow H_2 + 2OH^- \tag{5-8}$$

$$Fe + 2H_2O \longrightarrow Fe^{2+} + H_2 + 2OH^- \tag{5-9}$$

在无氧条件下，零价铁的腐蚀按照反应式（5-9）进行。当按照反应式（5-7）和式（5-9）进行时，体系的 pH 值都会有所上升。当然，在有氧条件下，腐蚀会更快，pH 值上升也较大。pH 值的升高容易生成氢氧化铁和氢氧化亚铁的沉淀，这种沉淀会在介质表面形成一层膜而阻碍反应进一步发生。

大分子物质 Agar、CMC 和 Starch 包裹在 NZVI 表面后，能在一定程度上阻止金属颗粒的团聚。在反应过程中，包裹型纳米零价铁颗粒均匀分散在 TCE 废水中，暴露出来的零价铁与 TCE 发生反应，而包裹剂能溶于水，可有效地被生物降解。

5.2 降解地下水中三氯甲烷

地下水是水资源的重要组成部分，具有水量稳定、水质好的特点，所以一直以来是农业灌溉、工业生产和居民城市生活的重要水源之一。随着人类的生产生活，造成地下水资源污染的例子也屡见不鲜。地下水污染具有过程缓慢、不易发现和难以治理等特点，地下水一旦受到污染，即使彻底消除其污染源，也需要十几年、甚至几十年才能使水质复原。浅层地下水的有机污染物主要有三氯甲烷（TCM）、四氯化碳（CTC）、三氯乙烯（TCE）和四氯乙烯（PCE）等。

本节在对比试验中通过加入同量的NZVI、CMC、琼脂、可溶性淀粉、CMC-NZVI、Agar-NZVI、Starch-NZVI与三氯甲烷废水进行反应，确定包裹型纳米零价铁的优越性，再通过不同的废水浓度、不同废水流量的大量试验中，得出最佳包裹剂，并且得出不同流量和不同废水浓度与处理效果的关系，从而得出处理三氯甲烷废水的最佳条件。

5.2.1 TCM降解柱实验

实验柱采用有机玻璃制成，长50cm，内径3.2cm。沿柱布设6个取样孔（自上而下编号依次为1、2、3、4、5和6），分别距进水口（编号1）7.5cm、12.5cm、17.5cm、22.5cm、32.5cm、42.5cm。实验柱底部充填2cm左右厚度的石英砂，起过滤、缓冲和保护的作用。采用自下而上供水方式，于1h、3h、7h、24h沿实验柱自上而下取样，采用顶空气相色谱法测定三氯甲烷浓度的原理为：将水样置于有一定液上空间的密闭容器内，水中的挥发性组分就会向容器的液上空间挥发，产生蒸气压；取气相样品，用带有电子捕获检测器（ECD）的气相色谱仪进行分析，外标法定量可得组分在水样中的含量。顶空气相色谱的条件：柱温45℃，进样口温度200℃，检测器温度200℃。三氯甲烷和四氯化碳的色谱图如图5-22所示，三氯甲烷的保留时间为1.902s，四氯化碳的保留时间为2.275s。标准曲线为$y=7507.3x+6532.4$，$R^2=0.9964$。实验装置示意图如图5-23所示。

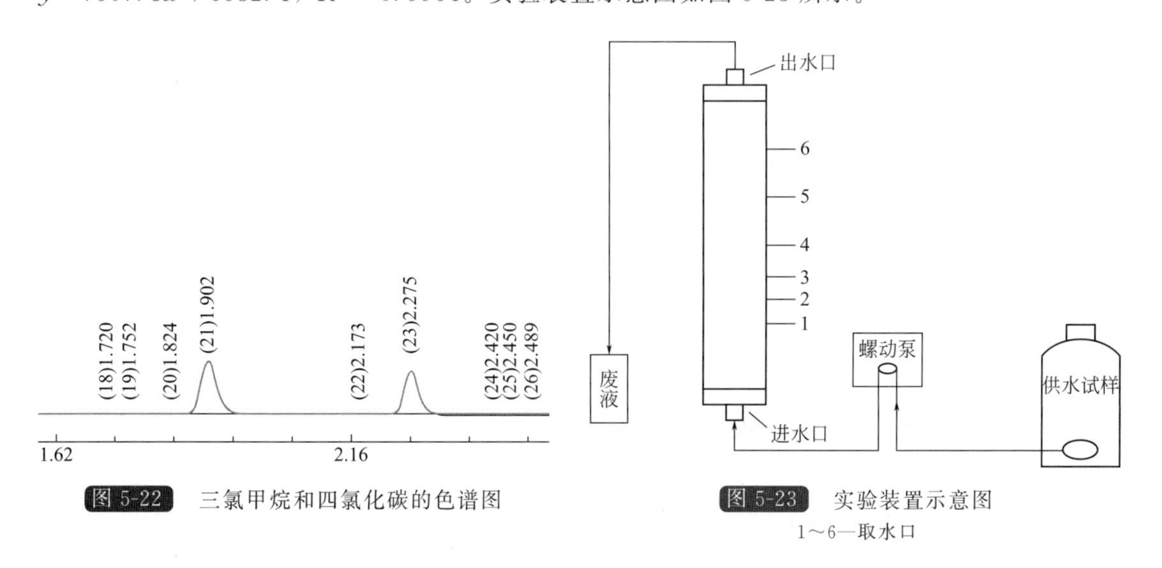

图5-22 三氯甲烷和四氯化碳的色谱图

图5-23 实验装置示意图

1～6—取水口

5.2.2 CMC-NZVI对水中TCM的去除效果

5.2.2.1 不同反应时间对TCM去除率的影响

不同反应时间对CMC-NZVI去除TCM的去除率的影响如图5-24所示。试验条件：TCM初始浓度为0.1mg/L，CMC-NZVI的投加量为0.04g/L，流量为5mL/min，反应时间分别为1h、3h、7h和24h。

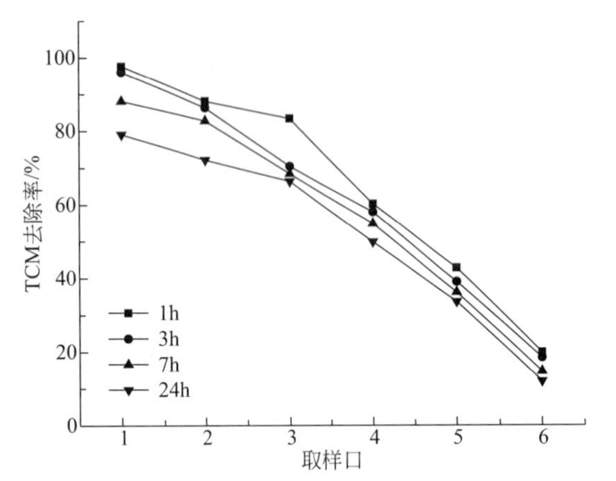

图5-24 不同反应时间不同取样口TCM去除率曲线

如图5-24所示，TCM的去除率随着反应时间的延长而减小。这是因为随着反应时间的延长，CMC-NZVI的去除效率降低，从而降低了对TCM的去除率。

5.2.2.2 TCM初始浓度对TCM去除率的影响

反应1h和24h时不同TCM初始浓度、不同取样口TCM去除率的曲线如图5-25所示。试验条件：CMC-NZVI的投加量为0.04g/L，流量为5mL/min，TCM初始浓度分别为0.1mg/L、0.2mg/L、0.3mg/L、0.4mg/L、0.5mg/L和0.6mg/L。

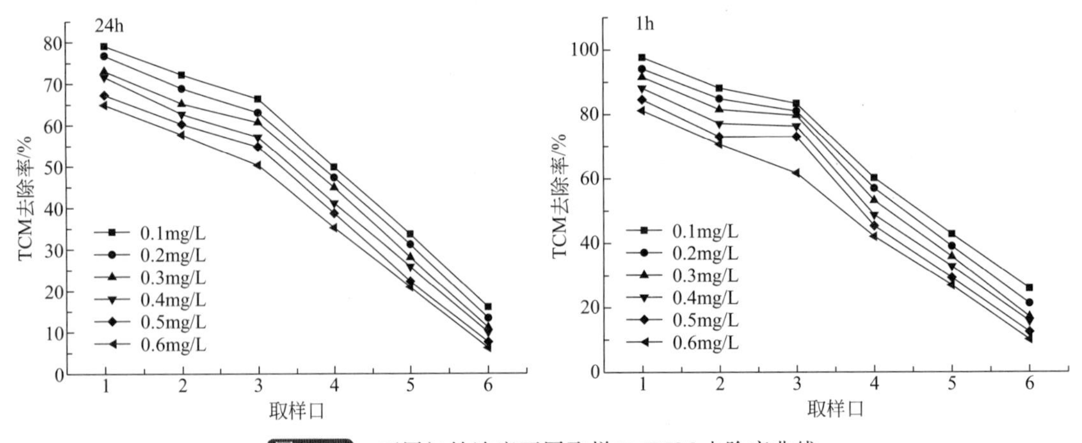

图5-25 不同初始浓度不同取样口TCM去除率曲线

如图5-25所示，随着初始TCM浓度的增加，TCM的去除率减小。反应1h，初始TCM浓度为0.1mg/L时，TCM的去除率最大，可达到97.69%。这是由于在氧化还原反应中，Fe最终被氧化成Fe^{2+}或Fe^{3+}，TCM被还原脱氯。TCM初始浓度太高对去除效果反而不利，例如在反应1h时，初始浓度由0.1mg/L增加到0.6mg/L的过程中，一号取样口去除率由97.69%降到81.2%。

5.2.2.3 不同水流量对TCM去除率的影响

不同水流量、不同取样口的TCM去除率曲线如图5-26所示。试验条件：TCM初始浓度为0.1mg/L，CMC-NZVI的投加量为0.04g，水流量分别为5mL/min、10mL/min、20mL/min、30mL/min、40mL/min和50mL/min。

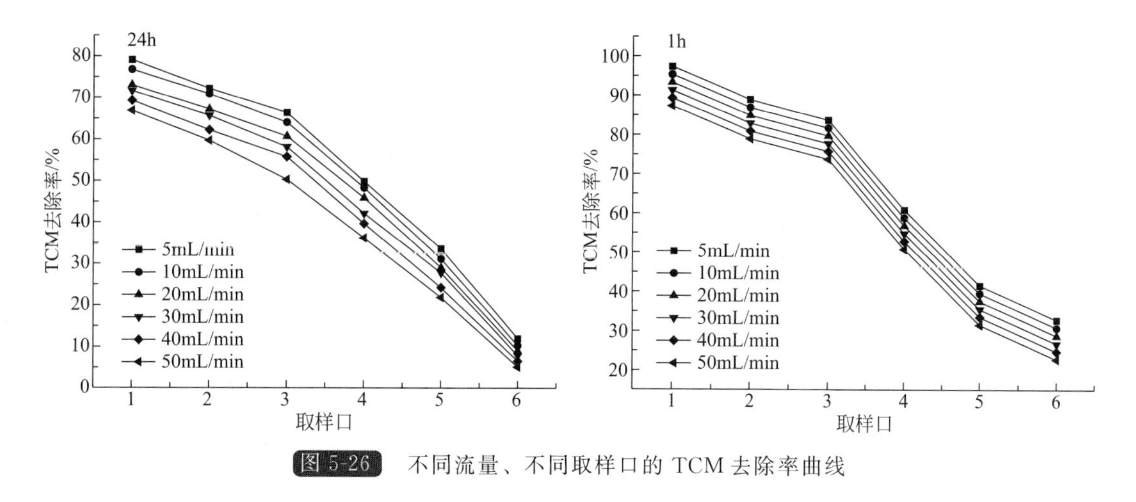

图 5-26 不同流量、不同取样口的 TCM 去除率曲线

从图 5-26 可以看出，随着水流量的增大，CMC-NZVI 对 TCM 的去除率降低。反应 1h，水流量为 5mL/min 时，1 号取样口 TCM 的去除率最大，可达到 97.33%。这是因为水流量越小，流速越慢，TCM 与 CMC-NZVI 接触的时间就越长，TCM 的去除率因此也变高。

5.2.3 Agar-NZVI 对水中 TCM 的去除效果

5.2.3.1 不同反应时间对 TCM 去除率的影响

不同反应时间、不同取样口的 TCM 去除率曲线如图 5-27 所示。试验条件：TCM 初始浓度为 0.1mg/L，Agar-NZVI 投加量为 0.04g/L，水流量为 5mL/min，反应时间分别为 1h、3h、7h 和 24h。

从图 5-27 可知，随着反应时间的延长，TCM 的去除率降低。反应 1h 时，1 号取样口 TCM 的去除率最大，达到 98.13%，而在反应 24h 时，1 号取样口 TCM 的去除率下降到 79.98%。

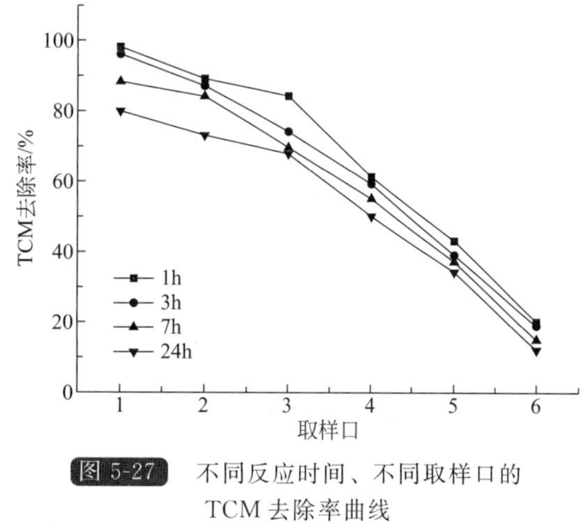

图 5-27 不同反应时间、不同取样口的 TCM 去除率曲线

5.2.3.2 TCM 初始浓度对 TCM 去除率的影响

不同初始浓度、不同取样口的 TCM 去除率曲线如图 5-28 所示。试验条件：Agar-NZVI 投加量为 0.04g/L，水流量为 5mL/min，TCM 初始浓度分别为 0.1mg/L、0.2mg/L、0.3mg/L、0.4mg/L、0.5mg/L 和 0.6mg/L。

从图 5-28 可以看出，随着 TCM 初始浓度的增大，TCM 的去除率不断减小。反应 1h 时，初始浓度为 0.1mg/L 时，1 号取样口 TCM 的去除率最大，达到 98.13%，而初始浓度为 0.6mg/L 时去除率只有 85.63%。反应 24h 时，初始浓度为 0.1mg/L 时，1 号取样口的去除率为 79.98%，而初始浓度为 0.6mg/L 时去除率为 67.28%。TCM 的高初始浓度对 TCM 去除率反而不利。

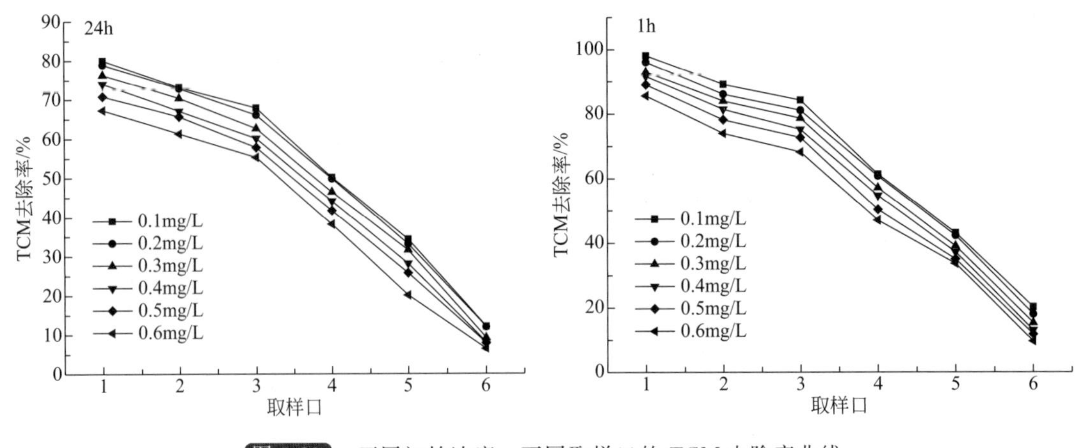

图 5-28 不同初始浓度、不同取样口的 TCM 去除率曲线

5.2.3.3 不同水流量对 TCM 去除率的影响

不同水流量、不同取样口的 TCM 去除率曲线如图 5-29 所示。试验条件：TCM 初始浓度为 0.1mg/L，Agar-NZVI 的投加量为 0.04g/L，水流量分别为 5mL/min、10mL/min、20mL/min、30mL/min、40mL/min 和 50mL/min。

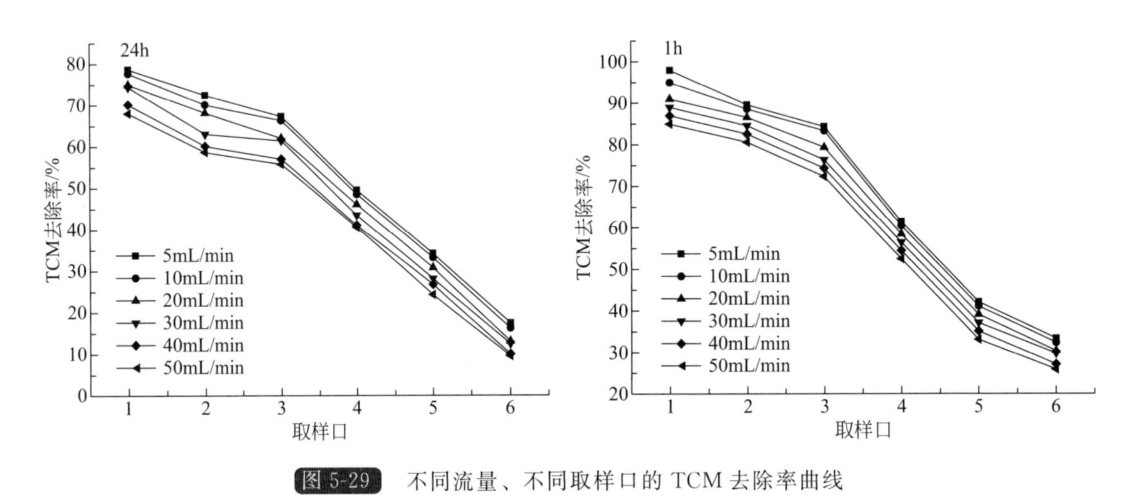

图 5-29 不同流量、不同取样口的 TCM 去除率曲线

从图 5-29 可知，随着水流量的增大，TCM 的去除率不断降低。流量为 5mL/min、反应 1h 时，1 号取样口去除率最大，达到 97.96%。流量为 50mL/min、反应 1h 时，1 号取样口去除率为 84.96%。

5.2.4 Starch-NZVI 对水中 TCM 的去除效果

5.2.4.1 不同反应时间对 TCM 去除率的影响

不同反应时间、不同取样口的 TCM 去除效率曲线如图 5-30 所示。试验条件：TCM 初始浓度为 0.1mg/L，Starch-NZVI 投加量为 0.04g/L，水流量为 5mL/min，反应时间分别为 1h、3h、7h 和 24h。

从图中可以看出，TCM 的去除率随着反应时间的延长而不断减小。反应 1h 时，1 号取样口的 TCM 去除率最大，达到 99.21%；随着反应时间的延长（3h、7h 和 24h）1 号取样口的去除率分别为 96.13%、89.21%和 80.01%。

5.2.4.2 TCM 初始浓度对 TCM 脱氯率的影响

不同 TCM 初始浓度、不同取样口的 TCM 去除率曲线如图 5-31 所示。试验条件：Starch-NZVI 投加量为 0.04g/L，水流量为 5mL/min，TCM 初始浓度分别为 0.1mg/L、0.2mg/L、0.3mg/L、0.4mg/L、0.5mg/L 和 0.6mg/L。

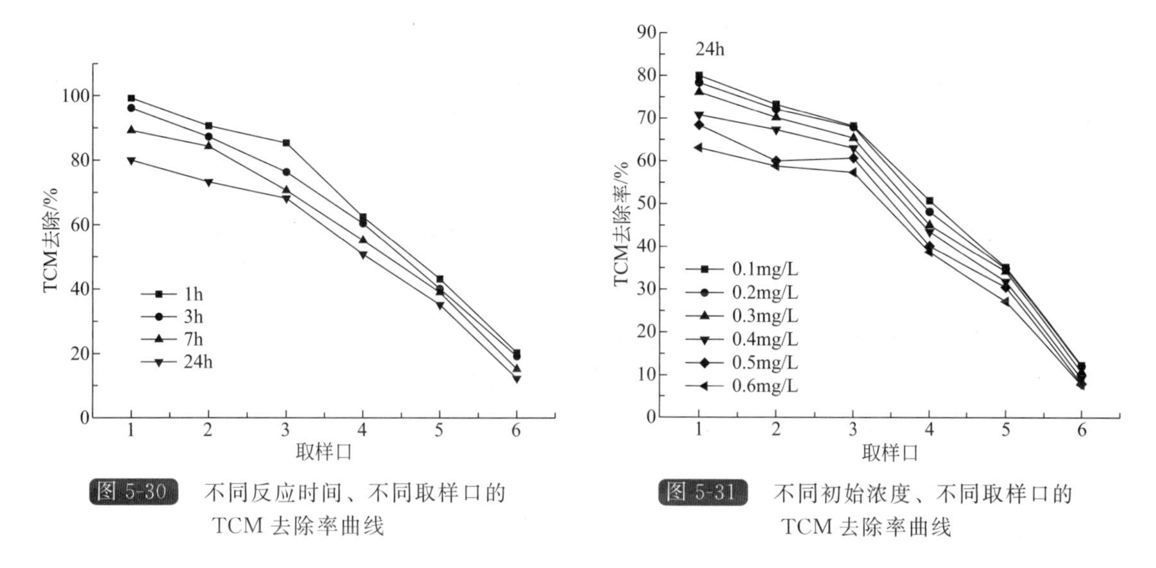

图 5-30 不同反应时间、不同取样口的 TCM 去除率曲线

图 5-31 不同初始浓度、不同取样口的 TCM 去除率曲线

从图 5-31 可知，随着 TCM 初始浓度的增加，Starch-NZVI 对 TCM 的去除率不断降低。TCM 初始浓度为 0.1mg/L 和 0.6mg/L、反应 1h 时，在 1 号取样口的去除率分别为 99.21%和 95.03%；而反应 24h 时，去除率分别为 80.01%和 63.1%。

5.2.4.3 不同水流量对 TCM 去除率的影响

不同流量、不同取样口的 TCM 去除率曲线如图 5-32 所示。试验条件：TCM 初始浓度为 0.1mg/L，Starch-NZVI 的投加量为 0.04g，水流量分别为 5mL/min、10mL/min、20mL/min、30mL/min、40mL/min 和 50mL/min。

从图 5-32 可以看出，随着水流量的不断增大，Starch-NZVI 对 TCM 的去除率不断减小。水流量为 10mL/min 和 50mL/min、反应 1h 时，3 号取样口 TCM 的去除率分别为 83.32%和 70.28%；反应 24h 时，去除率分别为 67.8%和 55.82%。

5.2.5 NZVI 对水中 TCM 的去除效果

5.2.5.1 不同反应时间对 TCM 去除率的影响

不同反应时间、不同取样口的 TCM 去除率曲线如图 5-33 所示。试验条件：TCM 初始浓度 0.1mg/L，NZVI 投加量为 0.04g/L，水流量为 5mL/min，反应时间分别为 1h、3h、7h 和 24h。

从图 5-33 可知，同等条件下，TCM 的去除效率随时间的延长而降低，且 NZVI 对 TCM 的去除率比包裹型纳米零价铁稍低。反应 1h、3h、7h 和 24h 时，4 号取样口 TCM 的去除率分别为 55.14%、50.32%、49.33%和 47.63%。

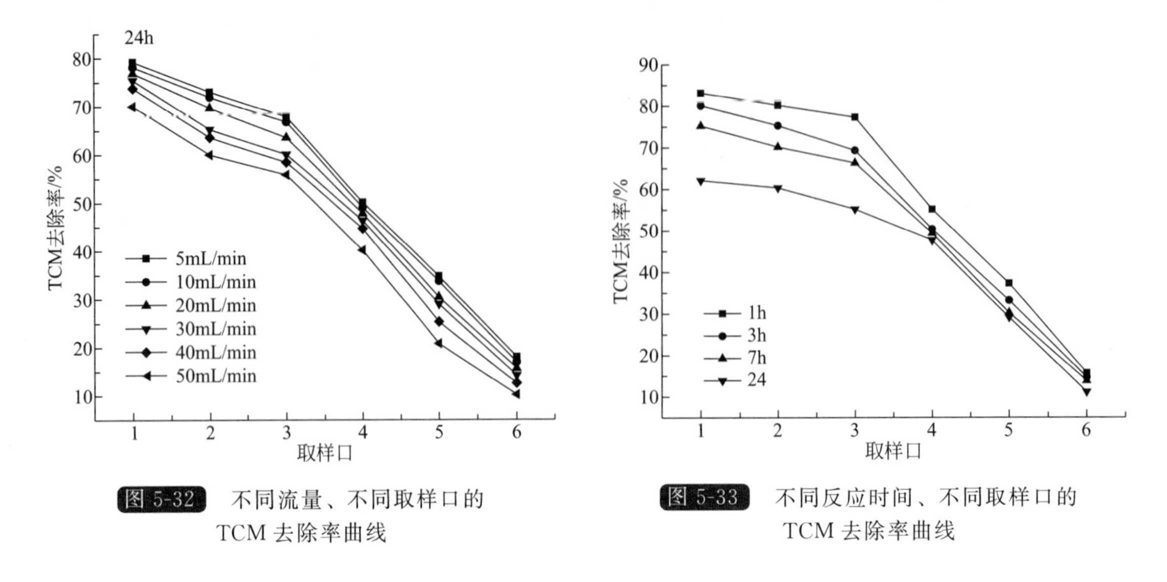

图 5-32　不同流量、不同取样口的TCM 去除率曲线

图 5-33　不同反应时间、不同取样口的TCM 去除率曲线

5.2.5.2　TCM 初始浓度对 TCM 脱氯率的影响

不同初始浓度、不同取样口的 TCM 去除率曲线如图 5-34 所示。试验条件：NZVI 投加量为 0.04g/L，水流量为 5mL/min，TCM 初始浓度分别为 0.1mg/L、0.2mg/L、0.3mg/L、0.4mg/L、0.5mg/L 和 0.6mg/L。

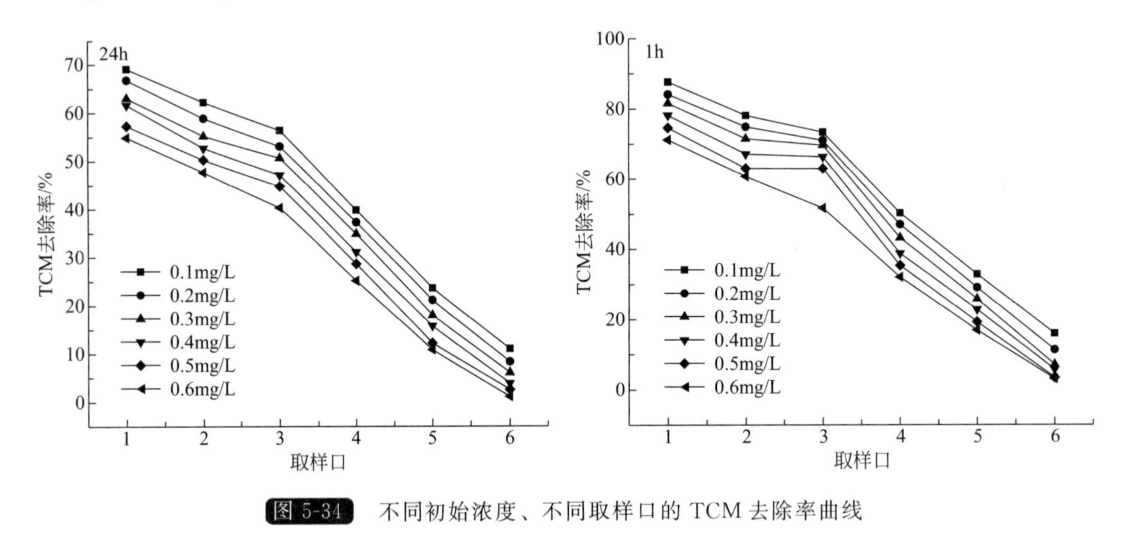

图 5-34　不同初始浓度、不同取样口的 TCM 去除率曲线

从图 5-34 可知，同等条件下，NZVI 对 TCM 的去除率随 TCM 的初始浓度的增加而减小，TCM 的初始浓度越高，去除效果越差。初始浓度自 0.1mg/L 增加到 0.6mg/L 过程中，反应 1h 时，1 号取样口去除率由 87.69%逐渐降低到 71.2%；反应 24h，去除率由 69.11%降到 54.89%。

5.2.5.3　不同水流量对 TCM 去除率的影响

不同流量、不同取样口的 TCM 去除率曲线如图 5-35 所示。试验条件：TCM 初始浓度为 0.1mg/L，Starch-NZVI 的投加量为 0.04g，水流量分别为 5mL/min、10mL/min、20mL/min、30mL/min、40mL/min 和 50mL/min。

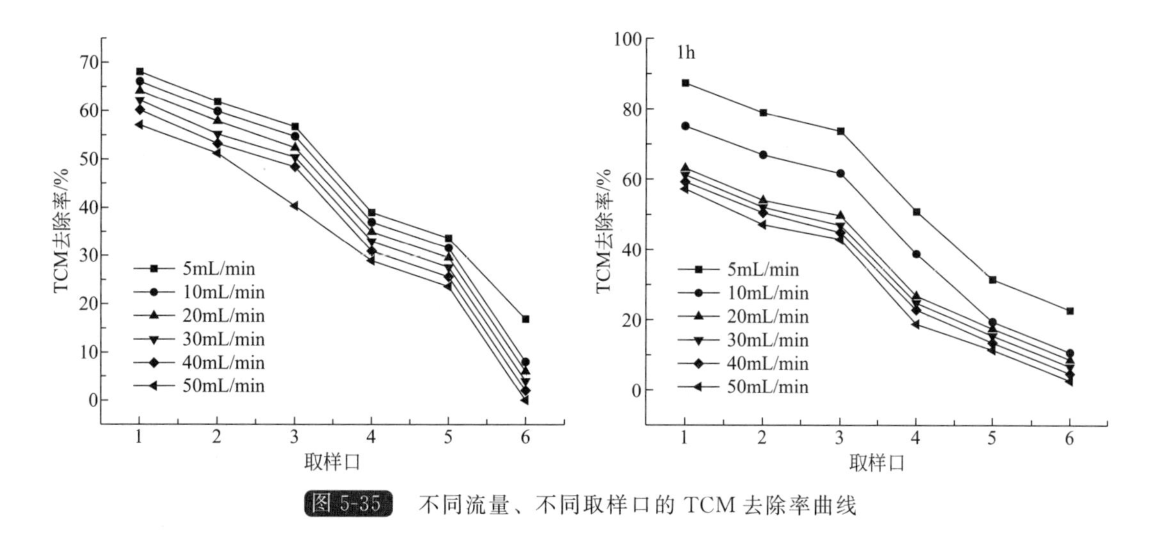

图 5-35 不同流量、不同取样口的 TCM 去除率曲线

如图 5-35 所示，在其他因素同等条件下，去除率较大程度上取决于水流量的变化。在水流量为 5mL/min、反应 1h 时，1 号取样口的去除率最高为 87.33%；当水流量为 30mL/min、反应 1h 时，去除率只有 61.23%。

5.2.6 反应机理

本实验采用几种不同包裹型纳米零价铁，而包裹剂本身也对废水中的三氯甲烷有吸附作用，但是包裹剂本身不能对三氯甲烷进行脱氯。纳米零价铁有很强的还原性，而且其比表面积大，能与废水中的三氯甲烷反应，最后达到脱氯的作用。因为纳米零价铁具有强还原性，所以很容易被氧化，从而降低了效率，增加成本。因此，本实验采用三种包裹剂，使得纳米零价铁周围形成一层保护膜，不易被空气氧气所氧化，而且包裹剂本身的吸附作用使得废水中的三氯甲烷聚集在一起，从而得到更高的脱氯率。

在包裹型纳米零价铁去除三氯甲烷的反应过程中，纳米颗粒均匀地分散在溶液中，经过一段时间其表面的包裹剂开始溶解，使部分 Fe 暴露出来，一部分同水和其中的溶解氧发生反应，过程如式（5-10）～式（5-12）所示：

$$\text{包裹剂-Fe} \longrightarrow \text{包裹剂} + \text{Fe(释放)} \tag{5-10}$$

$$2Fe + 4H^+ + O_2 \longrightarrow 2Fe^{2+} + 2H_2O\text{(酸性溶液)} \tag{5-11}$$

$$Fe + 2H_2O \longrightarrow Fe^{2+} + H_2 + 2OH^- \tag{5-12}$$

由于纳米零价铁比表面积较大，且包裹剂具有较强的吸附能力，因此可以将溶液中的大量的三氯甲烷吸附到表面，然后发生氧化还原反应生成 Cl^-，反应过程如式（5-13）、式（5-14）所示：

$$CHCl_3 + \text{包裹剂-Fe} \longrightarrow CHCl_3\text{-包裹剂-Fe(吸附)} \tag{5-13}$$

$$Fe + CHCl_3 + H^+ \longrightarrow Fe^{2+} + CH_2Cl_2 + Cl^- \tag{5-14}$$

5.3 紫叶小檗树叶提取液绿色合成纳米零价铁对地下水中 CTC 的去除效果

CTC 的降解试验是在 250mL 的聚四氟乙烯锥形瓶中进行的，将 100mL 不同初始浓度的 CTC 溶液加入锥形瓶中，调节 pH 值，加入不同量的绿色合成的纳米零价铁，在 25℃下将锥形瓶放入水浴恒温振荡器中反应。根据设定时间取样，经 0.22μm 滤膜过滤后，取一定量滤液采用顶空气相色谱法测定水样中 CTC 浓度（方法同三氯甲烷的测定）。CTC 的标准曲线 $y=26592x+28185$，$R^2=0.9918$。

5.3.1 初始浓度对 CTC 去除率的影响

CTC 初始浓度对紫叶小檗树叶提取液绿色合成的纳米零价铁去除模拟地下水中的 CTC 去除效果的影响如图 5-36 所示。试验条件：NZVI 的投加量为 0.08g/L，pH 值为 6.0，温度为 25℃，CTC 初始浓度分别为 1mg/L、2mg/L、3mg/L、4mg/L 和 5mg/L，反应时间为 90min。

从图 5-36 可以看出，随着 CTC 的初始浓度的增加，CTC 的去除率不断减小。初始浓度为 1mg/L 时，CTC 的去除率较大。这是因为 CTC 浓度的增大会使 NZVI 的溶蚀作用降低，限制 NZVI 的还原作用，从而影响 CTC 的去除效果。

5.3.2 pH 值对 CTC 去除率的影响

在使用绿色合成的 NZVI 对 CTC 的去除效果的研究过程中，pH 值是一个至关重要的一个影响因素。pH 值对 CTC 去除率的影响如图 5-37 所示。试验条件：NZVI 投加量为 0.08g/L，CTC 初始浓度为 4mg/L，温度为 25℃，初始 pH 值分别为 2.33、3.0、4.0、5.0 和 6.1，反应时间为 90min。

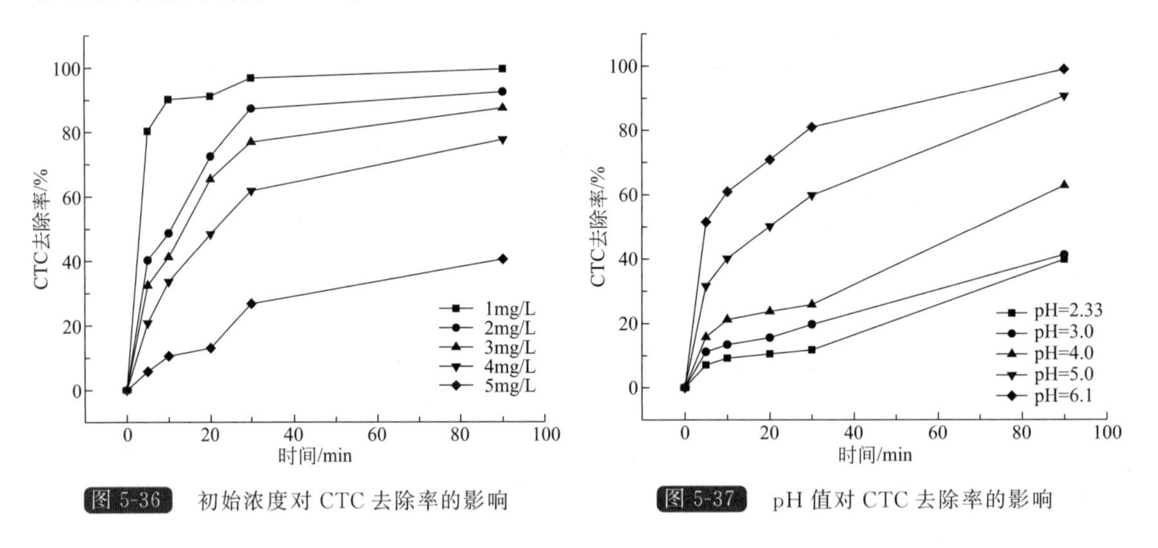

图 5-36 初始浓度对 CTC 去除率的影响

图 5-37 pH 值对 CTC 去除率的影响

从图 5-37 可知，NZVI 反应一定时间后，随着 pH 值的增大，CTC 的去除率不断增大。当 pH 值为 6.1 时，CTC 的去除率较大。这是因为当 pH 值较低时，氢离子充足，大量产生的氢气形成“气膜”从而抑制 CTC 的吸附且纳米零价铁被过快消耗，进而抑制 CTC 的脱氯反应；当 pH 值较高时，氢离子浓度较低，从而 CTC 的去除率得到提高。

5.3.3 投加量对 CTC 去除率的影响

为了研究 NZVI 在去除模拟地下水中 CTC 的最佳去除效果，考察了 NZVI 投加量对

CTC去除效果的影响。试验条件：CTC初始浓度4mg/L，pH值为6.0，温度为25℃，NZVI投加量分别为0.06g/L、0.08g/L、0.10g/L、0.12g/L和0.14g/L，反应90min。NZVI投加量对CTC去除率的影响如图5-38所示。

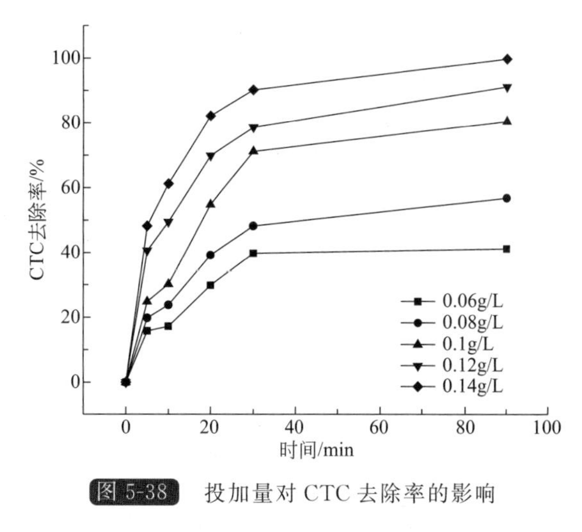

图5-38 投加量对CTC去除率的影响

从图5-38可知，随着NZVI投加量的增加，CTC的去除率不断增大。当NZVI的投加量为0.14g/L时，CTC的去除率达到最大值为99.8%。这是因为NZVI的投加量越大，NZVI表面反应活性位点越多，表面积浓度越大，使铁表面与污染物接触的机会更多，从而促进NZVI还原反应的进行。

5.3.4 反应动力学

对紫叶小檗树叶绿色合成的包裹型纳米零价铁材料降解CTC的反应进行动力学分析，经过拟合发现纳米零价铁材料还原降解CTC的过程符合一级反应动力学模型。因此，零价铁降解CTC的速率符合以下的方程：

$$\frac{\mathrm{d}t}{\mathrm{d}C}=k_{\mathrm{obs}}C_0 \tag{5-15}$$

式中，C_0为CTC的初始浓度，mg/L；C为t反应时刻的CTC的浓度，mg/L；k_{obs}为一级反应速率常数，min^{-1}。

根据实验结果对包裹型纳米零价铁材料降解CTC的过程进行反应动力学分析，将实验数据拟合成一级反应动力学模型，求出表观的一级反应动力学参数k_{obs}：

$$k_{\mathrm{obs}}t=\ln(C/C_0) \tag{5-16}$$

（1）初始浓度对反应速率的影响

不同CTC初始浓度的反应动力学曲线拟合如图5-39所示。从图中可知，当初始CTC浓度为1mg/L、2mg/L、3mg/L、4mg/L和5mg/L时，表观速率常数k_{obs}值分别为0.0434/min、0.0234/min、0.0190/min、0.0140/min和0.0053/min，线性相关系数R^2值分别为0.9510、0.7246、0.7904、0.8848和0.9071。随着CTC初始浓度的增大，CTC的表观反应速率常数减小，$\ln(C/C_0)$与t呈现良好的线性关系。因此，在不同的CTC初始浓度下，NZVI对CTC的还原过程符合一级反应动力学模型。

（2）pH值对反应速率的影响

不同pH值的反应动力学曲线拟合如图5-40所示。从中可知，当初始pH值为2.33、3.0、4.0、5.0和6.0时，表观反应速率常数k_{obs}值分别为0.0076/min、0.1001/min、0.0132/min、0.0180/min和0.0483/min，线性相关系数R^2为0.9448、0.9944、0.9099、0.9114和0.9407。随着pH值的增大，CTC表观反应速率增大，$\ln(C/C_0)$与t呈现良好的线性关系。故在不同pH值下，NZVI对CTC的还原过程符合一级反应动力学模型。

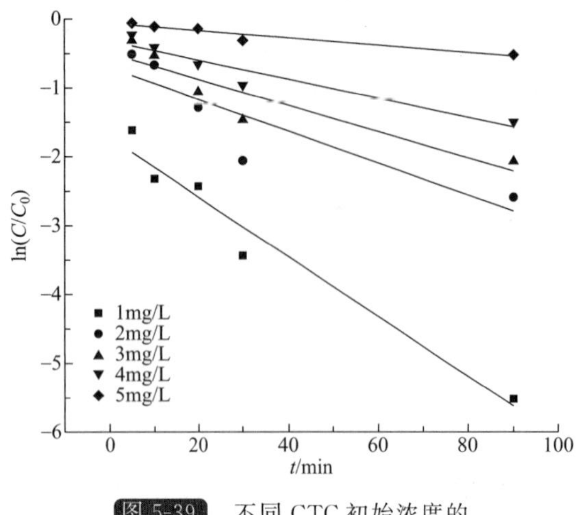

图 5-39 不同 CTC 初始浓度的反应动力学曲线拟合

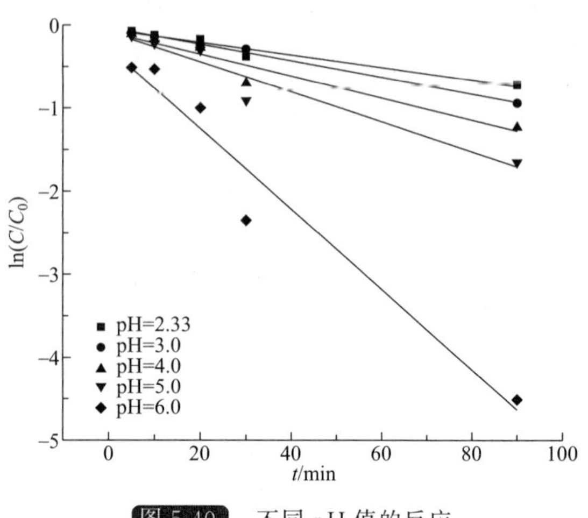

图 5-40 不同 pH 值的反应动力学曲线拟合

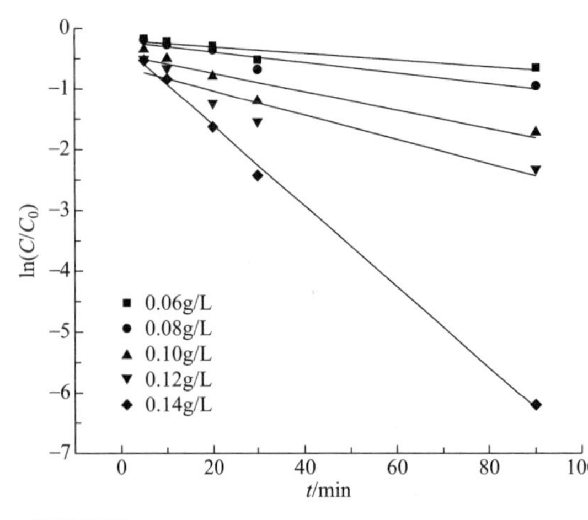

图 5-41 不同样品投加量的反应动力学曲线拟合

（3）投加量对反应速率的影响

不同 NZVI 投加量的反应动力学曲线拟合如图 5-41 所示。从图中可知，当 NZVI 的投加量为 0.06g/L、0.08g/L、0.10g/L、0.12g/L 和 0.14g/L 时，表观反应速率常数 k_{obs} 的值分别是 0.0054/min、0.0086/min、0.0153/min、0.0200/min 和 0.0665/min，线性相关系数 R^2 分别为 0.7570、0.8335、0.8509、0.8560 和 0.9971。随着 NZVI 投加量的增加，CTC 的表观反应速率常数增大，两者的变化关系呈现出较好的线性关系。这是因为 NZVI 的投加量增加，增大了 NZVI 的总比表面积和相应的反应位点，促使反应速率增大。

5.3.5 反应机理

据报道，在 Fe-H_2O 体系中存在三种还原剂，Fe、Fe^{2+} 和 H_2，因此包裹型纳米零价铁 CTC 的脱氯过程有三种可能的反应途径及吸附作用：

（1）零价铁表面的电子直接转移至有机氯化物：

$$Fe(s)+RCl+H^+ \longrightarrow Fe^{2+}+RH+Cl^- \quad (5\text{-}17)$$

（2）零价铁腐蚀产生的 Fe^{2+} 还原作用使部分 CTC 脱氯：

$$Fe+2H_2O \longrightarrow Fe^{2+}+H_2+2OH^- \quad (5\text{-}18)$$

$$Fe^{2+}(aq)+RCl+H^+ \longrightarrow Fe^{3+}(aq)+RH+Cl^- \quad (5\text{-}19)$$

（3）Fe-H_2O 体系互相反应产生的 H_2 使 CTC 还原：

$$H_2(g)+RCl \longrightarrow RH+H^++Cl^- \quad (5\text{-}20)$$

参考文献

[1] Li Y Q, Xu J G, Zhou H R, et al. Preparation and application of encapsulated nanoscale zero-valent iron in the degradation of trichloroethene [J]. Acta Scientiac Circumstantiac, 2014, 34 (12): 1378-1332.

[2] Mitssumasa. Water pollution control policy and management: the Japanese experience [M]. Japan: published by Gyosei Co, Ltd. 2000: 25-31.

[3] 张凤君，王斯佳，马慧，等. 三氯乙烯和四氯乙烯在土壤和地下水中的污染及修复技术 [J]. 科技导报, 2012 (18): 65-72.

[4] 李海花，单爱琴，蔡静，等. 零价铁去除三氯乙烯及四氯乙烯对比实验研究 [J]. 环境科学与技术, 2010 (6): 130-132.

[5] 张巍，左军，韩晓琳，等. 负载纳米零价铁/钯 (ZVI/Pd) 双金属活性炭去除水中三氯乙烯 (TCE) 的研究 [J]. 净水技术, 2013 (1): 67-73.

[6] 李泽政，韩宝平，朱雪强，等. 零价铁去除水中三氯乙烯试验研究 [J]. 江苏农业科学, 2013, 41 (4): 322-324.

[7] 许淑媛. 不同材料负载纳米零价铁去除水/土中挥发性氯代烃的实验研究 [D]. 北京: 轻工业环境研究保护所, 2012.

[8] 董婷婷. CMC 稳定化纳米 Pd-Fe 还原去除对硝基氯苯研究 [D]. 广东: 华南理工大学, 2011.

[9] 冯丽，葛小鹏，王东升，等. pH 值对纳米零价铁吸附降解 2,4-二氯苯酚的影响 [J]. 环境科学, 2012, 33 (1): 94-103.

[10] 任蓉. 包覆型纳米零价铁/厌氧体系在脱氯过程中其表面形态变化研究 [D]. 广东: 华南理工大学, 2013.

[11] Han Z T, Lv X L. New progress of nano-zero-valent iron groundwater remediation technology [J]. Hydrogeology and Engineering Geology, 2013, 40 (1): 41-47.

6

包裹型纳米零价铁去除水中重金属-含氯有机物

在一些工业废水和生活污水中，重金属离子和含氯有机物常可能同时存在。重金属离子的存在可能会对含氯有机物的降解产生阻碍作用，而在含氯有机物存在的情况下重金属离子的去除也可能会不同程度地受到抑制。目前，处理复合型污染废水大多采用吸附法和微生物法。吸附法只是将污染物从一个地方转移达到另外的地方，并不能彻底地去除污染物；微生物法又存在反应周期长、技术不成熟等缺点。所以需要寻找一种有效处理复合型废水的技术。

纳米零价铁（NZVI）作为一种新型的环境修复材料，由于具有比表面积大、还原性强、活性高等特点，在各种卤化烃、多氯联苯、五氯苯酚、农药、染料、重金属离子、杀虫剂以及硝酸、高氯酸的盐类等环境污染修复中应用非常广泛，本章对于纳米铁材料用于降解复合污染物进行研究。

6.1 去除水中 Ni^{2+} -TCE 的研究

本节采用包裹型纳米零价铁处理模拟 Ni^{2+}-TCE 混合废水，主要考察包裹型纳米零价铁的投加量、Ni^{2+}-TCE 的初始浓度、溶液 pH 值以及不同包裹材料的纳米零价铁对混合废水中 Ni^{2+}-TCE 去除的影响，为利用纳米铁技术去除水体中多种污染物的应用提供参考。

6.1.1 实验材料及仪器

实验用药剂见表 6-1，仪器设备见表 6-2。

表 6-1 实验用药剂

药品名称	化学式	生产厂家
硝酸镍	$Ni(NO_3)_2 \cdot 6H_2O$	国药集团化学试剂有限公司
三氯乙烯	C_2HCl_3	天津市恒兴有限公司
硝酸	HNO_3	上海久亿化学试剂有限公司

续表

药品名称	化学式	生产厂家
硝酸银	$AgNO_3$	国药集团化学试剂有限公司
氯化钠	NaCl	江西华南化工试剂厂
氨水	$NH_3 \cdot H_2O$	上海试剂一厂
氢氧化钠	NaOH	上海久亿化学试剂有限公司
柠檬酸铵	$(NH_4)_3C_6H_5O_7$	西陇化工股份有限公司
碘	I_2	上海久亿化学试剂有限公司
丁二酮肟	$(CH_3)_2C(NOH)$	南京化学试剂有限公司
乙二胺四乙酸二钠	$CH_{14}N_2O_8Na \cdot 2H_2O$	上海久亿化学试剂有限公司
去离子水	H_2O	实验室自制

表 6-2　仪器设备

仪器名称	仪器型号	数量	生产厂家
紫外-可见光分光光度计	WFZ800-D3B	1	北京瑞利分析仪器有限公司
水浴恒温振荡器	SHA-B	1	金坛时荣华仪器制造有限公司
电子天平	TD-2002	1	余姚市金诺天平仪器有限公司
pH/电导计	990	1	江苏江环分析仪器有限公司

6.1.2　Ni^{2+}-TCE 的去除试验

Ni^{2+}-TCE 的去除在 250mL 的具塞磨口锥形瓶中进行。将 100mL 不同初始浓度的 Ni^{2+}-TCE 溶液加入锥形瓶中，调节 pH 值，加入不同质量的包裹型纳米零价铁，常温、常压下将锥形瓶放入振荡器反应。根据设定时间取样，经 0.22μm 滤膜过滤后，取滤液于分光光度计上分析测定。

镍离子的浓度采用丁二酮肟分光光度法测定（GB/T 15555.10—1995）。

原理：有氧化剂碘存在时，镍与丁二酮肟在柠檬酸铵-氨水介质中，会形成酒红色络合物，于 530nm 处进行分光光度测定。

具体操作步骤如下：取滤液 5mL 放于比色管，加入 2mL 柠檬酸铵溶液、1mL 碘溶液，加水至约 20mL，加 2mL 丁二酮肟溶液，加 2mL Na_2-EDTA 溶液，加水至标线，摇匀，放置 5min 再测吸光度。按下式计算镍离子的去除率：

$$去除率(\%)=[C_0-C]/C_0\times100\% \quad (6-1)$$

式中，C_0 为初始废水中镍离子的浓度，mg/L；C 为处理后镍离子的浓度，mg/L。

以测定的标准溶液的吸光度扣除空白（零浓度）后的吸光度，与对应的标准溶液的镍含量绘制校准曲线，见图 6-1。$A=0.1065x-0.0059$，其中 A 为吸光度，C 为溶液中 Ni^{2+}

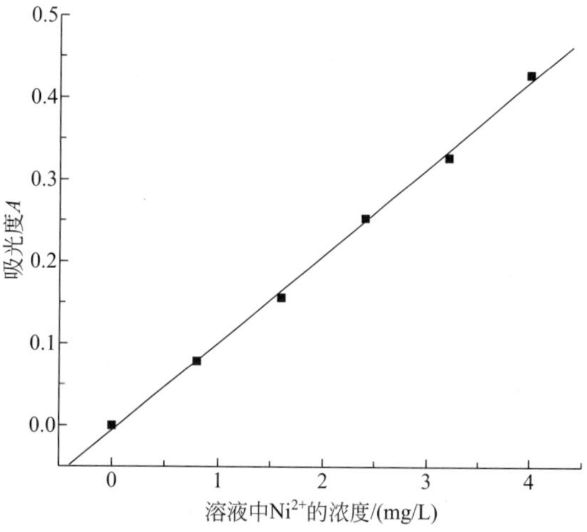

图 6-1　镍离子标准曲线

的浓度，$R^2=0.9981$。

氯离子采用氯化银比浊度法测定，如 5.1.2 所述方法。

6.1.3 包裹型纳米零价铁对水中 Ni^{2+}-TCE 的去除效果

6.1.3.1 包裹剂对 Ni^{2+}-TCE 去除率的影响

配制含 Ni^{2+} 浓度和 TCE 浓度都为 10mg/L 的溶液 100mL，分别加入 1.5g/L 的 Agar、CMC、Starch，调节水浴振荡器温度为 30℃，放入其中振荡。取反应后经滤膜过滤的溶液于比色管中，加入药剂，用分光光度计测定溶液的吸光度，结果如图 6-2 所示。其中，Starch 对水中 Ni^{2+} 和 TCE 的去除率最高，Agar 的去除率最低。三种包裹剂对污染物的去除率均不高，几乎可以忽略。

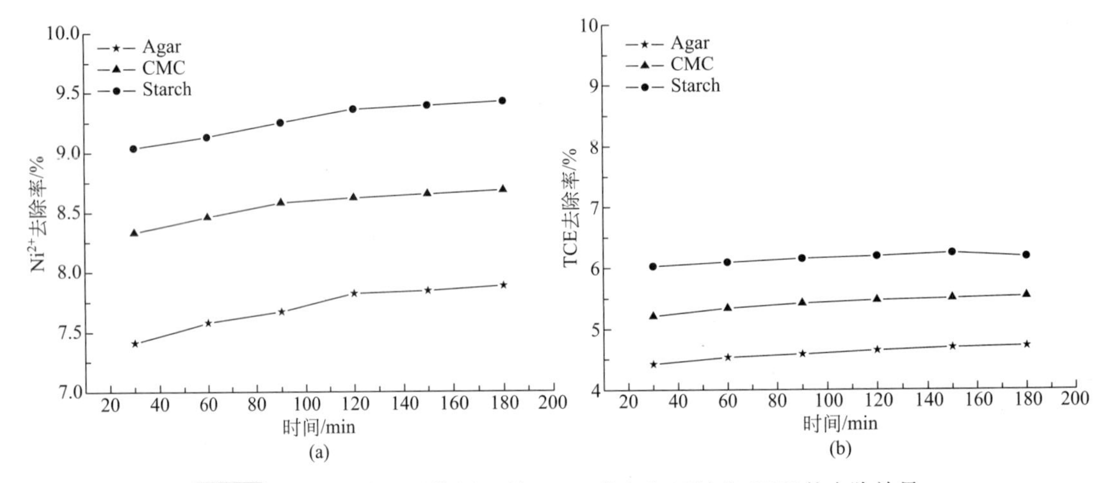

图 6-2 不同包裹剂对模拟 Ni^{2+}-TCE 废水中 Ni^{2+} 和 TCE 的去除效果

6.1.3.2 投加量对 Ni^{2+}-TCE 去除率的影响

配制 Ni^{2+} 和 TCE 浓度都为 10mg/L 的溶液 100mL，分别加入 0.5g/L、1.0g/L、1.5g/L、2.0g/L、2.5g/L 的 NZVI、Agar-NZVI、CMC-NZVI、Starch-NZVI，调节恒温水浴振荡器的温度为 30℃，放入其中振荡 2.5h。取反应后经滤膜过滤的溶液于比色管中，加入药剂，用分光光度计测定溶液的吸光度。

投加量对 Ni^{2+} 去除率的影响如图 6-3 所示。由图可知：在初始浓度、pH 值相同的条件下，投加量的多少会影响 Ni^{2+} 的去除效果。从图中可以看出投加量越多，去除效率就越高。投加量为 0.5 g/L 时，NZVI 对 Ni^{2+} 的去除率最低，为 91.35%；Starch-NZVI 对 Ni^{2+} 的去除率最高，为 95.88%；Agar-NZVI、CMC-NZVI 对 Ni^{2+} 的最低去除率介于两者之间。投加量为 2.5g/L 时，NZVI 对 Ni^{2+} 的去除率最低，为 95.22%；Starch-NZVI 对 Ni^{2+} 的去除率最高，为 99.26%；Agar-NZVI、CMC-NZVI 对 Ni^{2+} 的最高去除率介于两者之间。在试验研究范围内，四者对 Ni^{2+} 的去除率均较高。

投加量对 TCE 去除的影响如图 6-3 所示。由图可知：在初始浓度、pH 值相同的条件下，投加量的多少会影响 TCE 的去除效果，投加量越多去除率就越高。投加量为 0.5 g/L 时，NZVI 对 TCE 的去除率最低，为 20.24%；Starch-NZVI 对 TCE 的去除率最高，为 28.57%；Agar-NZVI、CMC-NZVI 对 TCE 的最低去除率介于两者之间。投加量为 2.5g/L

时，NZVI 对 TCE 的去除率最低，为 28.37%；Starch-NZVI 对 TCE 的去除率最高，为 46.95%；Agar-NZVI、CMC-NZVI 对 TCE 的最高去除率介于两者之间。在试验研究范围内，TCE 的去除率均较低，可能是因为包裹型纳米零价铁对 TCE 的降解需要的时间较长或者是包裹型纳米零价铁优先和重金属离子 Ni^{2+} 反应所致。

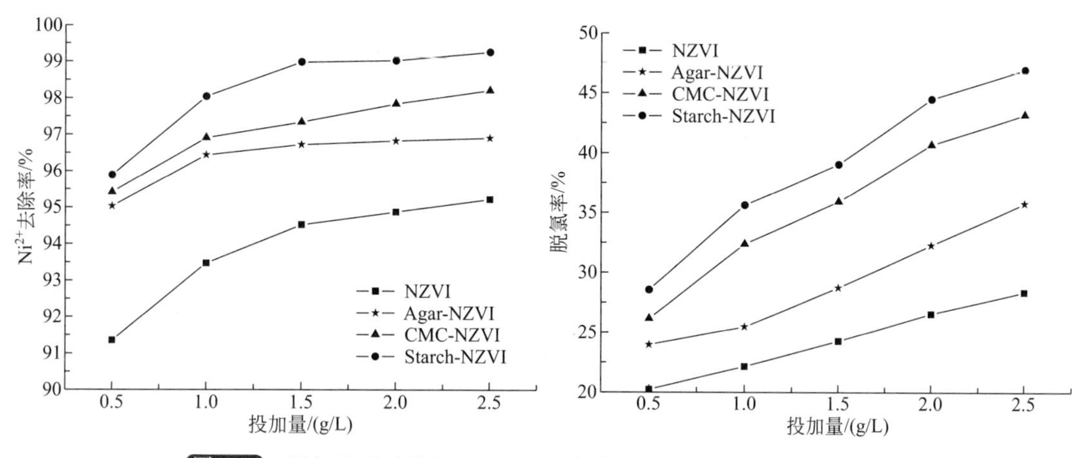

图 6-3 投加量对对模拟 Ni^{2+}-TCE 废水中 Ni^{2+} 和 TCE 的去除效果

6.1.3.3 初始 Ni^{2+}-TCE 废水浓度对 Ni^{2+}-TCE 去除率的影响

分别配制 Ni^{2+}、TCE 浓度都为 5mg/L、10mg/L、15mg/L、20mg/L、25mg/L 的溶液 100mL，加入 1.5g/L 的 NZVI、Agar-NZVI、CMC-NZVI、Starch-NZVI，调节恒温水浴振荡器的温度为 30℃，放入其中振荡 2.5h。取反应后经滤膜过滤的溶液于比色管中，加入药剂，用分光光度计测定溶液的吸光度。

初始浓度对 Ni^{2+} 去除率的影响如图 6-4 所示。从图中可知：在投加量、pH 值等条件相同时，初始浓度的高低会影响 Ni^{2+} 的去除率。初始浓度越低，去除率就越高。初始浓度为 5mg/L 时，NZVI 对 Ni^{2+} 的去除率最低，为 95.18%；Starch-NZVI 对 Ni^{2+} 的去除率最高，为 99.38%；Agar-NZVI、CMC-NZVI 对 Ni^{2+} 的最高去除率介于两者之间。初始浓度为 25mg/L 时，NZVI 对 Ni^{2+} 的去除率最低，为 91.27%；Starch-NZVI 对 Ni^{2+} 的去除率最高，为 96.9%；Agar-NZVI、CMC-NZVI 对 Ni^{2+} 的最低去除率介于两者之间。

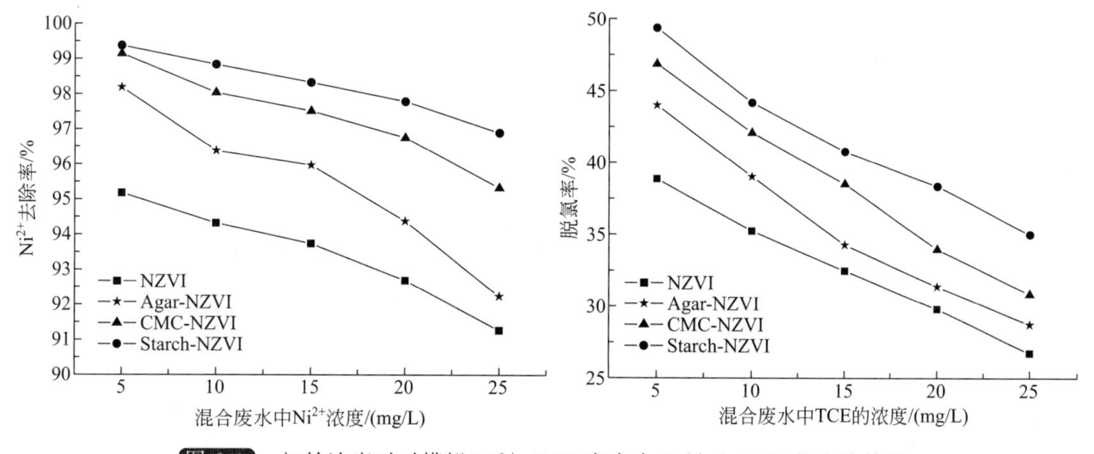

图 6-4 初始浓度对对模拟 Ni^{2+}-TCE 废水中 Ni^{2+} 和 TCE 的去除效果

初始浓度对 TCE 降解的影响如图 6-4 所示。从图中可知：在投加量、pH 值等条件相同时，初始浓度的高低会影响 TCE 的去除率。初始浓度越低，去除率越高。初始浓度为 5mg/L 时，NZVI 对 TCE 的去除率最低，为 38.86%；Starch-NZVI 对 TCE 的去除率最高，为 49.36%；Agar-NZVI、CMC-NZVI 对 TCE 的最高去除率介于两者之间。初始浓度为 25mg/L 时，NZVI 对 TCE 的去除率最低，为 26.74%；Starch-NZVI 对 TCE 的去除率最高，为 35.01%；Agar-NZVI、CMC-NZVI 对 TCE 的最低去除率介于两者之间。

6.1.3.4 pH 值对 Ni^{2+}-TCE 去除率的影响

配制 Ni^{2+} 和 TCE 浓度都为 10mg/L 的溶液 100mL，调节 pH 值分别为 3、5、7、9、11，加入 1.5g/L 的 NZVI、Agar-NZVI、CMC-NZVI、Starch-NZVI，调节恒温水浴振荡器的温度为 30℃，放入其中反应 2.5h。取反应后过滤的滤液于比色管中，加入药剂，测定吸光度。

pH 值对 Ni^{2+} 去除率的影响如图 6-5 所示。从图中可知：在投加量、初始浓度相同的条件下，pH 值对 Ni^{2+} 去除率的影响是很明显的。在研究范围内，pH 值为 5 时，四者对 Ni^{2+} 去除效果最好，NZVI 对 Ni^{2+} 的去除率最低，为 94.87%；Starch-NZVI 对 Ni^{2+} 的去除率最高，为 99.26%；Agar-NZVI 和 CMC-NZVI 对 Ni^{2+} 的最高去除率在两者之间。pH 值为 11 时，对 Ni^{2+} 去除效果最差，NZVI 对 Ni^{2+} 的去除率最低，为 90.38%；Starch-NZVI 对 Ni^{2+} 的去除率最高，为 93.01%；Agar-NZVI 和 CMC-NZVI 对 Ni^{2+} 的最低去除率在两者之间。

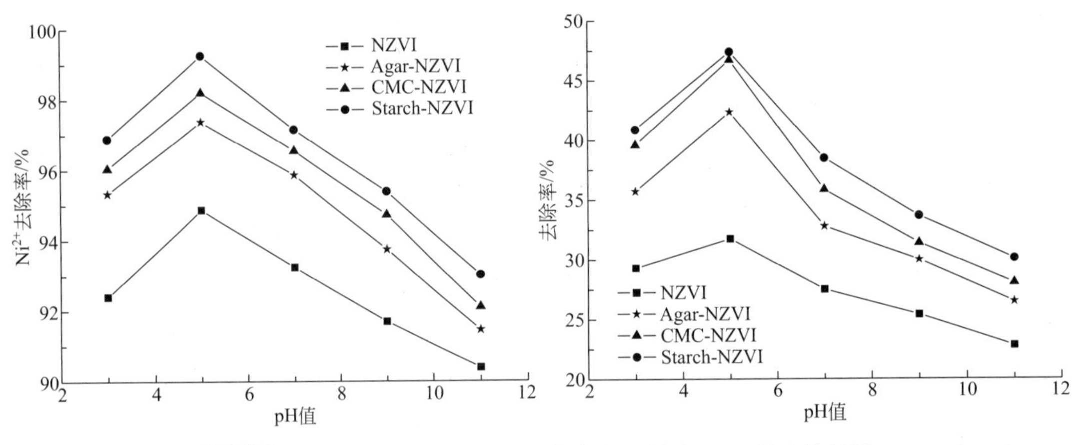

图 6-5 pH 值对模拟 Ni^{2+}-TCE 废水中 Ni^{2+} 和 TCE 的去除效果

pH 值对 TCE 降解的影响如图 6-5 所示。从图中可知：在投加量、初始浓度相同的条件下，pH 值对 TCE 降解的影响是较明显的。在研究范围内，pH 值为 5 时，对 TCE 的降解效果最好，NZVI 对 TCE 的去除率最低，为 31.75%；Starch-NZVI 对 TCE 的去除率最高，为 47.39%；Agar-NZVI 和 CMC-NZVI 对 TCE 的最高去除率在两者之间。pH 值为 11 时，对 TCE 的降解效果最差，NZVI 对 TCE 的去除率最低，为 22.79%；Starch-NZVI 对 TCE 的去除率最高，为 30.08%；Agar-NZVI 和 CMC-NZVI 对 TCE 的最低去除率在两者之间。

6.1.4 反应机理探讨

包裹型纳米零价铁同时去除水中 Ni^{2+} 和 TCE 的机理分为两个途径：吸附和还原。首先，包裹型纳米零价铁具有较大的比表面积，镍离子和三氯乙烯容易被吸附在包裹型纳米零价铁表面；其次，纳米零价铁被水腐蚀，发生还原反应将 Ni^{2+} 还原成 Ni^{0}，进而发生催化脱氯降解 TCE。

镍的存在加速了铁的腐蚀，能提供更多的电子，从而加快还原反应的进行。纳米零价铁材料对水中三氯甲烷、三氯乙烯等氯代有机物的还原脱氯研究表明，在脱氯还原反应涉及的氢转移过程中，Ni 可作为加氢催化剂，将铁腐蚀产生的氢气吸附到表面，并将分子态的氢转化为原子态的氢，而原子态氢作为较强的还原剂，可与 TCE 反应，取代氯原子生成乙烷。此外，Ni 作为过渡金属具有空轨道，能够与氯元素的 p 电子对形成络合物，降低脱氯反应的活化能，使得反应更容易进行。

6.2 CMC 包裹纳米零价铁处理水中三氯甲烷和铅正交试验

本节采用 3.1.2.2 制成的包裹型纳米 CMC-NZVI 材料，考察其对水中 TCM 和铅的去除效果。

6.2.1 仪器与药品

实验中用到的药品名称、纯度和生产厂家见表 6-3。

表 6-3 实验药品

名称	化学式	纯度	生产厂家
硝酸	HNO_3	分析纯	上海国药集团
硝酸银	$AgNO_3$	分析纯	上海国药集团
硝酸铅	$Pb(NO_3)_2$	分析纯	上海国药集团
六亚甲基四胺	$C_{15}H_{21}N_5O_3$	分析纯	上海国药集团
二甲酚橙	$C_{31}H_{28}N_2Na_4O_{13}S$	分析纯	汕头市西陇化工有限公司
乙二胺四乙酸二钠	$C_{10}H_{16}N_2O_8$	分析纯	上海国药集团

除了表中仪器及设备外，本试验还要用到的仪器有：锥形瓶（6 个）、比色管（6 个）、烧杯（若干）、玻璃棒、量筒、试管刷、容量瓶（若干）、移液管、注射器，等等。

6.2.2 TCM 和铅降解正交试验方法

结合本试验的特点，选择正交试验方法进行试验。在试验中，选择了 5 个可能会影响试验结果的因素：pH 值、不同反应物、初始浓度、投加量和反应时间。各因素使用水平如表 6-4 所列。

a. 因素的选取　根据正交表的要求，在众多影响因素中选出五个相对重要的影响因素，即为 pH 值、不同反应物（CMC、NZVI、CMC-NZVI）、初始浓度、投加量和反应时间。

b. 因素水平的选取　对上述五个因素各自水平的选取，我们参考了经验数值。pH 值选取两个水平，其他各因素选定三个水平操作，尽量使水平值覆盖我们要考察的范畴。

表 6-4　因素水平的确定

水平	pH	反应物	初始浓度 C (TCM/Pb^{2+})/(mg/L)	反应物投加量/(g/L)	时间/h
1	5	CMC	0.2/20	0.20	3
2	8	NAZI	0.4/40	0.40	7
3		CMC-NZVI	0.8/60	1.00	24

针对影响因素的个数及水平，并考虑到试验工作量，选用了 $L_{18}(2\times3^7)$ 正交实验表，见表 6-5。

表 6-5　正交实验表

列号＼因素	A	B	C	D	E	$C\times D$	$C\times E$	$D\times E$
1	1	1	1	1	1	1	1	1
2	1	1	2	2	2	2	2	2
3	1	1	3	3	3	3	3	3
4	1	2	1	1	2	2	3	3
5	1	2	2	2	3	3	1	1
6	1	2	3	3	1	1	2	2
7	1	3	1	2	1	3	2	3
8	1	3	2	3	2	1	3	1
9	1	3	3	1	3	2	1	2
10	2	1	1	3	3	2	2	1
11	2	1	2	1	1	3	3	2
12	2	1	3	2	2	1	1	3
13	2	2	1	2	3	1	3	2
14	2	2	2	3	1	2	1	3
15	2	2	3	1	2	3	2	1
16	2	3	1	3	2	3	1	2
17	2	3	2	1	3	1	2	3
18	2	3	3	2	1	2	3	1

6.2.3　TCM 和铅离子的测定

Pb（Ⅱ）浓度的测试方法采用测定铅的新方法，即络合滴定法，具体测定步骤如下：

a. 用移液管准确移取 25mL 模拟废水于锥形瓶（250mL）中，必要时用 20%的六亚甲基四胺溶液调节 pH 值为 5～6；

b. 滴加 2～3 滴指示剂二甲酚橙溶液，此时溶液呈现稳定的紫红色；

c. 用0.01 mol/L的EDTA溶液滴定，溶液由紫红色变为亮黄色即为终点，记下此时用去的EDTA的体积。

d. 溶液中铅的浓度的计算式如下：

$$C_{Pb^{2+}}=\frac{V\times 0.01}{25}\times 207 \tag{6-2}$$

式中，$C_{Pb^{2+}}$为溶液中铅离子的质量浓度，g/L；V为滴定用去的EDTA的体积，mL。

最后计算铅的去除率，去除率=(初始浓度－残留浓度)÷初始浓度×100%。

e. 三氯甲烷（TCM）的测定同第5章。

6.2.4 结果分析与讨论

6.2.4.1 正交试验结果直观分析

如表6-6所列，所选取的因素极差关系为R（反应物）>R（投加量）>R（初始浓度）>R（反应时间）>R(pH值)，即五个因素的主次关系表现为反应物的影响最大，投加量的影响较大，pH值的影响不是很大。试验结果还显示，不同因素及水平之间存在较大差异，因此有必要对以上结果进行分析，讨论不同因素和水平之间的影响（表6-7）。

表6-6 试验结果

实验号	样品	Pb^{2+}去除率W_1/%	TCM去除率W_2/%	总去除率W/%
1	CMC	13.3	12.3	12.8
2	CMC	12.0	13.8	12.9
3	CMC	12.6	13.6	13.1
4	NZVI	80.2	81.6	80.9
5	NZVI	81.6	81.4	81.5
6	NZVI	80.9	81.8	81.4
7	CMC-NZVI	90.0	95.8	92.9
8	CMC-NZVI	92.0	96.5	94.3
9	CMC-NZVI	91.6	95.5	93.6
10	CMC	13.1	13.2	13.2
11	CMC	15.3	11.8	13.6
12	CMC	13.1	11.9	12.5
13	NZVI	80.2	80.8	80.5
14	NZVI	87.2	82.9	85.1
15	NZVI	81.3	79.1	80.2
16	CMC-NZVI	91.0	95.3	93.2
17	CMC-NZVI	92.4	91.8	92.1
18	CMC-NZVI	92.0	92.5	92.3

注：总去除率$W=0.5\times(W_1+W_2)$；其中，W_1是铅离子的去除率，W_2是TCM的去除率。

表 6-7 直观分析

K、R	去除率 W/%							
	pH 值（A）	反应物（B）	初始浓度（C）	投加量（D）	反应时间（E）	C×D	C×E	D×E
K_1	563.4	78.1	375.5	373.2	378.1	373.6	378.7	374.3
K_2	562.7	489.6	379.5	372.6	374.0	378.0	372.7	375.2
K_3		558.4	373.1	380.3	374.0	374.5	374.7	376.6
$\overline{K}_1$	62.6	13.0	62.3	62.2	63.0	62.3	63.1	62.4
$\overline{K}_2$	62.5	81.6	63.3	62.1	62.3	63.0	62.1	62.5
$\overline{K}_3$		93.1	62.2	63.4	62.3	62.4	62.5	62.8
R	0.1	80.1	1.0	1.2	0.7	0.7	1.0	0.4

6.2.4.2 pH 值对总去除率的影响

模拟废水的初始 pH 值对 TCM 和铅离子的去除效果有一定的影响。如图 6-6 所示，pH 在酸性条件下，零价铁对 TCM 和铅的总去除率稍高，其平均去除率为 62.60%。pH 值对 TCM 的去除与其降解机制密切相关，NZVI 在降解 TCM 发生的是还原脱氯反应：$Fe+RCl+H^{+} \longrightarrow Fe^{2+}+RH+Cl^{-}$；在此反应过程中，NZVI 是还原剂，铁主要是以 Fe^{2+} 的形式存在，反应中不断消耗水中的氢离子来达到对 TCM 的脱氯，导致水中 pH 值的上升，因此初始 pH 值越小，溶液中 H^{+} 的数量越多，越有利于反应的进行。此外，王琼等研究表明，有时可能会由于铁的表面发生钝化反应，包裹在 NZVI 的表面，阻碍了 NZVI 与水中铅离子的接触，使得纳米 NZVI 和包裹型纳米 NZVI 去除铅离子的效果不是很明显。

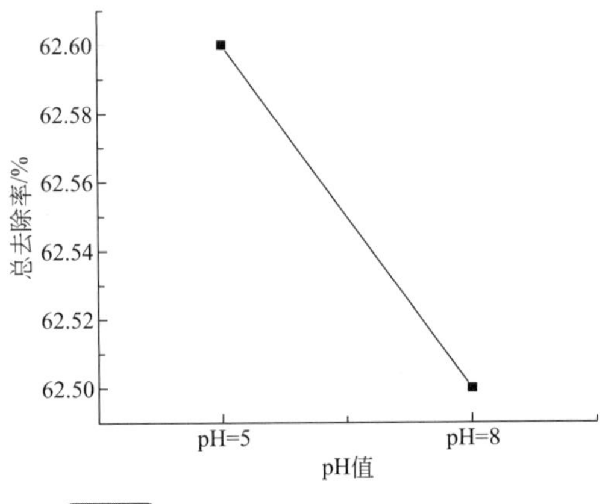

图 6-6 pH 值对总去除率的影响

6.2.4.3 不同反应物对总去除率的影响

不同反应物对去除效果的影响如图 6-7 所示。纳米 NZVI 对水中 TCM 和铅离子具有一定的去除能力，但是由于纳米 NZVI 较易积聚，使得去除效果不是很理想。但是，如将 CMC 作为包裹剂制成包裹型纳米 NZVI，可以有效克服 NZVI 颗粒之间的磁力作用。在静电斥力和位阻效应的综合作用下，纳米 NZVI 颗粒也不容易发生积聚，呈现高度分散的最佳状态，可以保持其巨大的表面积。除减弱其物理间的相互作用外，CMC 包裹在纳米 NZVI 颗粒的表面，能够阻止纳米 NZVI 表面的高活性位点和周围介质反应，保证了纳米 NZVI 反应活性。虽然纳米 NZVI 与 TCM 和铅离子的反应会由于钝化反应而被阻断，但是由于纳米 NZVI 颗粒的粒径非常小，比表面积巨大，表面能量较大，使得包裹型纳米 NZVI 的处理效果比纳米 NZVI 好很多。

6.2.4.4 初始浓度对总去除率的影响

纳米 NZVI 对 TCM 和铅离子的降解效果受初始浓度的影响较大，初始浓度对去除效果的影响如图 6-8 所示。在一定的浓度范围内，去除率随着浓度的升高而升高，达到一定浓度后，起始浓度越高，其去除率就越低。这很有可能是 Pb（Ⅱ）被吸附或者是被还原，在纳米 NZVI 的表面形成了钝化层，由此阻碍了纳米 NZVI 和污染物接触，从而降低了纳米

NZVI 对 TCM 和铅的去除效果。初始浓度较高，会促进纳米 NZVI 形成厚厚的钝化层，因而更加容易阻止反应的进行。CMC 包裹型纳米 NZVI 受初始浓度的影响较小，这可能是由于纳米 NZVI 经 CMC 包裹之后，颗粒分散较为均匀，使得表面钝化效应不是很明显。

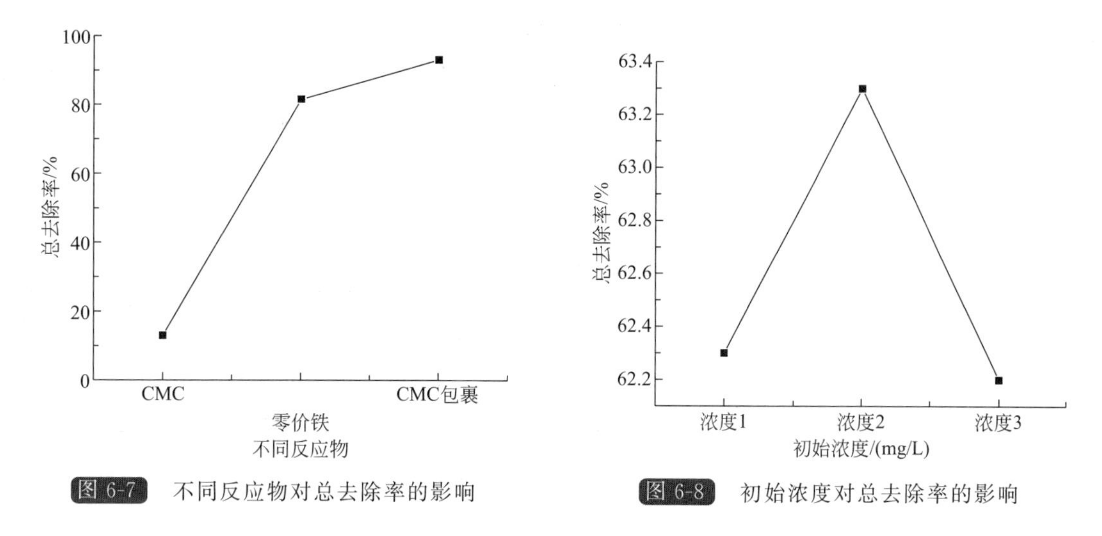

图 6-7　不同反应物对总去除率的影响

图 6-8　初始浓度对总去除率的影响

6.2.4.5　投加量对总去除率的影响

投加量对去除效果的影响如图 6-9 所示。随着投加量增加，CMC、NZVI 和 CMC-NZVI 对 TCM 和铅的去除率也随之增加。NZVI 能够有效去除 TCM 和铅离子，特别是用 CMC-NZVI 去除效果更佳。此外，NZVI 对铅的去除机理可能与重金属本身的性质有关。对于汞离子和铜离子等标准电极电位远大于 NZVI 的金属主要是通过还原；对于稍大于 NZVI 标准电极电位的金属离子如镍离子和铅离子，主要的去除方式是吸附和部分还原；标准电极电位比 NZVI 稍小的则是通过吸附或者是表面络合的方式来去除污染物，例如镉离子。而铅主要的降解方式是吸附效应，这已经可以通过物料衡算得出。

6.2.4.6　反应时间对总去除率的影响

CMC、NZVI 和 CMC-NZVI 对污染物的去除率随着反应时间的增加而增加，但随着时间的不断增加，去除率很快就会趋于平缓甚至不变。此时，已经反应完全。如图 6-10 所示，反应进行到 7h，去除率几乎不变，说明 TCM 和铅基本上被降解完全。

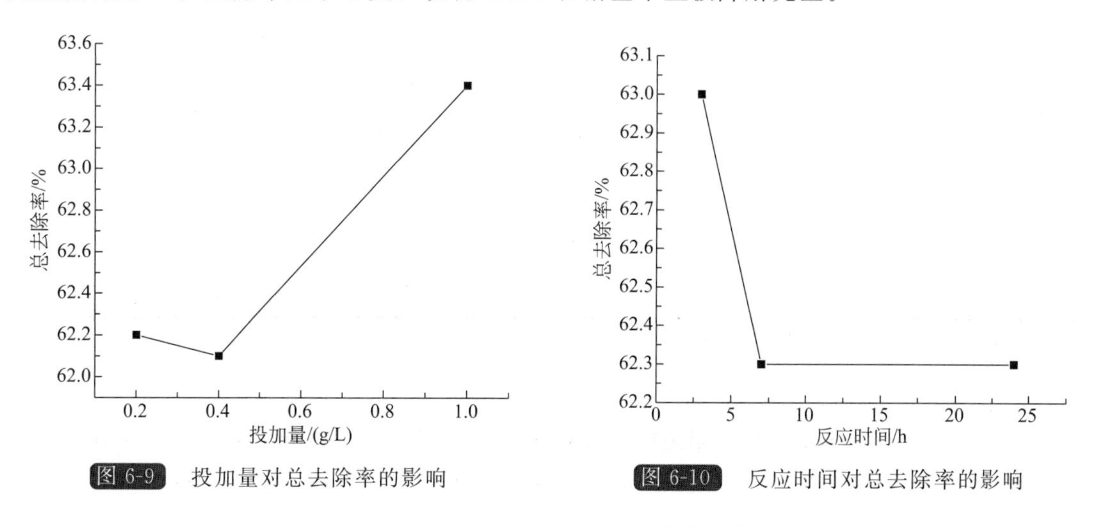

图 6-9　投加量对总去除率的影响

图 6-10　反应时间对总去除率的影响

综上所述，从 A 因素（pH 值）来看，取 A_1 比较好，而且 B 因素（不同反应物）最主要的，其他因素都是次要的，从 B 来看，B 取 B_3 比较好，从 C（初始浓度）来看取 C_2，从 D（投加量）来看取 D_3，从 E（反应时间）来看取 E_1 比较好。即最佳组合为 $A_1B_3C_2D_3E_1$，即 pH=5、反应时间为 3h、CMC-NZVI、初始浓度 $C(CHCl_3)=0.4mg/L$、$C(Pb^{2+})=40mg/L$、投加量为 1.00g/L。此外，从表 6-8 中比较 R 值可得，各因素的主次关系为：

$$E \rightarrow A \rightarrow B \rightarrow D \rightarrow C$$

$$\text{主} \longrightarrow \text{次}$$

表 6-8　实验结果

试验号	A	B	C	D	E	$C\times D$	$C\times E$	$D\times E$	$W^*=W-62.4$
1	1	1	1	1	1	1	1	1	−49.6
2	1	1	2	2	2	2	2	2	−49.5
3	1	1	3	3	3	3	3	3	−49.3
4	1	2	1	1	2	2	3	3	18.5
5	1	2	2	2	3	3	1	1	19.1
6	1	2	3	3	1	1	2	2	19.0
7	1	3	1	2	1	3	2	3	30.5
8	1	3	2	3	2	1	3	1	31.9
9	1	3	3	1	3	2	1	2	31.2
10	2	1	1	3	3	2	2	1	−49.2
11	2	1	2	1	1	3	3	2	−48.8
12	2	1	3	2	2	1	1	3	−49.9
13	2	2	1	2	3	1	3	2	18.1
14	2	2	2	3	1	2	1	3	22.7
15	2	2	3	1	2	3	2	1	17.8
16	2	3	1	3	2	3	1	2	30.8
17	2	3	2	1	3	1	2	3	29.7
18	2	3	3	2	1	2	3	1	29.9
K_1	1.8	−296.3	−0.9	−1.2	3.7	−0.8	4.3	−0.1	$\Sigma=2.9$
K_2	1.1	115.2	5.1	−1.8	−0.4	3.6	−1.7	0.8	
K_3		184.0	−1.3	5.9	−0.4	0.1	0.3	2.2	
R	0.7	480.3	6.4	7.7	4.1	4.4	6.0	2.3	

注：实验结果减去 62.4，不影响平方和的计算。

6.2.4.7　方差分析

考虑到试验中有许多因素互相制约、互相矛盾、互相依存，要分析某个因素与其他因素是否存在交互作用，并找出主要因素，就必须进行方差分析。方差分析结果见表 6-9。

表 6-9 方差分析表

方差来源	平方和 S	自由度 f	均方	F 值	显著性	最优位级
B	22486.3211	2	11243.1606	9437.7	* *	$B3$
A	0.0272	1	0.0272			$A1$
C	4.2845	2	2.1422			$C2$
D	6.1145	2	3.0572			$D3$
E	1.8678	2	0.9339			$E1$
$C\times D$	1.8013	2	0.9006			
$C\times E$	3.1111	2	1.5556			
$D\times E$	0.4628	2	0.2314			
误差 S_E	2.3827	2	1.1913			
总和 S_T	22506.3628	17				

注：* * 表示特别显著。

从表 6-9 中可以看出，B 因素即不同反应物这一因素是显著的，其他因素都是不显著的。从 A 因素（pH）来看，取 $A1$ 比较好；从 B 来看，B 取 $B3$ 比较好；从 C（初始浓度）来看取 $C2$；从 D（投加量）来看取 $D3$；从 E（反应时间）来看取 $E1$ 比较好。即最佳组合为 $A1B3C2D3E1$，即 pH＝5，反应时间为 3h，CMC-NZVI，初始浓度 $C(CHCl_3)=0.4$mg/L，$C(Pb^{2+})=40$mg/L，投加量为 1.00g/L。这与直观分析的结果是一致的。

6.2.5 最优条件下对三氯甲烷和铅的降解试验

由以上试验分析及各因素的影响和变化规律，确定了试验的最佳条件是 $A1B3C2D3E1$，即 pH＝5，反应时间为 3h，CMC-NZVI，初始浓度 $C(CHCl_3)=0.4$mg/L，$C(Pb^{2+})=40$mg/L，投加量为 1.00g/L。按照试验的最佳条件再做一次 NZVI 降解水中 TCM 和铅的试验。

根据正交试验所确定的最佳水平，称取 CMC-NZVI 0.10g 放入 250mL 锥形瓶中，并量取 TCM 溶液 40uL，铅溶液 4mL，调节 pH＝5，定容至 100mL 刻度线，将锥形瓶放置于恒温水浴（25℃）中振荡（50r/min）3h；振荡结束后，分别用滴定法和气相色谱法测定反应后 TCM 和铅离子浓度，得到 TCM 和铅的去除率分别为 96.1%和 94.7%，总去除率 W 为 95.4%，去除效果较好。酸性条件有利于 NZVI 颗粒表面的腐蚀作用，为 TCM 和铅的降解提供了较多的表面活性反应场所，有利于 TCM 和铅的去除；而在碱性条件下由于铁的表面易生成氧化物和氢氧化物钝化层，占据了活性反应场所，减弱了 NZVI 的去除能力，故其去除效果没有在酸性条件下好。

6.2.6 三氯甲烷和铅的降解机理分析

NZVI 的粒径比普通铁粉要小很多，比表面积大，因此它的表面能量比较高，吸附能力强。NZVI 主要是通过吸附降解 TCM 和铅，能够得到良好的去除效果。同时因为 NZVI 具有的强还原性，所以它很容易被氧化，在其表面生成一钝化层，从而降低了去除效率。因此，本实验采用 CMC 包裹的形式，使得 NZVI 周围形成一层保护膜，不易被空气中的氧化剂氧化，从而达到更高脱氯效率。CMC-NZVI 去除 TCM 和铅的反应过程中，纳米颗粒均匀分散在水溶液中，经过一段时间其表面的包裹剂开始溶解，使 NZVI 部分暴露出来，一部分同水和其中的溶解氧发生反应，过程如下：

$$CMC\text{-}Fe \longrightarrow CMC + Fe(\text{释放}) \tag{6-3}$$

$$2Fe + 4H^+ + O_2 \longrightarrow 2Fe^{2+} + 2H_2O \tag{6-4}$$

$$Fe + 2H_2O \longrightarrow Fe^{2+} + H_2 + 2OH^- \tag{6-5}$$

$$2Fe^{2+} + CHCl_3 + H^+ \longrightarrow 2Fe^{3+} + CH_2Cl_2 + Cl^- \tag{6-6}$$

在反应过程中，水溶液中的铅离子与 OH^- 在 NZVI 颗粒表面进行配合，生成微溶物，从而降低水中铅离子的浓度。Fe^{2+} 不稳定，会被继续氧化成 Fe^{3+} 并与水溶液中的 OH^- 反应生成 FeOOH。

由于 NZVI 比表面积较大，具有较强的吸附能力，因此可以将溶液中的大量的 TCM 吸附到表面，然后发生氧化还原反应生成 Cl^-，反应过程如下：

$$CHCl_3 + CMC\text{-}NZVI \longrightarrow CHCl_3\text{-}CMC\text{-}NZVI(\text{吸附}) \tag{6-7}$$

$$Fe + CHCl_3 + H^+ \longrightarrow Fe^{2+} + CH_2Cl_2 + Cl^- \tag{6-8}$$

$$Fe + CH_2Cl_2 + H^+ \longrightarrow Fe^{2+} + CH_3Cl + Cl^- \tag{6-9}$$

$$Fe + CH_3Cl + H^+ \longrightarrow Fe^{2+} + CH_4 + Cl^- \tag{6-10}$$

$Fe\text{-}H_2O$ 体系反应生成的 H_2 亦可以使 TCM 脱氯，反应方程式如下：

$$H_2 + CHCl_3 \longrightarrow H^+ + CH_2Cl_2 + Cl^- \tag{6-11}$$

参考文献

[1] Lin Y H, Hsu C H, Wu C L, et al. Simultaneous sorption of lead and chlorobenzene by organobentonite [J]. Chemosphere, 2009, 49 (10): 1309-1315.

[2] Oyanedel-Craver V A, Fuller M, Smith J A. Simultaneous sorption of benzene and heavy metals onto two organoclays [J]. Journal of colloid and interface science, 2007, 309 (2): 485-492.

[3] Wang Q P, Kuang Y, Jin X Y, et al. Simultaneous removal of Cu (Ⅱ) and chlorobenzene from aqueous solution by CA-Ni/Fe nanoparticles [J]. Acta Scientiac Circumstantiac, 2014, 34 (5): 1228-1235.

[4] Ge S H, Wu Z J, Zhang M H, et al. Sulfolene hydrogenation over an amorphous Ni-B alloy catalyst on MgO [J]. Industrial and Engineering Chemistry Research, 2006, 45: 2229-2234.

7 包裹型纳米铁处理染料废水

7.1 包裹型纳米铁降解活性艳蓝（KN-R）

7.1.1 活性艳蓝（KN-R）简介

本试验研究对象是活性艳蓝 KN-R，它是一种常见且产量很高的蒽醌染料。由于其具有共轭结构以及磺酸基而性质稳定，水溶性又强，故难于处理。试验研究的 KN-R 其化学结构如图 7-1 所示。

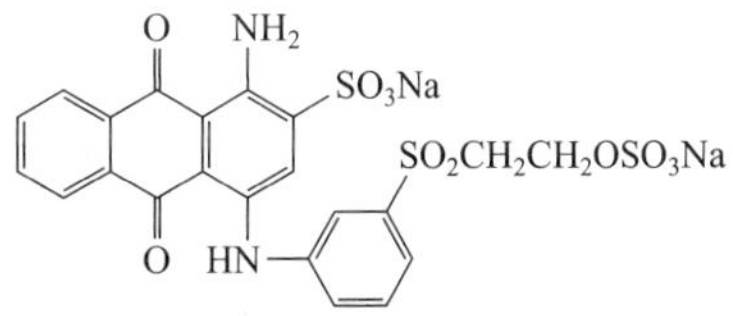

活性艳蓝 KN-R 是 9,10-蒽醌的氨基衍生物，其母体结构为 9,10-蒽醌，发色体是由羰基和芳环组成的共轭体系。KN-R 结构中 1-位和 4-位上的供电子取代基—NH_2 和—NH—，易与临近的羰基形成氢键，加强了取代基中尚未共用电子对对蒽醌环的共轭作用，使分子更趋向平面结构，有利于轨道的最大重叠，这样其激法态更加稳定，因而深色效应加强。

图 7-1 活性艳蓝 KN-R 的化学结构

7.1.2 实验方法

7.1.2.1 活性艳蓝 KN-R 可见光光谱以及其最大吸收波长的测定

配制 50mg/L KN-R 溶液，以去离子水作参比，在 VIS-7220 可见光分光光度计下对其进行可见光区（440～610nm）光谱扫描，找出最大吸收波长为 590nm。

7.1.2.2 绘制 KN-R 的工作曲线

配制浓度分别为 1mg/L、2mg/L、3mg/L、4mg/L、5mg/L 的活性艳蓝 KN-R 标准溶液，于选定的最大波长（590nm）处测定各不同浓度的活性艳蓝 KN-R 溶液的吸光度，以吸光度对浓度作图。

不同浓度的活性艳蓝 KN-R 于 590nm 处的吸光度根据表 7-1 对浓度作图，结果如图 7-2 所示，吸光度 A 与浓度 C 在 1～5mg/L 范围内成正比例关系。工作曲线的线性回归方程为 $A=0.0135C+0.0079$，$R^2=0.9996$。因此，在试验中可用吸光度来代替浓度进行计算。活性艳蓝 KN-R 浓度的测定：先在其最大吸收波长下测其吸光度，然后根据工作曲线并结合稀释倍数进行换算，得到活性艳蓝 KN-R 的浓度。

表 7-1 不同浓度 KN-R 的吸光度

序号	1	2	3	4	5
浓度 C/(mg/L)	1	2	3	4	5
吸光度 A	0.006	0.019	0.032	0.046	0.06

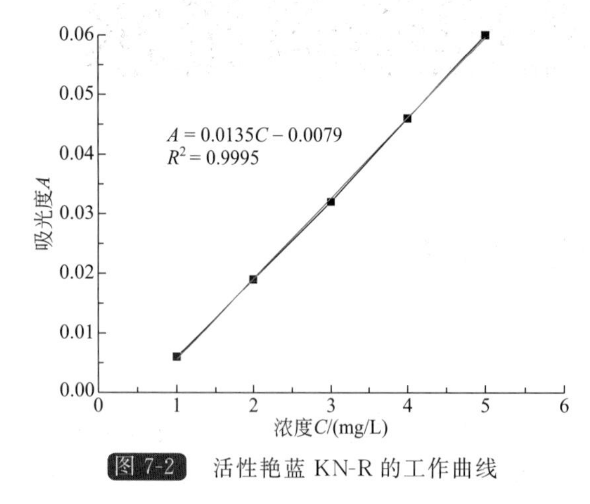

图 7-2 活性艳蓝 KN-R 的工作曲线

7.1.2.3 KN-R 脱色能力的测定

准确称取所需的包裹型纳米铁加入相应量的浓度为 100mg/L 的活性艳蓝模拟废水中，在搅拌条件下反应一定时间后，移入 PVC 离心管中。在 2500r/min 下离心后，立即在可见光分光光度计上测定上清液的吸光度，再根据活性艳蓝的工作曲线计算出其浓度，以确定包裹型纳米铁对活性艳蓝的脱色率。计算脱色率公式为：

$$q=\frac{C_0-C}{C_0}\times 100\% \quad (7\text{-}1)$$

式中，q 为脱色率，%；C_0，C 分别为处理前后活性艳蓝的浓度，mg/L。

7.1.3 CMC-NZVI 对活性艳蓝脱色率的影响

7.1.3.1 投加量的影响

分别量取 100mL 浓度为 100mg/L 的活性艳蓝模拟废水于 10 只锥形瓶中，再分别准确称取 0.2g、0.4g、0.6g、0.8g、1.0g、1.2g、1.4g、1.6g、1.8g、2.0g 纳米铁加入锥形瓶中，在搅拌状态下反应一定时间。经 CMC-NZVI 还原后降解效果见图 7-3。

在用零价铁法处理染料废水试验的研究中得知，其处理效率随铁屑用量的增加而增加，但铁屑的用量超过一定数值后，去除效率增加不明显；有关文献认为当铁屑量足够时，一般不成为铁屑法的重要影响因素，但从经济的角度考虑，铁屑的用量应该有一定的限度。

在本实验用包裹型纳米铁（CMC-NZVI）处理过程中也有相应的结果，图 7-3 也表明，在染料浓度、pH 值等其他反应条件不变的前提下，随着纳米铁投加量的增加，脱色率呈上升趋势，当纳米铁的投加量高于 0.6g/100mL 时，其脱色率没有明显的增加；由此可得，在低投加量时，纳米铁的投加量是反应的主要控制因素，随着投加量的增加，其控制效应逐渐减弱，达到某一值后，投加量将不再是反应的主要控制因素。综合考虑，纳米铁的投加量为 0.6g/100mL 应为最佳投加量。

7.1.3.2 原液初始 pH 值的影响

在 5 个 250mL 锥形瓶中分别加入 100mg/L 活性艳蓝 KN-R 100mL，并以稀的酸溶液和碱溶液调节 pH 值分别为 1、3、5、7、9，然后向每个锥形瓶中加入干燥的 CMC-NZVI

0.6g，搅拌反应一定时间。不同原液初始 pH 值条件下 CMC-NZVI 处理活性艳蓝 KN-R 的脱色率变化曲线如图 7-4 所示。

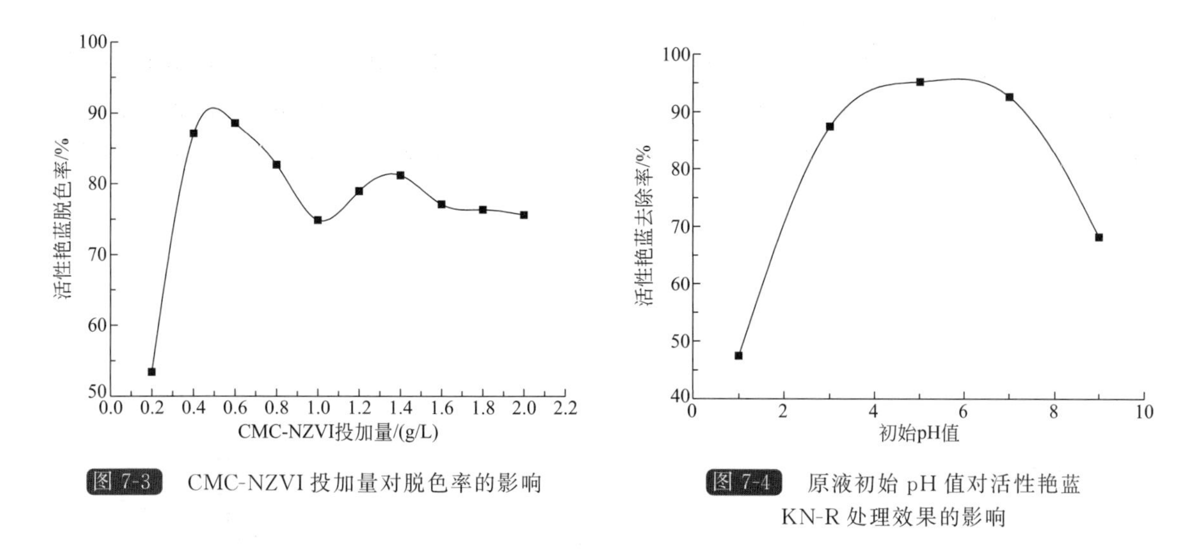

图 7-3 CMC-NZVI 投加量对脱色率的影响

图 7-4 原液初始 pH 值对活性艳蓝 KN-R 处理效果的影响

从图 7-4 中可看出 pH 值是反应中比较重要的一个因素，随着 pH 值由低到高，活性艳蓝的脱色率先增大，增大到某一最大值后又减小。从包裹材料来看，过高或过低的 pH 值都会严重影响 CMC 在溶液中的溶解性和黏度而降低了纳米铁的释放率及对染料的吸附能力，致使总体的脱色率下降。

此外，在利用 CMC-NZVI 处理染料废水时主要是利用 Fe 与水溶液反应形成具有较高化学活性的 H_2O_2、HO_2^-、H、Fe^{2+}，之后与染料溶液中许多组分发生氧化还原作用，破坏染料分子的发色或助色基团，从而达到脱色的目的，而废水的 pH 值的高低对 H_2O_2、HO_2^-、[H]、Fe^{2+} 的形成影响较大，由分析结果可知最佳反应 pH 值为 5。

7.1.3.3 反应时间的影响

① 在 7 只 250mL 的锥形瓶中加入 100mL 100mg/L 的 KN-R 溶液，以稀的酸溶液和碱溶液调节 pH 值至 5，加入 0.6g CMC-NZVI；每个分别搅拌反应 5min、15min、20min、25min、30min、35min、40min，静置取上层液离心后测出相应的脱色率。

② 在 6 只 250mL 锥形瓶中加入 100mL 100mg/L 的 KN-R 溶液，以稀的酸溶液和碱溶液调节 pH 值至 5，加入 0.6g CMC-NZVI 粒子，每个分别反应 60min、90min、120min、150min、180min、210min，取固液混合物于离心机内离心，测出相应的脱色率。不同反应时间对活性艳蓝 KN-R 处理效果曲线见图 7-5。

从图 7-5 可看出，在处理的前 30min 内脱色率都急剧上升，在 30min 至 40min 内脱色率上升变得平缓，而在 30min 时脱色率已达到 95.2%，活性艳蓝已基本被去除。为此进行了后续试验，发现在 60min 时对高浓度的固液混合物进行离心侵扰后废水的色度明显增加，其脱色率骤降到 86.3%，随着时间的延长，同样对高浓度的固液混合物进行离心侵扰，脱色率由开始稳步上升直到上升速度变得平缓。

由此可知，对于活性艳蓝 KN-R 废水的处理，在反应的前期（30min 内）主要是通过 CMC-NZVI 对活性艳蓝的吸附作用，而其吸附量有限，在 30min 左右达到饱和，因此脱色率上升变得平缓；在后期通过释放出的纳米铁的还原作用破坏染料的发色或助色基团，同时生成的Fe^{2+}和Fe^{3+}水解生成具有较强吸附絮凝作用的$Fe(OH)_2$和$Fe(OH)_3$将废水中的染料吸附絮凝下来而使脱色率进一步提高。

综上可知处理其最佳时间为30min，也可以用于缓慢彻底处理（底下水的处理）。为了验证结果，在250mL锥形瓶中加入100mg/L的活性艳蓝KN-R 100mL，用稀酸稀碱调节pH值至5，准确称量0.6g CMC-NZVI与之混合，搅拌反应30min得其效果如图7-6所示。

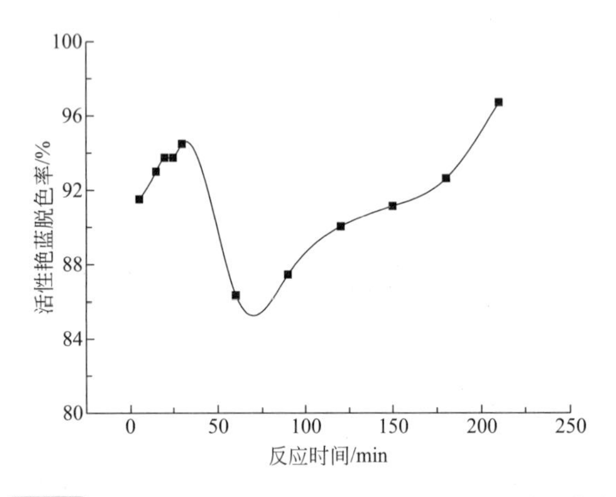

图7-5 不同反应时间对活性艳蓝KN-R处理效果曲线

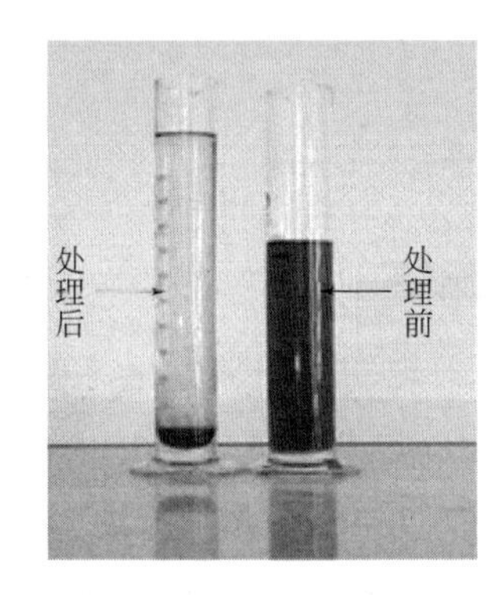

图7-6 处理前后效果对比

7.1.4 释放效果探索

在1000mL烧杯中加入100mg/L的活性艳蓝KN-R 1000mL，称取6g CMC-NZVI倒入其中，在常温下，不调节pH值，不搅拌，在静置的条件下反应，观察其效果如图7-7所示。

图7-7 不搅拌、静置条件下反应效果对比

通过观察发现，一天后废水的颜色明显减退，但固液界面还是黑色，只有零星的黄褐色的颗粒；四天后废水的蓝色已完全消失，并在固液界面处有一层薄的黄褐色固体。由此可知，由于加入纳米铁后不搅拌，固体颗粒很快就沉积于容器底部，因此固体不能与液体中的染料充分接触，只能较快的将固液界面处的染料吸附除去，而其他染料分子在浓度梯度力的作用下不断扩散到固液界面，从而染料分子不断被去除；然而，主要是固液界面处的包裹型纳米铁粒子吸附了大量染料分子，因此最先发生氧化的纳米铁主要集中在固液界面处，正如现象所示，在四天后固液界面处有一层黄褐色薄层固体。而在黄褐色薄层固体下面的固体依

旧是黑色，用磁铁吸引，固体颗粒有较大的向磁性，说明黑色部分是未反应的包裹型纳米铁粒子。由上述分析可推测，该包裹型纳米铁可用于地下水处理。

7.1.5 CMC-NZVI处理活性艳蓝吸附动力学研究

吸附动力学反应的是吸附过程中的吸附随时间变化的情况，从而揭露物质结构与吸附性能之间的关系，还可以根据吸附动力学模型对吸附进程及吸附结果进行预测。在包裹型纳米铁处理染料废水过程中的吸附过程属于液-固吸附过程，适用于液-固吸附过程模型（pesudo-first-oder-moder）和由二价金属离子吸附推导而来的二级动力学方程（pseudo-second-oder-moder），它们的线性方程如下：

一级吸附速率模型：

$$\lg(q_e-q_t)=\lg(q_e)-\frac{K_1}{2.303}t \tag{7-2}$$

二级吸附速率模型：

$$\frac{t}{q_t}=\frac{1}{K_2q_e^2}+\frac{1}{q_e}t \tag{7-3}$$

式中，K_1为一级吸附速率模型的反应速率常数；K_2为二级吸附速率模型的反应速率常数。

通过前面的分析得知，反应的前30min是反应全过程的吸附阶段。$\lg(q_e-q_t)$和t/q对t的线性拟合如图7-8所示。

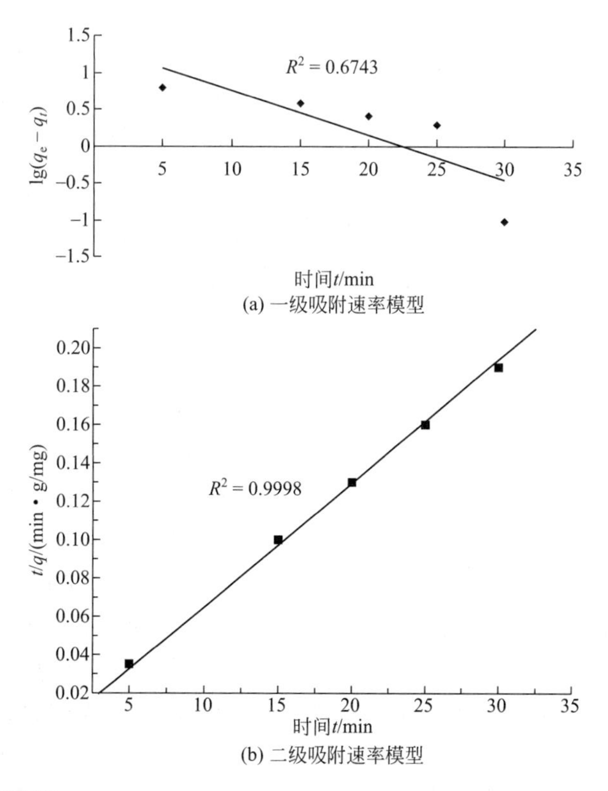

(a) 一级吸附速率模型

(b) 二级吸附速率模型

图7-8 CMC-NZVI处理KN-R吸附阶段动力学模型线性拟合

比较图 7-8 中各个方程拟合的相关系数（R^2）可知，二级吸附速率模型对该吸附行为都有很好的描述（$R^2>0.999$），一级吸附速率模型的拟合程度较差。从公式（7-2）的一级吸附速率模型可以看出，一级模型是有时间 t 与 $\lg(q_e-q_t)$ 数据之间拟合得到的一条直线。然而，采用该直线形式的方程存在三个缺点：首先，随吸附时间 t 变化的 $\lg(q_e-q_t)$ 值意义模糊，不能直观地表现吸附过程中染料浓度变化或吸附量变化过程；其次，在吸附动力学试验中，得到的是 q_t 值（即 t 时间的吸附量），而 q_e 值（即吸附平衡时的吸附量）必须另外测定，因此工作量较大；最后，$\lg(q_e-q_t)$ 值需从最初得到的浓度值转化而来，计算比较麻烦。相比之下，二级吸附速率模型包含了吸附的所有过程（外部液膜扩散、表面吸附和颗粒内扩散等），能够真实地全面反映包裹型纳米零价铁对活性艳蓝的吸附机理。

7.1.6 CMC-NZVI 对 KN-R 的脱色机理

对于 CMC-NZVI 与 KN-R 在溶液中的反应，属于两种相态物质在溶液中的非均相反应，即复相反应。对于复相反应其基本的特征为反应在多相体系中发生，而且大多数是在相的界面上进行。这种固-液两相间的表面反应，其反应过程一般有以下几个步骤：

a. 反应物分子向固体表面扩散；

b. 扩散到固体表面的反应物分子被固体所吸附；

c. 被吸附的反应物分子在固体表面上发生反应，生成被固体所吸附的产物分子；

d. 被吸附的产物分子脱附至固体表面附近的液相空间；

e. 脱附了的产物分子通过扩散而远离固体表面。

对于 CMC-NZVI 处理活性艳蓝的过程中，其中 b.、c. 是去除废水中染料主要的反应。

CMC-NZVI 与水中活性艳蓝的反应属于非均相反应，反应过程的后阶段（60min 后）可用 Langmuir-Hinshelwood 动力学模型来描述，按 5.1.6 进行拟合，结果见图 7-9。

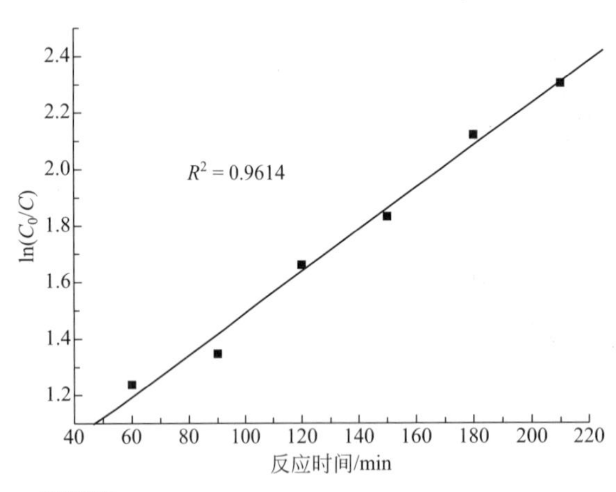

图 7-9 NZVI 降解活性艳蓝反应动力学拟合曲线

如图 7-9 所示，$\ln(C_0/C)$ 与 t 呈现出良好的线性相关性，说明 NZVI 对活性艳蓝的降解反应表现为一级反应。

NZVI 对活性艳蓝 KN-R 的去除及降解包括三个方面：

一是由于 NZVI 自身的还原作用破坏其显色基团。二是 NZVI 与水中 H^+ 反应生成反应活性强的 [H]，生成的 [H] 在 Fe 的催化下使显色基团破坏而脱色。而在酸性条件下，有利于活性 [H] 的生成，因而在 pH 值为 5 时脱色效果较好；在碱性条件下，一方面不利于活性 [H] 的生成，另一方面 NZVI 表面易氧化生成氢氧化铁或碳酸铁钝化层，使得 NZVI 的反应活性降低，因而降解速度减慢。三是生成的 Fe^{2+} 和 Fe^{3+} 水解成具有高絮凝效果的 $Fe(OH)_2$ 和 $Fe(OH)_3$ 将水体中染料进行深度的吸附、絮凝、沉降、脱除。

7.2 MCM-48/NZVI处理亚甲基蓝染料

7.2.1 亚甲基蓝

亚甲基蓝（methylene blue），化学式为 $C_{16}H_{18}N_3ClS$，中文名为3,7-双(二甲氨基)吩噻嗪-5-翁氯化物，又称次甲基蓝、次甲蓝、美蓝、品蓝，是一种芳香杂环化合物。CAS号为61—73—4，被用作化学指示剂、染料、生物染色剂和药物使用。亚甲基蓝的水溶液在氧化性环境中呈蓝色，但遇锌、氨水等还原剂会被还原成无色状态。亚甲基蓝结构式如图7-10所示。

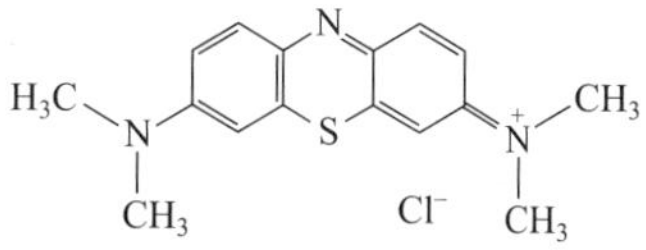

图7-10 亚甲基蓝结构式

7.2.2 亚甲基蓝溶液的标准曲线

亚甲基蓝标准溶液的配制：分别用5个容量瓶配制0.5mg/L、1mg/L、2mg/L、3mg/L、4mg/L、5mg/L的亚甲基蓝标准溶液。用分光光度计对溶液在亚甲基蓝最大吸收波长（665.00nm）下测定亚甲基蓝标准水溶液的吸光度见表7-2，并绘制标准曲线 $A=0.199C+0.0129$，$R^2=0.9961$。

表7-2 亚甲基蓝标准水溶液的吸光度

浓度/(mg/L)	0.5	1	2	3	4	5
吸光度 A	0.102	0.204	0.41	0.643	0.824	0.979

7.2.3 试验设计

采用正交试验法确定MCM-48/NZVI处理亚甲基蓝的最佳条件。因为亚甲基蓝初始浓度、反应初始pH值、MCM-48/NZVI样品投加量的大小、反应时间是影响染料废水处理效果的重要因素，故选择四因素三水平。因素水平见表7-3。选定对亚甲基蓝的脱色率和COD去除率作为考察指标。

条件试验结束后的试样，以2500r/min离心5min，于665.00nm处测其吸光度。

脱色率的计算：

$$脱色率\ D(\%)=(A_0-A_1)\times100\%/A_0 \tag{7-4}$$

式中，A_0 为原吸光度；A_1 为降解后吸光度。

COD降解率的计算：

$$COD降解率\ T(\%)=(COD_0-COD_e)\times100\%/COD_0 \tag{7-5}$$

式中，COD_0 为起始亚甲基蓝COD值，mg/L；COD_e 为降解后亚甲基蓝COD值，mg/L。

表7-3 因素水平表

水平 / 因素	A 亚甲基蓝初始浓度/(mg/L)	B 反应初始pH值	C 样品投加量/(g/L)	D 反应时间/min
1	20	4	0.4	60
2	15	5	0.6	120
3	10	6	0.8	180

7.2.4 正交试验结果分析

本正交试验的目的在于得到MCM-48/NZVI处理亚甲基蓝废水的最佳条件。根据$L_9(3^4)$正交表设计的实验方案，测定了不同活化条件下的亚甲基蓝的脱色率，以及其COD的去除率，试验结果如表7-4所列。选用极差分析法对正交试验结果进行分析。

表7-4 正交试验结果分析表

试验号	因素、列号				脱色率 (D)/%	COD降解率 (R)/%	$K=D+R$
	A	B	C	D			
	1	2	3	4			
1	1	1	1	1	56.20	65.22	121.42
2	1	2	2	2	46.36	76.09	122.45
3	1	3	3	3	70.35	58.70	129.05
4	2	1	2	3	51.43	34.38	85.81
5	2	2	3	1	79.81	50.00	129.81
6	2	3	1	2	65.62	62.50	128.12
7	3	1	3	2	44.16	72.01	116.17
8	3	2	1	3	55.14	60.02	115.16
9	3	3	2	1	83.41	80.01	163.42
$\overline{K}_1$	124.31	107.80	121.56	138.21	$T=1111.41$		
$\overline{K}_2$	114.58	122.47	123.89	122.24			
$\overline{K}_3$	131.58	140.19	125.01	110.00			
R	17.00	32.39	3.45	28.21			

如表7-4所列：极差R的大小反映了试验中各因素影响的大小。极差大，表明这个因素对指标的影响大，通常为重要因素；极差小，表明这个因素对指标的影响小，通常为不重要因素。以极差大小来看，本实验因素的主次因素顺序是：

主⟶次

$B \to D \to A \to C$

为了直观起见，用因素水平作横坐标，指标的平均值作纵坐标，画出因素与指标关系图（趋势图），如图7-11所示。

综上所述，可以确定最优的水平组合为：$A3B3C3D1$，即亚甲基蓝的初始浓度为10mg/L，初始pH值为6，样品投加量为0.8g/L，反应时间为60min。这样的条件下验证试验，亚甲基蓝的脱色率为83.41%，COD_{Cr}去除率为80.01%。

7.2.5 MCM-48/NZVI降解亚甲基蓝染料的机理探讨

在种类繁多的介质孔分子筛中，立方相MCM-48分子筛具有2～3nm的均一孔和良好的长程有序性，特别是其三维孔道结构有优良的传输性能，满足最小面螺旋结构，不易造成吸附分子移动的障碍，从吸附剂角度着眼，MCM-48本身对工业废水，如含微量、少量染料的印染废水处理具有很好的吸附能力。

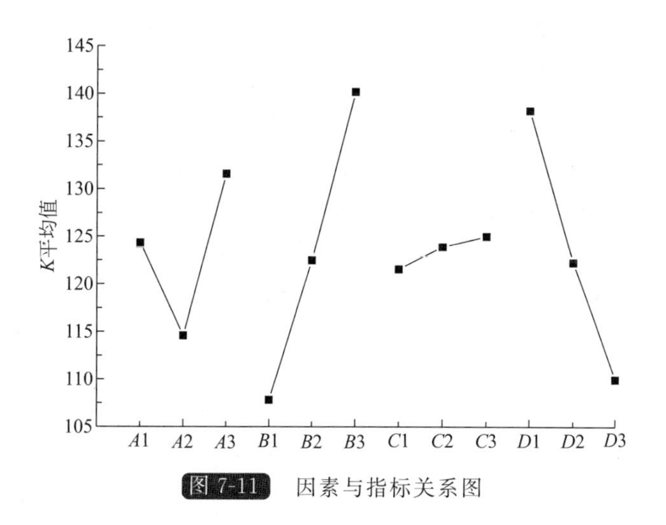

图 7-11 因素与指标关系图

铁的原子量为 55.847，为灰色或银白色，硬而有延展性的金属。单质密度为 8.90，熔点为 1495℃，沸点为 2887℃。工业的或普通的铁必含有少量碳、磷等杂质，在潮湿空气中易生锈。

铁是活泼金属，电极电位为 $E^{\ominus}(Fe^{2+}/Fe)=-0.440V$，它具有还原能力，可将在金属活动顺序表中排于其后的金属置换出来而沉积在铁的表面，还可将氧化性较强的离子或化合物及某些有机物还原。Fe^{2+} 离子具有还原性，$E^{\ominus}(Fe^{3+}/Fe^{2+})=0.771V$，因而当水中有氧化剂存在时，$Fe^{2+}$ 可进一步被氧化成 Fe^{3+}。

当把含有杂质的铸铁或纯铁和炭的混合颗粒浸没在水溶液中时，铁与炭或其他元素之间形成无数个微小的原电池。电极反应如下。

阳极反应：$Fe-2e^{-}\longrightarrow Fe^{2+}$，$E^{\ominus}(Fe^{2+}/Fe)=-0.440V$；

阴极反应：$2H^{+}+2e^{-}\longrightarrow 2[H]\longrightarrow H_2\uparrow$，$E^{\ominus}(H^{+}/H_2)=0.00V$；

当水中溶解氧时：$O_2+4H^{+}+4e^{-}\longrightarrow 2H_2O$，$E^{\ominus}(O_2)=1.23V$；

$O_2+2H_2O+4e^{-}\longrightarrow 4OH^{-}$，$E^{\ominus}(O_2/OH^{-})=0.40V$。

由于铁是活泼金属，具有还原能力，因而在偏酸性的水溶液中能够直接将染料还原成氨基有机物。因氨基有机物色淡，且易被氧化分解，故废水中的色度得以降低。废水中的某些重金属离子也可以被铁还原出来，其他氧化性较强的离子或化合物可被铁还原成毒性较小的还原态。

铁具有电化学性质。其电极反应的产物中新生态的［H］和 Fe^{2+} 能与废水中许多组分发生氧化还原作用，可破坏染料的发色或助色基，使之断链、失去发色能力；可使大分子物质分解为小分子的中间体；可使某些难生化降解的化学物质变成易生化处理的物质，提高水的可生化性。

在偏酸性条件下处理废水时产生大量的 Fe^{2+} 和 Fe^{3+}，当 pH 值调至碱性并有氧存在时，会形成 $Fe(OH)_2$ 和 $Fe(OH)_3$ 絮状沉淀，$Fe(OH)_3$ 还可能水解生成 $Fe(OH)^{2+}$、$Fe(OH)_2^{+}$ 等络合离子，它们都有很强的絮凝性能。这样废水中原有的悬浮物，以及通过微电解产生的不溶性物质和构成色度的不溶性物质均可被吸附凝聚，从而使污水得以净化。

由此可见，MCM-48/NZVI 处理废水是还原作用、微电解作用、混凝吸附作用等综合效应的结果。

染料可由化学结构不同分为偶氮染料、活性染料、多甲川染料等。其中，偶氮染料约占染料产量的半数以上。染料发色是其共轭体系单双键交替组合，电子云在其体系均匀分布，当在可见光中被激发时，从基态到激发态而产生颜色。

NZVI 处理非偶氮染料废水的具体脱色过程目前还不甚清楚，大致上认为主要是利用了铁的絮凝作用。呈胶体状态的染料将附聚在铁的表面，反复冲洗去掉表面的沉物，达到去除色度的目的。在实际处理时，以上两种机理均可起作用。在偏酸性溶液中处理偶氮染料废水时第一种机理占优势；在中性或偏碱性溶液中处理非偶氮染料废水时第二种机理可能占优势。

目前国内外对偶氮染料的脱色过程进行了大量研究表明：当 NZVI 在适当的条件下与染料溶液接触时，染料分子中的偶氮键将发生断裂，破坏了原染料的发色或助色基，从而达到脱色的目的。

亚甲基蓝脱色反应过程为：亚甲基蓝上的 N 被还原后变成 NH，分子断键，共轭体系断裂，脱色过程如图 7-12 所示。

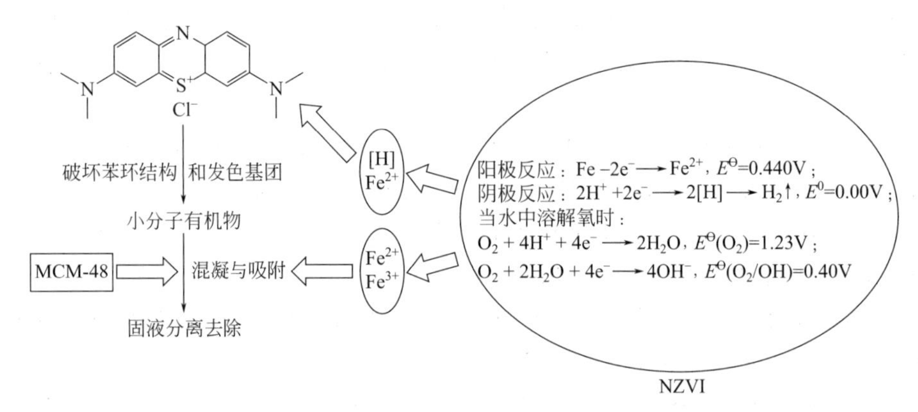

图 7-12　MCM-48/NZVI 复合材料降解亚甲蓝染料的机理

参考文献

[1] Lagergren S. About the theory of so-called adsorption of soluble substances. Kung Sven Veten Hand，1898，24，1-39.

[2] HoY S，McKau G. Psudo-second order model for sorption processes. Process Biochem，1999，34（5）：451.

8 多孔陶粒负载纳米零价铁处理含磷废水

8.1 多孔陶粒负载纳米零价铁的概述

我们都知道，在全球经济发展的浪潮中，资源与环境是人类遇到的两大难题，节约资源、保护环境的要求越来越高。当前水资源匮乏，这么多年来，水体富营养化问题越来越严重，造成淡水资源的减少，当今世界污水的大规模产生已成为不可避免的趋势，所以水体富营养化成为国内外亟待解决的环境问题之一。

水体富营养化的关键因素是磷，水体富营养化主要表现为：①水体中藻类生长耗尽溶解氧，造成水体中生物死亡而产生臭味，严重影响了周围居民的正常生活；②水体中的有机质因富营养化而增加，某些藻类会产生藻毒素等有害物质，使饮用水安全性降低，富营养化水体中还含有过量的亚硝酸盐等物质，若以该类水体作为饮用水源，会对人体健康产生严重危害；③藻类繁殖破坏水体生态系统的平衡，加速湖泊老化和淤积，使湖泊逐渐缩小；④大量藻类会影响净水厂的产水率，因为藻类的繁殖会堵塞管道，水泵也会因其干扰而无法正常运行，使得净水技术的难度和成本增加。因此在污水排入河流、湖泊、海洋以及地表土地前进行除磷的工艺是必需的，欧盟委员会早在1991年时立法《欧盟城市污水指令》，旨在去除生活污水和工业废水中的磷元素。如今，广泛运用的除磷方法主要有化学沉淀除磷、生物除磷、强化生物除磷 EB-PR、人工湿地除磷、结晶除磷和吸附除磷等，其中化学沉淀法除磷是通过与金属盐如铁、明矾、石灰等化学沉淀去除。但这些除磷技术处理的污染物种类较单一，成本较大，如今尽管使用了比较多的方法限制含磷污水的污染，然而磷仍然是环境中一类棘手的污染物。

因此，寻找适应这种形势发展的新材料具有十分重要的意义。而多孔陶粒正是适应了这种形势发展需求的新材料，它能够提高效率、节约能源、变废为宝，在环境保护方面发挥着越来越大的作用。多孔陶粒粒度均匀，强度高，表面多微孔，内部网纵横交错，不易板结，具有很强的吸附能力，使用寿命长。陶粒中含有一定的 CaO、Al_2O_3 和 Fe_2O_3 等，CaO 对磷有沉淀作用，Al_2O_3 和 Fe_2O_3 有吸收磷的能力，但铁的含量很少。所以本章探讨多孔陶粒负载纳米零价铁来处理含磷废水，以提高磷的去除率，并将其对环境的危害减至最低程度。

本章通过对多孔材料负载型水处理剂技术的研究，找出了一种操作简单，节能高效，绿色环保的方法，制备出性质稳定、分散性能好，反应活性强的复合材料，并考察其最佳条件的吸附方面的性能，拓展其应用领域。针对以上问题，本章主要开展以下研究内容：

① 多孔陶粒负载纳米零价铁工艺条件的探索；

② 利用 XRD、SEM、TEM 等分析手段对合成材料进行形貌表征及组成结构分析，找出最佳条件；

③ 综合条件正交实验的研究；

④ 复合材料样品的表征以及除磷机制的分析。

8.2 含磷废水

8.2.1 磷的来源及危害

废水中的磷主要以低浓度磷酸盐形式存在。根据来源分类，废水中的磷主要来自于各种农业肥料、洗涤剂、工业原料的生产过程以及人体的排泄等；根据磷的存在形态可分为有机磷废水（含磷有机化合物混合于水）和无机磷废水（正磷酸盐和聚磷酸盐）。水体中 N、P 营养物质过多富集，引起藻类和其他浮游生物异常繁殖，使水体富营养化，水体中溶解氧量骤然下降，水质恶化，鱼类和其他水生生物大量死亡。除此之外，某些疯长的藻类能够产生毒素，其中以蓝藻中的微囊藻产生的微囊藻毒素为典型代表，该毒素的毒害作用很强，能够通过食物链危害人类的健康，主要以肝脏为靶器官，严重时可导致肝癌。因此，水体富营养化不仅破坏了水生生态平衡、影响水体生态环境，还会对人类的健康构成威胁。

8.2.2 磷的去除方法

在废水除磷的处理技术中，人们通常采用化学沉淀法、微生物法、膜技术处理法、电解法、吸附法等，除此之外，还有人工湿地、土壤处理等技术。

化学沉淀法主要通过添加药剂（钙盐、铁盐和铝盐等），使其与废水中的磷反应生成沉淀，从而将磷从废水中去除。化学沉淀法虽然工艺简单，运行可靠，并能达到较高的出水要求，但其缺点为运行费用高，试剂消耗量大，并会产生大量的化学污泥，容易引起二次污染。

在好氧状态下，微生物可过量吸收磷，并储存于体内，而在有机物存在的厌氧状态下则可将磷释放出来。在这一发现的基础上，各种形式的微生物除磷处理工艺逐渐形成。例如：A/O 工艺、A^2/O 工艺、SBR 工艺，微生物除磷效果较好，然而却有不适宜在低温条件下使用、运行稳定性差、剩余污泥的处置费用高等问题。

膜技术处理法将膜分离技术引入生物处理系统中，形成了一种新的系统-膜生物反应器（membrane bio-reactor，MBR）。膜生物反应器具有泥水分离率高、污泥产量低等优点，但其经济性较差，只能去除部分形态的磷，且只适用于特定类型的废水。

电解法常采用铝、铁等作为电极材料，通过电解作用在阳极形成 Al^{3+}、Fe^{3+} 等，磷酸盐则可与阳极的电解产物反应生成沉淀而被去除，此外电解过程中还有 $Al(OH)_3$、$Fe(OH)_3$ 等物质，可作为絮凝剂去除水中部分污染物。与其他除磷处理方法相比，电解法工艺装置简单，容易控制，具有较高的除磷效率，且对其他污染物也有一定的去除效果，但存在沉淀量大、电极材料消耗大及运行费用高等缺点。

吸附包括物理吸附和化学吸附。物理吸附主要利用某些比表面积大或多孔性的物质对水中磷的亲和力，实现对磷的去除；化学吸附的过程中磷和吸附剂上的某些物质实质上发生了化学反应。吸附时发生的过程主要有扩散作用、静电作用、化学反应等。吸附剂通常为一些廉价、环境友好型的天然材料或废渣，为提高天然材料的磷吸附容量，近年来也出现了一些以 Al、Fe、Ca 等金属为基础的合成材料。吸附法没有化学沉淀和微生物处理过程中出现的污泥处置问题，且吸附法经济性高、工艺简单、操作管理方便。

8.3 多孔陶粒

陶粒是以天然黏土矿物或固体废弃物为主要原料，辅以少量外加剂混合造粒，经烧结或免烧工艺制备而成的一种人造轻骨料。可作为填充剂、抗菌剂、保水剂、吸附剂等使用，吸附剂以黏土矿物质为多，这类物质属于非金属的矿产类，储量丰富，分布较广泛，取用方便，价格低廉，对环境无毒无害，在含磷废水的处理中具有广阔的应用前景。陶粒特殊的结构和性能决定了其具有很强的吸附能力，使得它在水处理方面也有着广阔的应用前景。

按照原料种类的不同，陶粒可以分为黏土陶粒、粉煤灰陶粒、页岩陶粒、垃圾陶粒和生物污泥陶粒等，粉煤灰陶粒是以火力发电厂灰渣为主要原料；黏土质陶粒是以各种各样的污泥为主要原料；页岩陶粒的主原料则是来自废弃的黑页岩或紫页岩如石灰石矿、油页岩矿等；垃圾陶粒的制备原料则是源自经过处理后的城市生活垃圾，不仅原料充足易得，而且成本低、能耗少，生产出的陶粒具有质轻高强等特点；生物污泥陶粒则是以污水处理厂的剩余污泥为主要制备原料，与黏土质陶粒相比，这种以生物污泥为原料烧结的陶粒既节省黏土资源，又保护了农田，是一种不可多得的废物利用、变废为宝的绿色建材。

8.3.1 多孔陶粒的应用

陶粒是一种用高温烧结制成的具有发达孔隙、高强度的蜂窝状结构产品。陶粒的内部有许多封 闭、半封闭的孔隙，从而陶粒内部与外表形成密密麻麻的蜂窝状结构。因此与其他吸附剂相比陶粒具有容重轻（一般在 750～1200kg/m^3）、强度高、热导率低、耐火度强、化学稳定性好等优良的理化性能，因此在很多领域被应用到。用做污水处理滤料，江萍等利用以粉煤灰作为主要原料制备生物滤池陶粒滤料处理城市生活污水。结果表明：反应器运行期间，COD、氨氮的平均去除率分别为 85.47%、66.95%；在停留时间为 1.25h、气水比为 4.0 的条件下，COD 去除率高达 95.02%；当停留时间延长至 1.5 h，气水比为 2.0，废水 pH 值调至 8～9 时，氨氮的去除率可达最高值 79.02%。用陶粒处理含金属离子废水，郑必胜等向含铬废水中投加一定量的陶粒对其进行处理，发现含有钡粉的煤灰对废水中的 Cr^{6+} 去除率>99%。同时，利用陶粒的多孔性、较大的比表面积以及对酸碱的化学和热稳定性好等特点，可以取代活性炭对某些废水的中金属离子进行吸附去除，即实用又廉价。用陶粒处理含油废水，陈钰等，以电厂粉煤灰和普通黏土为主要原料，与外加掺和剂混合，烧结制备出一种用于处理含油废水的粉煤灰陶粒。由于粉煤灰陶粒具有较好的吸附性能且易于再生，因为被用来处理含油废水。用陶粒处理含磷废水，陶粒中存在着一定量的CaO、Al_2O_3 和 Fe_2O_3 等。CaO 对 P 具有沉淀作用，Al_2O_3 和 Fe_2O_3 具有吸收 P 的能力，Ca-Al-Fe 复合氧化物是重要的吸磷剂，T. Zhv 采用回转窑烧结法在 1200℃下烧结制成球状陶粒并将其对磷进行吸收实验，结果发现其最高吸收率可达 3465mg/kg。用陶粒处理含氟废水，薛金凤等以无机造孔添加剂、粉煤灰和黏土为主要原料材料于 900℃烧结得到一种具有高强度、比表面积为 $15.91m^2/g$ 的粉煤灰陶粒。同时将该粉煤灰陶粒用作一种吸附剂吸附氟离子，发现其吸附类型属于 Freundlich 型，是一种中等覆盖度的多层吸附剂。

8.3.2 多孔陶粒的除磷机制

在水体除磷方面，陶粒吸附除磷则因高效稳定、运行方便、设备简单、可重复利用等优点而逐渐受到关注，同时也成为人工湿地系统中一种重要的除磷人工基质。陶粒作为一种除磷材料，其原料的主要化学组成有 SiO_2、Al_2O_3、Fe_2O_3、CaO、MgO 等，利用陶粒处理含磷污水主要是通过其较大的比表面积、发达的孔隙率等特点，首先将 PO_4^{3-} 从水体中吸附附着在陶粒表面，进而通过化学键力、静电吸引力和范德华力等作用力，以离子交换形式的化学吸附以及固体表面沉积过程实现对磷的去除，磷酸盐沉淀是配位基参与竞争的电性中和沉淀，即 PO_4^{3-} 通过与金属盐离子结合产生化学沉淀予以去除，溶液中磷酸盐首先被陶粒快速吸附，与陶粒中钙、铝、铁等金属发生化学反应，转化成稳定的 Ca_2-P、Ca_8-P、Al-P、Fe-P 和 Ca_{10}-P 等沉淀态磷。陶粒吸附除磷过程中并不是单个组分作用，而是多组分共同作用的结果，并可通过进一步解吸手段实现磷资源回收。

8.4 试验内容

8.4.1 试验原理

本次试验的原理是通过借助多孔陶粒作为载体材料负载纳米零价铁，可以解决纳米铁自身存在磁性，容易产生严重团聚，从而使其与污染物的接触面积减少，去除效率降低的问题。还可以改善陶粒的吸附性能，使其被广泛应用于修复环境水体污染。本章以含磷废水为目标吸附物，通过模拟雨水径流来检测多孔陶粒负载纳米零价铁对磷的吸附性能。

8.4.2 试验的原料及药品

本试验所用的化学试剂见表 8-1。

表 8-1 试验所用的化学试剂

药品名称	化学式	纯度	生产厂家
抗坏血酸		化学纯	南昌鑫光精细化工厂
硫酸亚铁	$FeSO_4 \cdot 7H_2O$	分析纯	浙江临平化工试剂厂

续表

药品名称	化学式	纯度	生产厂家
去离子水	H_2O	分析纯	实验室制备
钼酸铵		分析纯	
陶粒			江西萍乡下埠工业区
酒石酸锑氧钾		分析纯	
磷酸二氢钠	$NaH_2PO_4 \cdot 2H_2O$	分析纯	广东西陇化工厂汕头
盐酸	HCl	分析纯	山东言赫化工有限公司
氢氧化钠	NaOH	分析纯	西陇化工股份有限公司
氨水			西陇化工股份有限公司

8.4.3 试验所用的仪器和设备

试验所用到的仪器设备及其型号见表 8-2。

表 8-2 试验仪器设备及其型号

仪器名称	仪器型号	数量	生产厂家
紫外分光光度计	722	1	上海精密科学仪器有限公司
电子天平	TD-2002	1	余姚市金诺天平仪器有限公司
多功能水质分析仪	DZS-708-A	1	上海雷磁仪器厂
X 衍射分析仪（XRD）	D8-Advance 型	1	德国布鲁克 AXS 有限公司
扫描电镜（SEM）	SU8010	1	日本日立（Hitachi）
紫外（可见）分光光度计	UV 5100B	1	上海元析仪器有限公司
真空干燥箱	XMTA-808	1	余姚市长江温度仪表厂
磁力搅拌器	JB-2	6	江苏金坛市荣华仪器制造有限公司
有机玻璃反应		1	

除了表中仪器及设备外本试验还要用到的仪器有：搅拌子、烧杯（若干）、玻璃棒、量筒、试管刷、容量瓶（若干）、锥形瓶（若干）、移液管、比色皿（若干）、研钵（1 个）、注射器等。

8.4.4 试验过程

8.4.4.1 多孔陶粒预处理

表面预处理是为了去除陶粒表面吸附的灰尘、气体及有机污染物，恢复和改善陶粒的表面黏附性能，使改性剂负载效果最好。

① 选用合适粒径的陶粒置于烧杯中，用自来水反复冲洗干净。

② 向其中加入 1mol/L 的盐酸溶液，浸泡 24h 后用自来水冲洗干净，直至冲洗水的值近中性。

③ 再用浓度为 1mol/L 的盐酸溶液，浸泡 24h 后用水洗至中性。

④ 然后将洗净的陶粒置于托盘中，在65℃的烘箱中烘干，密封储存待用。

陶粒的预处理流程如图8-1所示。

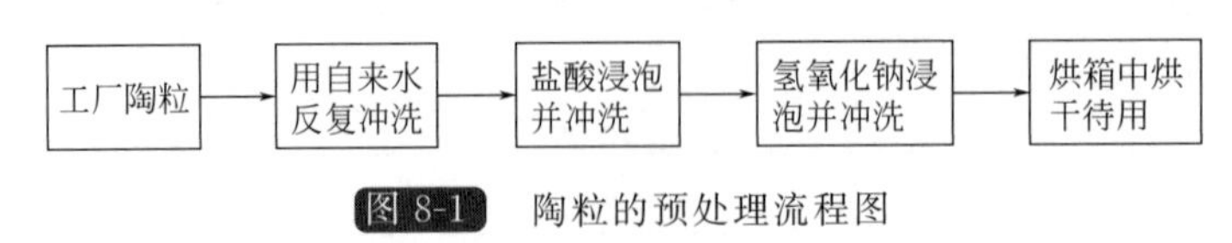

图8-1 陶粒的预处理流程图

8.4.4.2 多孔陶粒负载纳米零价铁的制备

① 准确称取2.78g的$FeSO_4 \cdot 7H_2O$于100mL的烧杯中，加入去离子水，搅拌溶解后定容在100mL的容量瓶中，即配置成0.1mol/L的硫酸亚铁溶液。

② 按2.5mmol/g的比例［$n(Fe^{2+})/m_{陶}$］将10g烘干陶粒浸泡其中。

③ 滴入50mLKBH_4溶液（0.2mol/L），在氮气保护下搅拌1h。

④ 然后离心去除上清液，并用乙醇洗涤。

⑤ 将滤渣放在器皿中在真空干燥箱65℃下干燥24h，然后冷却保存备用。

⑥ 多次以同样的比例合成，制备足够的复合材料，称为改性陶粒。

多孔陶粒负载纳米零价铁的制备过程如图8-2所示。

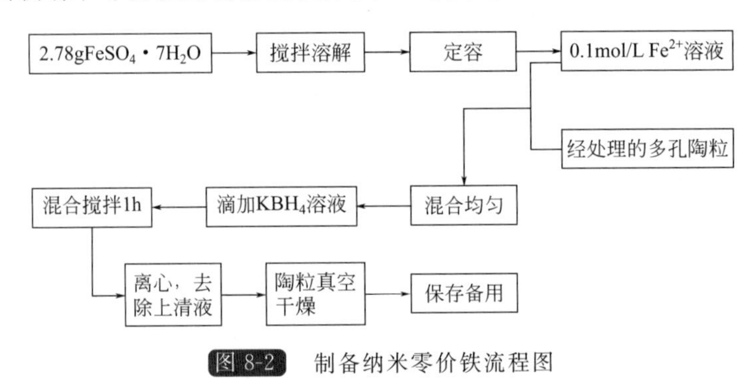

图8-2 制备纳米零价铁流程图

8.4.5 磷酸盐的测定方法

在实验室研究中，通常使用钼锑抗分光光度法测定溶液中的磷酸盐。其原理表述如下：溶液呈酸性时，正磷酸盐与钼酸盐溶液（钼酸铵和酒石酸锑氧钾的混合液）接触后发生反应，生成催化氧化物磷钼杂多酸，磷钼杂多酸与抗坏血酸接触后发生还原反应，生成蓝色络合物，络合物颜色的深浅与溶液中正磷酸盐的浓度成正比，磷浓度越大，络合物颜色越深。

8.4.5.1 绘制磷酸盐标准曲线

取数支10mL具塞比色管，分别加入磷酸盐标准溶液（$\rho=5\mu g/mL$）0、0.1mL、0.2mL、0.4mL、0.8mL、1mL，加水稀释至标线（10mL），再加入0.2mL抗坏血酸溶液，混匀，30s后，加入0.4mL钼酸盐溶液，充分混合，放置15min，标准系列中的含磷量为0、0.5μg、1μg、2μg、4μg、5μg，用30mm比色皿，于700nm处，以空白溶液为参比，分别测量吸光度（表8-3）。以吸光度为纵坐标，对应的含磷量（μg）为横坐标绘制标准曲线。标准曲线（图8-3）为：

$$A=0.04311C+0.01368, R^2=0.99046 \tag{8-1}$$

表 8-3 正磷酸盐标准曲线吸光度

项目	1	2	3	4	5	6
含磷量/μg	0	0.5	1	2	4	5
标准液体积/mL	0	0.1	0.2	0.4	0.8	1
吸光度 *A*	0.008	0.032	0.062	0.104	0.196	0.219

8.4.5.2 钼锑抗分光光度法测定磷浓度

取适量过滤后的水样（通常 1mL）于 10mL 具塞比色管中，将水样首先用去离子水稀释至 10mL，再加入 0.2mL 抗坏血酸溶液，混匀，30s 后，加入 0.4mL 钼酸盐溶液，充分混合，放置 15min，以去离子水为空白参比，用 10mm 比色皿于 700nm 波长处测定吸光度（水和废水监测分析方法第四版，2002），利用标准曲线得到出水中磷的含量，废水中磷酸盐的去除率计算：

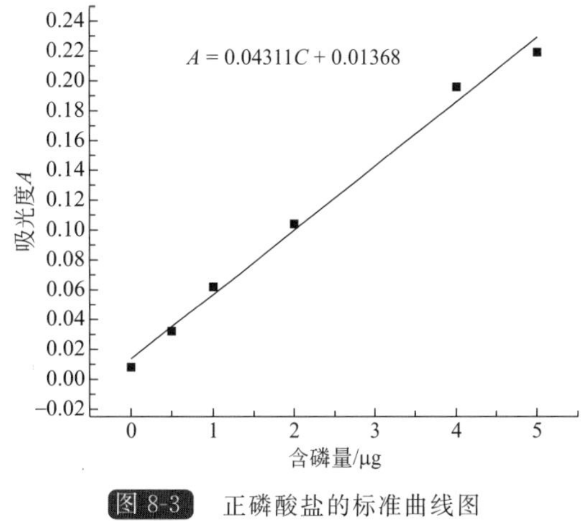

图 8-3 正磷酸盐的标准曲线图

$$去除率(\eta)=(C_0-C_e)/C_0\times100\% \quad (8\text{-}2)$$

式中，C_0 为溶液中磷的初始浓度，mg/L；C_e 为吸附达到平衡时吸附物质的平衡浓度，mg/L；η 为磷的去除率，%。

8.4.6 静态吸附试验

首先对不同条件下制备的多孔陶粒负载的纳米零价铁样品在相同的条件下做含磷废水处理测试，找出吸附催化性能最佳的复合材料做静态吸附实验。在 250mL 锥形瓶中放入不同条件的 0.1g 吸附剂，再将 100mL 的 10mg/L 的磷酸盐溶液加入其中，在正常的温度和 pH 值下，将锥形瓶封口后常温反应一定时间。当反应达到规定时间时从锥形瓶中用注射器取一定量上清液并用 0.45μm 的滤膜对其进行过滤，再依照磷酸盐的测定方法对磷酸盐的浓度进行测定。水溶液中磷酸盐平衡吸附量的计算公式为：

$$q_e=(C_0-C_e)V/W \quad (8\text{-}3)$$

式中，C_0 为溶液初始磷浓度，mg/L；q_e 为平衡时的吸附容量，mg/g；C_e 为吸附平衡时的磷浓度，mg/L；W 为吸附剂质量，g；V 为磷溶液的体积，L。

8.4.7 多孔陶粒负载纳米铁处理含磷废水的试验

运用最优方法制备的复合材料，采用柱实验动态吸附的方法，探讨柱高（吸附剂量）、溶液的 pH 值、进水磷浓度在相同时间内对吸附除磷的影响。以便找出多孔陶粒负载纳米铁处理含磷废水的最佳条件。

8.4.7.1 实验装置

此装置分为三部分，分别为进水管道、主体反应柱以及出水管道。实验柱采用有机玻璃材质制成，长 20cm，内径 4cm，壁厚 3mm；沿柱布设 2 个取样口（自下而上编号依次为 2、3），分别距进水口（编号为 1）6cm、16cm，每次溶液的加入量相同（液面标记为 4）。实验柱底部充填 2cm 左右的石英砂，起过滤、缓冲和保护作用，进水管及出水管利用硅胶软管

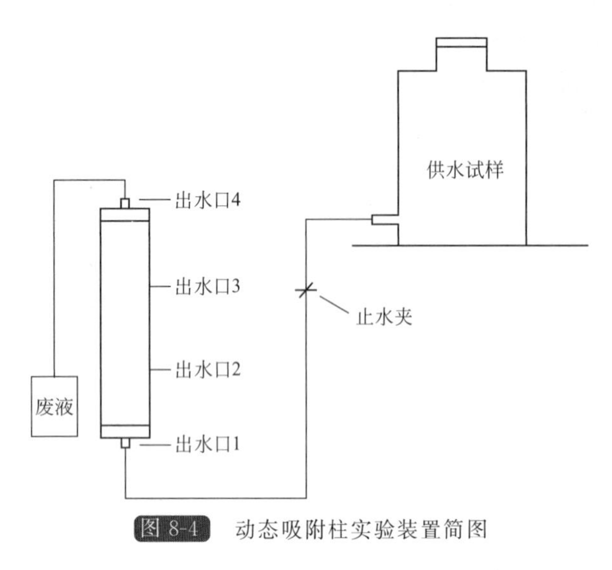

图 8-4 动态吸附柱实验装置简图

和取样枪头连接而成，采用自下而上的供水方式，用止水夹控制流量。实验装置如图 8-4 所示。

8.4.7.2 **动态吸附试验**

用多孔陶粒负载的纳米零价铁处理含磷废水，通过去除率来说明其处理效果。用最佳条件下合成的样品进行不同条件（柱高、含磷废水的初始浓度、溶液的 pH 值）的试验，找出达到最佳的含磷废水处理条件，以及各因素对多孔陶粒负载纳米铁处理含磷废水的影响。实验采用控制变量法，研究了三个因素的影响。

① 进水浓度为 30mg/L，溶液的 pH 值为 3.26，设置了三个柱高（填充率）分别为 10cm、13cm、17cm；

② 填充柱高（填充率）为 13cm、溶液的 pH 值为 3.26，进水浓度分别为 10mg/L、30mg/L、50mg/L；

③ 填充柱高（填充率）为 13cm，进水浓度为 30mg/L，pH 值分别为 2.21、3.26（溶液 pH 值）、4.31、6.07、8.16。

进水由止水夹控制流量连续流入反应柱，分别从不同的取样口取水，出水经抽滤后利用 0.45μm 的滤膜对其进行过滤，按照 8.4.5 节中磷酸盐的测定方法测定试验出水中的磷浓度，动态试验条件下改性陶粒对水溶液中磷的去除率按照公式（8-3）计算。根据去除率的高低判定吸附效果并分析原因。

8.4.8 表征与性能分析

对经过预处理的陶粒、负载纳米零价铁的未处理含磷废水的复合材料、处理含磷废水的复合材料，采用 X 衍射分析仪（XRD）（D8-Advance 型德国布鲁克 AXS 有限公司）、扫描电子显微镜（SU8010 日本日立（Hitachi）进行 SEM 和 EDS 分析。

8.4.9 陶粒的再生

当改性陶粒吸附处理磷酸盐能力明显降低后，由于改性陶粒对酸具有良好的稳定性，可利用 0.1mol/L 的盐酸溶液进行解吸处理，将吸附在改性陶粒上的磷酸根全部溶出。先取静态吸附陶粒 10g 加入 0.1mol/L 的盐酸 100mL 浸泡 24h 后，用水洗至近中性，并烘干。然后再次进行活化重复 8.4.4.2 实验。

8.5 结果分析与讨论

8.5.1 静态吸附动力学研究

为了探讨负载 NZVI 的改性陶粒吸附除磷过程的动力学，本研究参照 8.4.6 节中静态吸附试验的方法，设定磷溶液的初始浓度为10mg/L，吸附剂量为1g/L，常温条件下反应1h，在此过程中每隔10min取一次样并测定水溶液中磷的浓度，吸附容量随反应时间变化的曲线见图8-5，由图可知，在反应前的100min内，吸附迅速进行，随着反应接近平衡，磷酸根离子的吸附容量逐渐达到稳定。

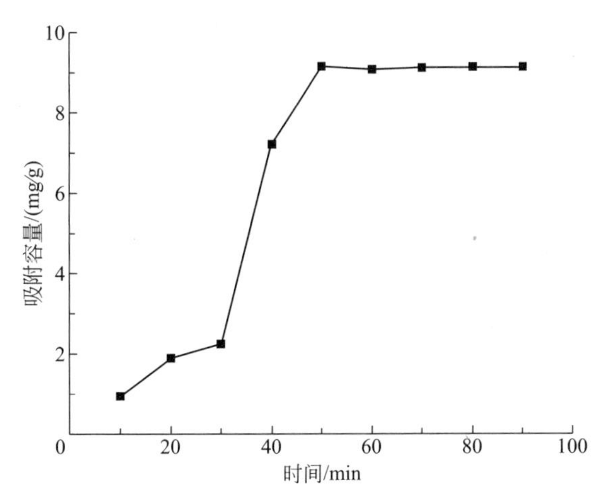

图8-5 负载NZVI的球形陶粒吸附除磷动力学拟合曲线

用伪一级动力学模型和伪二级动力学模型对试验数据进行拟合，伪一级动力学方程如式（8-4）所示。

$$\ln(q_e - q_t) = \ln q_e - k_1 t \qquad (8\text{-}4)$$

式中，t 为反应时间，min；k_1 为伪一级动力学吸附速率常数，1/min；q_t 为 t 时刻的吸附容量，mg/g；q_e 为平衡时的吸附容量，mg/g。

该动力学模型分别以反应时间 t 和 $\ln(q_e - q_t)$ 为横、纵坐标，得出趋势图（图8-6），由直线的斜率和截距分别得到吸附速率常数 k_1 与理论平衡吸附容量 q_e。

伪二级动力学方程如式（8-5）所示。

$$\frac{t}{q_t} = \frac{1}{k_2 q_e^2} + \frac{t}{q_e} \qquad (8\text{-}5)$$

式中，t 为反应时间，min；k_2 为伪二级动力学吸附速率常数，g/(mg・min)；q_t 为 t 时刻的吸附容量，mg/g；q_e 为平衡时的吸附容量，mg/g。

伪二级动力学模型分别以 $1/t$ 和 $1/q_t$ 为横、纵坐标，得出趋势图（图8-7），由直线的斜率和截距分别得到理论平衡吸附容量 q_e 与吸附速率常数 k_2。静态试验动力学结果拟合伪一级动力学和伪二级动力学模型的参数见表8-4。

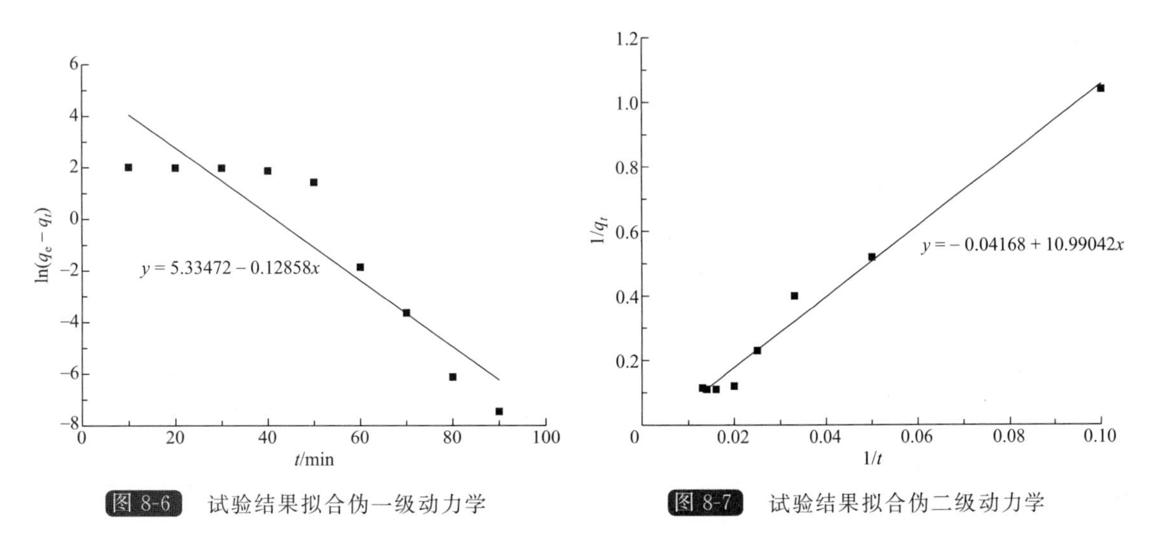

图8-6 试验结果拟合伪一级动力学

图8-7 试验结果拟合伪二级动力学

从表8-4中所列的动力学参数可以看出，将球形陶粒静态吸附磷酸盐的实验数据分别拟合伪一级、伪二级动力学模型，得到模型的线性相关系数 R^2 分别为0.8536和0.9912。伪

二级动力学的 R^2 大于伪一级动力学的 R^2，同时，将实验数据拟合伪二级动力学模型所计算出的理论平衡吸附量（12.349mg/g）更接近实际平衡吸附量（10mg/g），因此可以认为球形陶粒吸附除磷过程较符合伪二级动力学模型，有人利用粉煤灰、煅烧贝壳吸附除磷的动力学研究也有相似结论，其中粉煤灰作为独立吸附剂对磷的静态吸附去除率可达 85%左右，该报道称伪二级动力学模型可以恰当得描述吸附除磷的动力学。

表 8-4 球形陶粒吸附除磷动力学参数

实验数据	伪一级动力学			伪二级动力学		
	k_1/(1/min)	q_e/(mg/g)	R^2	k_2/[g/(mg·min)]	q_e/(mg/g)	R^2
参数	6.03×10^{-2}	120.01	0.8536	4.52×10^{-4}	12.349	0.9912

8.5.2 柱高（填充率）对磷去除率的影响

将配置好的 30mg/L 的磷酸盐溶液装在储液瓶内，不改变溶液的 pH 值，分别采用 5cm、10cm、15cm 的吸附柱高进行动态吸附试验，利用硅胶软管和高度差来输送溶液，每隔 10min、35min、50min、65min、90min 分别从出水口 2、3 取样，用 0.45μm 滤膜过滤，取适量过滤后的水样（通常 1mL）于 10mL 具塞比色管中。然后按照 8.4.5、8.4.6 的方法得到不同时间不同取样口的磷酸盐去除率，不同柱高（填充率）对磷酸盐的去除率影响如图 8-8 所示。

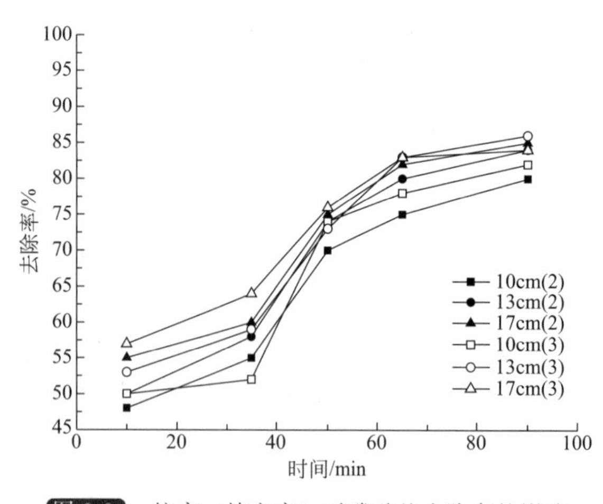

图 8-8 柱高（填充率）对磷酸盐去除率的影响

室温下，在 pH 值、磷酸盐的初始浓度相同的条件下，在 35～65min 内，多孔陶粒负载的纳米铁对磷酸盐的去除效率呈明显上升趋势，反应 65min 时，柱高（填充率）为 10cm、13cm、17cm 时，出水口 2 的去除率分别为 75.14%、80.34%、82.46%，出水口 3 的去除率分别为 78.02%、83.74%、83.68%；反应 90min 时，柱高（填充率）为 10cm、13cm、17cm 时，出水口 2 的去除率分别为 82.14%、86.34%、84.46%，出水口 3 的去除率分别为 82.02%、86.74%、84.68%。由数据和图的分析可知，该反应在 90min 时，反应趋于稳定。反应柱高（填充率）为 17cm 时，去除率效果最好，但结合用料等因素，反应柱高（填充率）为 13cm 时，从出水口 3 取样，去除效果相近，综上所述，反应柱高（填充率）为 13cm 时最佳，去除率为 86.74%。

8.5.3 初始浓度对磷去除率的影响

用配置好的储备液分别稀释得到 10mg/L、30mg/L、50mg/L 的磷酸盐溶液，柱反应用 13cm 的柱高（填充率），不改变溶液的 pH 值，进行动态吸附试验，利用硅胶软管和高度差来输送溶液，每隔 10min、35min、50min、65min、90min 分别从出水口 2、3 取样，用 0.45μm 滤膜过滤，取适量过滤后的水样（通常 1mL）于 10mL 具塞比色管中。然后按照

8.4.5、8.4.6 的方法得到不同时间不同取样口的磷酸盐去除率，不同磷酸盐的起始浓度对磷酸盐的去除率影响如图 8-9 所示。

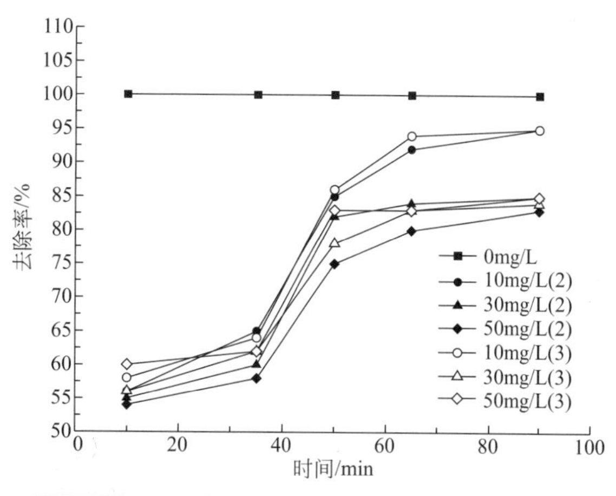

图 8-9 磷酸盐起始浓度对磷酸盐去除率的影响

由图 8-9 可看出在同一个反应时间内，吸附初期，磷的去除率曲线较为陡直；吸附后期，磷的去除率曲线较为平坦，反应在 65min 时各浓度下不同出水口的去除率也有较明显的区别，10mg/L 磷酸盐溶液，出水口 2、3 的去除率分别为 92.13%、94.21%；30mg/L 磷酸盐溶液，出水口 2、3 的去除率分别为 92.34%、83.31%；50mg/L 磷酸盐溶液，出水口 2、3 的去除率分别为 84.21%、85.06%。在磷酸盐的初始浓度为 10mg/L 时出水口 3 的含磷废水的去除效果最佳。原因可能是磷酸盐初始浓度过低时，磷酸根被多孔陶粒吸附，由于带负电的磷酸根与陶粒之间有较强的亲和力，从而使陶粒表面发生化学变化，将磷酸根固定在陶粒表面；这是因为当吸附质浓度越大时，溶液中过量的吸附质还未来得及与吸附剂发生完全反应便随出水流出。

8.5.4 溶液的 pH 值对去除率的影响

配置好磷酸盐的浓度为 10mg/L，柱反应用 13cm 的柱高（填充率），分别调节 pH 值为 2.21、3.26、4.31、6.07、8.16，利用硅胶软管和高度差来输送溶液，每隔 10min、35min、50min、65min、90min 分别从出水口 3 取样，用 0.45μm 滤膜过滤，取适量过滤后的水样（通常 1mL）于 10mL 具塞比色管中。然后按照 8.4.5、8.4.6 的方法得到不同时间不同取样口的磷酸盐去除率，不同磷酸盐的 pH 值对磷酸盐的去除率影响如图 8-10 所示。

由图 8-10 可知：磷酸盐的 pH 值对多孔陶粒负载纳米铁处理含磷废水的去除率影响还是挺大的，因为不同的酸碱性下，Fe 的存在形式不一样，那么对磷酸盐的去除效果就有影响。pH<4 时，复合材料对磷酸盐的去除效率并不高，只有 50%～60%左右，pH 值在 4～6 范围内去除率达到 80%～90%，当 pH 值在 6～8 范围内去除率又降低。可能是因为在 pH 值很低时，H_3PO_4 是主要的磷酸盐物相，不易被陶粒吸附，还有就是陶粒偏碱性，吸附剂在强酸性溶液中的部分溶解，来不及去除溶液中的磷。pH 值为 4～6 的酸性范围内，吸附剂表面带正电的电荷和带负电的磷酸根离子很容易发生强烈的静电引力，酸性磷酸盐（$H_2PO_4^-$，HPO_4^{2-}）是主要磷酸盐物相，此时磷酸盐根离子在净水污泥陶粒表面的共吸附作用最强，Fe^{2+} 与 PO_4^{3-} 发生化学沉淀。当 pH 值在

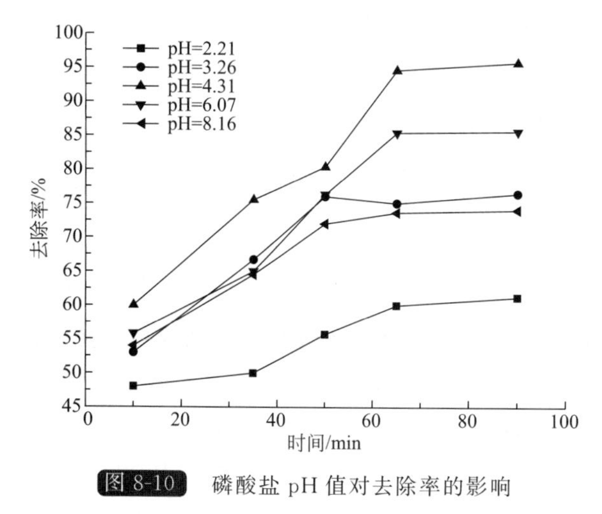

图 8-10 磷酸盐 pH 值对去除率的影响

碱性范围时主要是 PO_4^{3-} 和 OH^- 发生竞争吸附，显著地影响吸附剂的表面电荷及吸附质在水中的离子化状况，因而也影响磷的吸附，还有难以形成磷酸亚铁沉淀和铁的氢氧化物，减少共沉淀的作用，去除率降低。

8.5.5 样品分析

为了进一步探讨改性前后样品的性能变化和多孔陶粒负载纳米铁对磷的去除机制，对改性前后、吸附前后的样品做了一系列的分析比较。本研究所用球形陶粒外表为红褐色，来自江西萍乡市下埠工业园区，如图 8-11 所示。

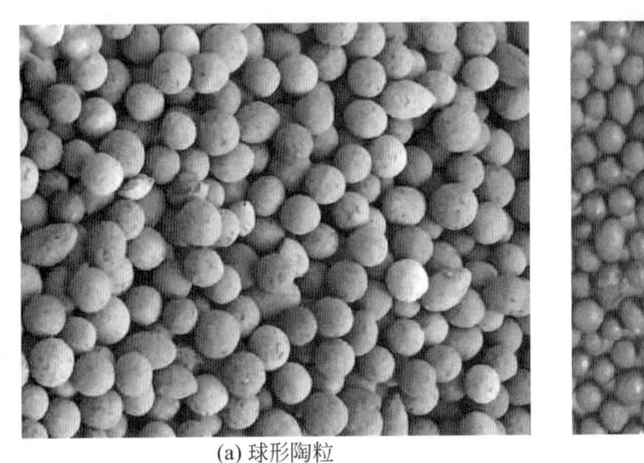
(a) 球形陶粒

(b) 改性陶粒

图 8-11 试验所用球形陶粒和改性后陶粒

8.5.5.1 X 射线衍射（XRD）分析

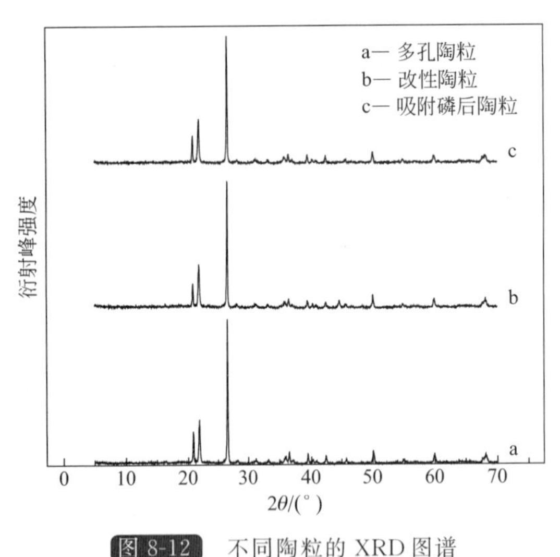

图 8-12 不同陶粒的 XRD 图谱

图 8-12 是各陶粒的 XRD 图谱，图中显示衍射峰强度较强并且没有宽大衍射峰出现，说明原陶粒有较好的结晶度，成分以晶体形式存在，晶相为莫来石和石英，赤铁矿和磁铁矿较少，莫来石具有很强的网络支撑作用，保证了陶粒具有一定的强度。由图中 b 可知，改性陶粒表层基本由 α-Fe_2O_3 和 Fe_3O_4 晶体组成，在 $2\theta=22.054$ 时出现峰值，以 α-Fe_2O_3 为主晶体组分变化不大，晶体略有增大，所占比例增高，由于铁氧化物的加入，陶粒表面带正电，有效提高了陶粒的吸附能力，显著加快了对磷酸根的去除效率。由图中 c 可知，发现在衍射角 $2\theta=23.15°$出现一个明显的特征峰，这是蓝铁矿晶体［$Fe_3(PO_4)_2 \cdot 8H_2O$］对应的 020 晶面衍射峰，研究者发现厌氧条件下 PO_4^{3-} 与 Fe^{2+} 沉淀生成磷酸亚铁晶体的结论是一致的，以此可以证明，磷酸根的去除机理之一，是与 Fe^{2+} 通过化学沉淀而去除，元素并没有发生价态的变化。同时，在 $2\theta=49.01°$处还发现一个弱峰，这是 $FeHP_2O_7$ 对应的晶面衍射峰，可能是 NZVI 与 PO_4^{3-} 发生络合反应的缘故。

8.5.5.2 扫描电镜（SEM）分析

利用扫描电镜对陶粒进行了形貌及成孔情况的观察。对改性前后陶粒以及除磷吸附反应后的陶粒进行 SEM 分析扫描结果如图 8-13 所示。从图上可以观察到，陶粒呈圆球形，表面略粗糙多微孔，微孔覆盖面积大且分布不均匀，有利于挂膜以及微生物附着生长；陶粒内部呈蜂窝状，孔隙极其发达，形态不规则，孔径大小不一，以大孔、中孔为主，微孔较少，以三维交错的网状孔道贯穿其中，孔隙的内表面凹凸不平，具有很高的比表面积，因此具有很好的吸附性能。

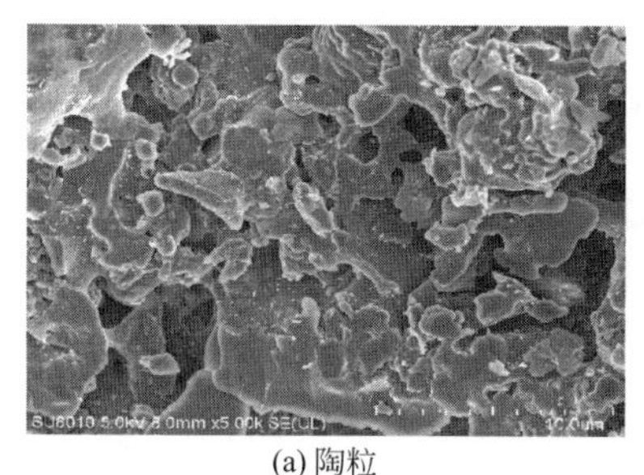

(a) 陶粒

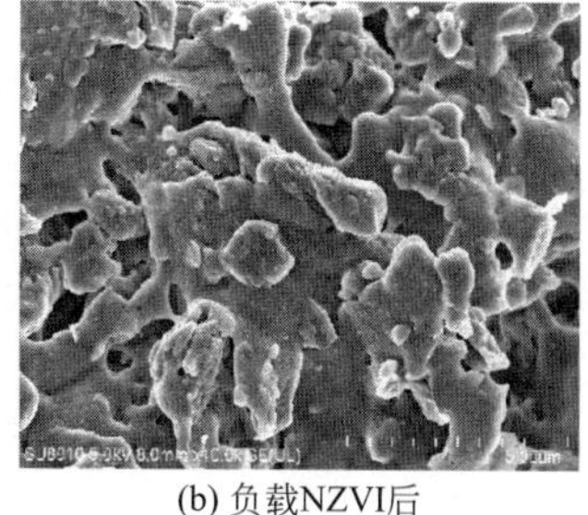

(b) 负载NZVI后

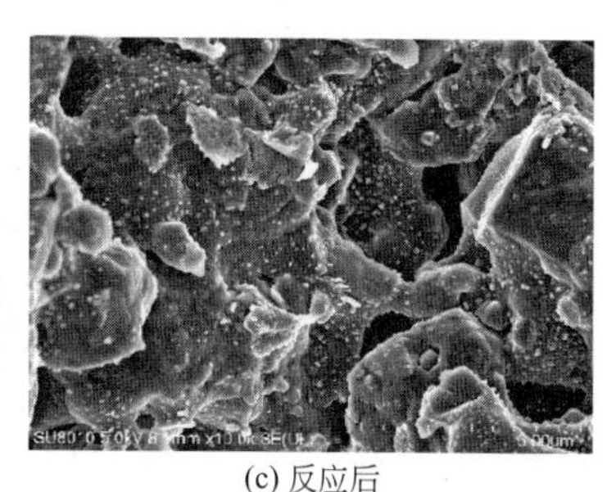

(c) 反应后

图 8-13　陶粒的 SEM 照片

比较原陶粒［图 8-13（a）］和负载 NZVI 后的改性陶粒［图 8-13（b）］的扫描电镜图可以清楚地看到，改性后的陶粒表面更加粗糙，孔隙明显减少，说明铁很好地负载在其表面。纳米铁本身的粒径较小，又因为自身存在的磁性引力与较高的表面能使其较容易产生团聚现象，导致与污染物有效接触面积减小，降解效率下降；所以以陶粒作为载体可以提高污染物与纳米铁的接触概率，不仅提高了纳米零价铁的颗粒分散度和稳定性，而且与多孔材料的吸附性能协同作用，处理含磷废水的效果会明显提高。

反应后扫描电镜图［图 8-13（c）］与反应前的陶粒 SEM 图比较，可以大概看出反应前，材料表面非常粗糙且有很多孔隙结构，而反应后孔隙结构显著减少，表面变得光滑，这说明吸附试验所用的吸附剂中的某些物质与磷酸盐生成新物质占据了吸附剂表面的吸附位点，这样的复合材料可以解决单个吸附剂的一些弊端，使得对磷酸盐有很好的吸附性能。

8.5.5.3 能量色谱（EDS）分析

下面分别是原陶粒、改性陶粒以及吸附后陶粒的能量色谱图，主要是用来对材料微区成分元素种类与含量进行分析。图 8-14 为原陶粒的图谱，可以清楚地看到陶粒主要由 Si、Al、O、Na、K 等元素组成，均以稳定氧化物的形式存在。从表 8-5 中可以看出 Si、Al、O 的含量较高，含有少量的 Fe 等其他元素。

表 8-5　陶粒、改性后陶粒和吸附反应后陶粒各氧化物的含量

氧化物	陶粒/%	负载 Fe 后/%	吸附反应后/%
Fe_2O_3（Fe）	5.424（1.404）	8.671（5.271）	22.583
TiO_2	0.850	0.594	1.637
CaO	1.527	1.539	2.836
SiO_2	75.412	73.423	54.326
Al_2O_3	15.218	15.153	15.564
Na_2O	1.569	0.620	1.771
P_2O_5	—	—	1.284

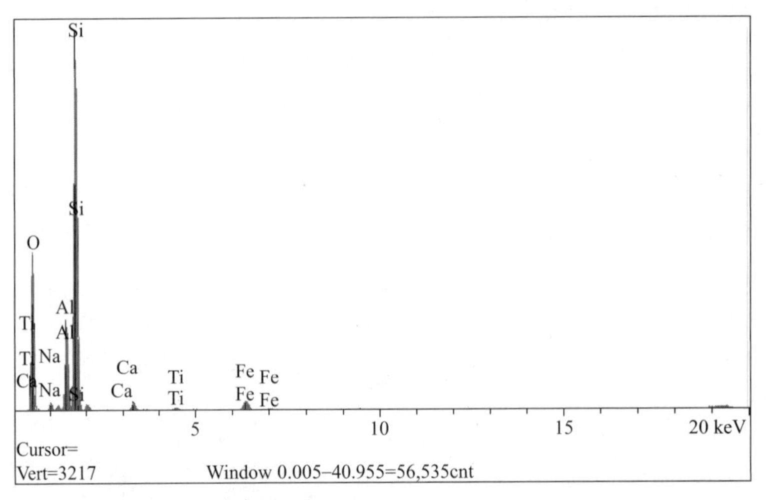

图 8-14　原陶粒的 EDS 图谱

多孔陶粒用纳米零价铁改性后，将其 EDS 峰谱（图 8-15）与图 8-14 比较，会发现出现纳米零价铁的峰谱，而且铁元素的含量由 1.404%增加至 5.271%，说明铁很好地负载在了载体陶粒的表面，而且 Fe_2O_3 的含量变化很小，说明大部分纳米零价铁没有被氧化。

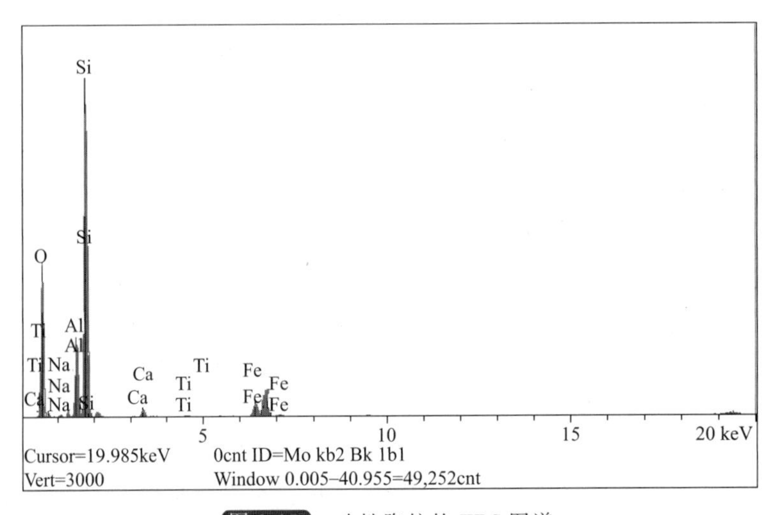

图 8-15　改性陶粒的 EDS 图谱

改性陶粒处理含磷废水后的 EDS 图谱如图 8-16 所示，可以清楚地看到 Si、Al、Fe 的峰谱发生太大的变化，但纳米零价铁的峰谱减弱，并出现了新的峰谱 P，说明改性陶粒主要是纳米铁对磷酸盐有吸附作用，而且 Si、Al、氧化物的含量稍有减少。负载 Fe 的球形陶粒吸附除磷并非是一种反应作用的结果，它是一个复杂的过程，其实是陶粒吸附和纳米铁的双重作用，其中配位体交换反应是主要作用之一，据高雅研究分析，该吸附过程还包括表面化学沉淀，如 PO_4^{3-} 与 Ca^{2+} 反应生成 $Ca_3(PO_4)_2$ 沉淀，Al^{3+} 能与 PO_4^{3-} 反应生成 $AlPO_4$ 沉淀。

$$2{\equiv}Si{-}OH + H_2PO_4^- \rightleftharpoons ({\equiv}Si)_2HPO_4 + H_2O + OH^-$$

$$2{\equiv}Fe{-}OH + H_2PO_4^- \rightleftharpoons ({\equiv}Fe)_2HPO_4 + H_2O + OH^-$$

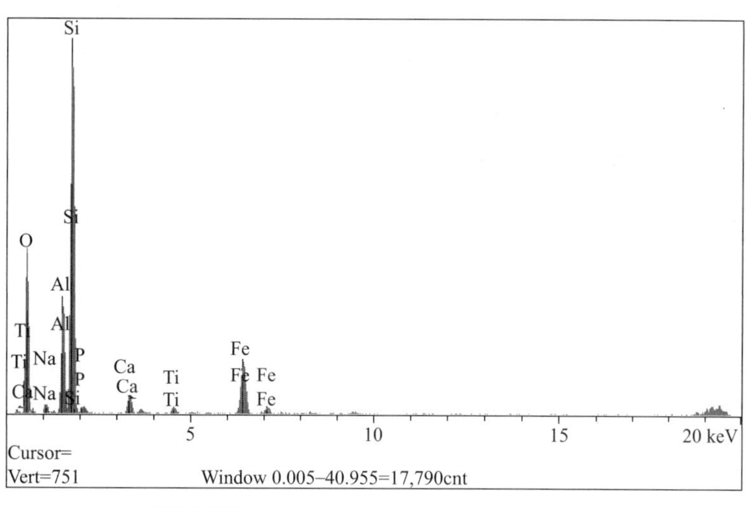

图 8-16 改性陶粒吸附反应后的 EDS 图谱

8.6 多孔陶粒负载纳米零价铁的除磷机制

负载 Fe 的球形陶粒吸附除磷并非是一种反应作用的结果，它是一个复杂的过程，其实是陶粒吸附和纳米铁的双重作用，陶粒的除磷机制模型如图 8-17 所示。

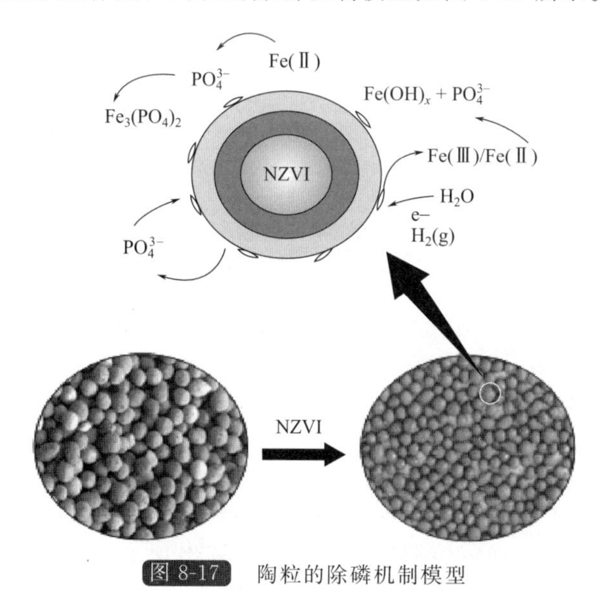

图 8-17 陶粒的除磷机制模型

（1）吸附作用

由于陶粒和纳米铁的特殊孔隙结构和磁性以及它们表面的静电力作用，所以对磷有很好的吸附作用。

（2）配位体交换反应

$$2\equiv Si—OH + H_2PO_4^- \longrightarrow (\equiv Si)_2HPO_4 + H_2O + OH^-$$

$$2\equiv Fe—OH + H_2PO_4^- \longrightarrow (\equiv Fe)_2HPO_4 + H_2O + OH^-$$

（3）化学沉淀

$$3Ca^{2+} + 2PO_4^{3-} \longrightarrow Ca_3(PO_4)_2$$

$$Al^{3+} + 2PO_4^{3-} \longrightarrow AlPO_4$$

$$3Fe^{2+} + 2PO_4^{3-} \longrightarrow Fe_3(PO_4)_2$$

8.7 结论

① 以多孔陶粒作为载体，用纳米零价铁作为改性剂，提高了反应活性，得出的复合材料对磷酸盐有很好的吸附性。陶粒本身具有吸附性，但效率低，以陶粒为载体刚好解决了纳米零价铁比表面积小、易团聚的劣势。

② 纳米零价铁去磷酸盐的影响因素确定为：吸附剂的柱高（填充率），磷酸盐的初始浓度，溶液的 pH 值。当磷酸盐的初始浓度和溶液的 pH 不变的条件下，反应柱高（填充率）为 13cm 时，反应 90min 时降解率最佳，为 86.74%。反应柱高（填充率）和溶液的 pH 值不变的条件下，磷酸盐的初始浓度为 10mg/L 时，反应 65min 时趋于稳定，降解率为 94.21%。当反应柱高（填充率）和磷酸盐的初始浓度不变的条件下，pH 值为 4 时去除率最高，去除率为 95.7%。

③ 负载铁的球形陶粒比表面积较大，孔隙结构较多；两种陶粒吸附除磷过程的主要反应机理为水溶液中的磷酸盐与陶粒材料中的 Si、Fe 发生配位体交换，在此基础上也包括一定量的化学沉淀。

④ 利用纳米零价铁改性多孔陶粒，有利于工厂废料的利用，可以提高对磷酸盐以及其他污染物的去除效果，进行陶粒的再生处理，再次利用，对环境不会造成二次污染，可以推广应用。

参考文献

[1] 王莹. 内陆湖泊富营养化内源污染治理工程对比研究［J］. 地球与环境，2013，41（1）：20-28.

[2] Morse G. K.，Brett S. W.，Guy J. A.，et al. Review：Phosphorus removal and recovery technologies. Science ofthe Total Environment，1998，212（1）：69-81.

[3] Lu S. G.，Bai S. Q.，Zhu L.，et al. Removal mechanism of phosphate from aqueous solution by fly ash. Journal ofHazardous Materials，2009，161（1）：95-101.

[4] Karageorgiou K.，Paschalis M.，Anastassakis G. N. Re-moval of phosphate species from solution by adsorption onto calcite used as natural adsorbent. Journal of HazardousMaterials，2007，139（3）：447-452.

[5] O˙zacar，M.；S? engil，I˙. Enhancing phosphate removal from wastewater by using polyelectrolytes and clay injection. Journal of Hazardous Materials，2003，100（1-3）：131-146.

[6] Donnert D.，Salecker M. Elimination of phosphorus fromwaste water by crystallization. Environmental Technology，1999，20（7）：735-742.

[7] Penetra R. G.，Reali M. A. P.，Foresti E.，et al. Post-treatment of effluents from anaerobic reactor treating domestic sewage by dissolved-air flotation. Water Science and Technology，1999，40（8）：137-143.

[8] Xiang Hui-qiang，Li Dong，Gong You-kui，et al. Appli－cation of fly ash ceramsite in wastewater treatment［J］. Journal of Liaoning Technical University，2006，25（S2）：290-292.

[9] Zhao N，Yi S，Sun WM，et al. Internation a mong the relative risk factorsof prim ary liver cancer in a case-control study［J］. Chung Hua Liu Hsing Ping Hsueh Tsa Ch ih，1994，15（2）：90-93.

［10］ 魏双勤，刘媛．废水除磷方法与原理的研究进展［J］．研究进展，2010，10：28-34.
［11］ 秦伯强．湖泊富营养化及其生态系统响应［J］．科学通报，2013，58（10）：855-864.
［12］ 曾令可 绿色建材陶粒［J］．佛山陶瓷，2001，7（7）：25-28.
［13］ 王萍，李国昌．粉煤灰陶粒滤料的制备及在生物滤池中的应用研究［J］．金属矿山，2008，389（11）：114-117.
［14］ 郑礼胜，王士龙，颜世柱．用陶粒处理含镍废水的试验研究［J］农业环境保护，1999，18（5）：231-233.
［15］ 陈钰．粉煤灰质吸附材料的制备研究［J］．有色金属：选矿部分，2004，（4）：33-37.
［16］ T. Zhu. Phosphorus sorption and chemical characteristics of light weight aggregates（LWA）-potetial filter media in treatment wetlands. Water Scienceand Technology，1997，35（5）：103-108.
［17］ 薛金凤，吕波，余兴林等．高强大比表面积粉煤灰滤料的研制［J］．粉煤灰综合利 用，2006，12（2）：47-48.
［18］ 安德森．水溶液吸附化学［M］．刘莲生，译．北京：科学出版社，1989.
［19］ Frossard E，Bauer J，Lothe F. Evidence of vivianite in Fe SO_4^- flocculated sludges［J］. Water Research，1997，31（10）：2449-2454.
［20］ Asaoka S.，Yamamoto T.，Characteristics of phosphate adsorption onto granulated coal ash in seawater［J］. Marine Pollution Bulletin. 2010，60，1188-1192.
［21］ Ennil Köse T.，Betül K? vanc. Adsorption of phosphate from aqueous solutions using calcined waste eggshell［J］. Journal of Chemical Engineering，2011，178：34-39.
［22］ Xue Y. J.，Hou H. B.，Zhu S. J. Characteristics and mechanisms of phosphate adsorption onto basic oxygen furnace slag［J］. Journal of Hazardous Material，2009，162（2-3）：973-980.
［23］ 高雅．三种多孔性复合粘土材料对水中磷的吸附性能研究［D］．北京：中国地质大学（北京），2013.